"十四五"职业教育国家规划教材

职业教育产教融合特色人才培养规划教材

工程物探技术

主　编　陈卫琴
副主编　张建智　曹　磊
　　　　张　璟　王利明
主　审　何俊飞

本书立体化资源

U0235799

黄河水利出版社
·郑州·

内 容 提 要

本书为"十四五"职业教育国家规划教材。本书主要内容包括绪论、地震勘探技术、直流电法勘探技术、电磁法勘探技术、地球物理测井技术、其他物探方法技术。

本书不仅可供高职高专院校水工环境类专业、土木类专业教学使用,也可供从事资源勘察、环境监测、城市物探的工作人员阅读参考。

图书在版编目(CIP)数据

工程物探技术/陈卫琴主编.—郑州:黄河水利
出版社,2019.5 (2025.2 修订重印)
ISBN 978-7-5509-2334-8

Ⅰ.①工… Ⅱ.①陈… Ⅲ.①地下物探-高等
职业教育-教材 Ⅳ.①P631

中国版本图书馆 CIP 数据核字(2019)第 070131 号

策划编辑:陶金志 电话:0371-66025273 E-mail:838739632@qq.com

责任编辑 陶金志　　　　　　　　　责任校对 郑佩佩
封面设计 黄瑞宁　　　　　　　　　责任监制 常红昕
出版发行 黄河水利出版社
　　　　地址:河南省郑州市顺河路49号 邮政编码:450003
　　　　网址:www.yrcp.com E-mail:hhslcbs@126.com
　　　　发行部电话:0371-66020550
承印单位 河南承创印务有限公司
开　　本 787 mm×1 092 mm 1/16
印　　张 16.5
字　　数 391千字
版次印次 2019 年 5 月第 1 版　　　　2025 年 2 月第 3 次印刷
　　　　2025 年 2 月修订
定　　价 45.00 元

参 与 院 校

（排名不分先后）

辽宁地质工程职业学院	云南国土资源职业学院
江西应用技术职业学院	兰州资源环境职业技术学院
湖南工程职业技术学院	甘肃工业职业技术学院
重庆工程职业技术学院	昆明冶金高等专科学校
湖北国土资源职业学院	河北地质职工大学
福建水利电力职业技术学院	安徽工业经济职业技术学院
河北工程技术高等专科学校	湖北水利水电职业技术学院
湖南安全技术职业学院	湖南有色金属职业技术学院
黄河水利职业技术学院	晋城职业技术学院
广东水利电力职业技术学院	杨凌职业技术学院
河南工业和信息化职业学院	河南建筑职业技术学院
辽源职业技术学院	江苏省南京工程高等职业学校
长江工程职业技术学院	安徽水利水电职业技术学院
内蒙古工程学校	山西煤炭职业技术学院
陕西能源职业技术学院	昆明理工大学
石家庄经济学院	河南水利与环境职业学院
山西水利职业技术学院	云南能源职业技术学院
郑州工业贸易学校	河南工程学院
山西工程技术学院	吉林大学应用技术学院
安徽矿业职业技术学院	辽宁交通高等专科学校

前　言

　　党的二十大胜利召开，是一段时期以来全党全国各族人民共同的喜事、大事和要事，习近平总书记在党的二十大报告中科学回答了中国之问、世界之问、人民之问、时代之问，为全面建设社会主义现代化国家、全面推进中华民族伟大复兴指明了方向。党的二十大报告明确指出，高质量发展是全面建设社会主义现代化国家的首要任务，加快建设质量强国、交通强国，实施产业基础再造工程和重大技术装备攻关工程，提升战略性资源供应保障能力是地球物理探测技术领域义不容辞的责任。作为资源、环境、工程、交通领域的一项重要技术手段，地球物理探测技术的应用日趋广泛，遍布在环境监测、工程地质、水文地质、建设工程、水利水电、交通道路、桥梁港口、机场建设等工程项目的各个关键环节，并以其快速、高效、准确、无损的特点，得到了更普遍的重视和应用。

　　本书编写过程中，编者广泛参阅了近年来地球物理勘测技术、环境与工程物探方面的教材，收集了大量环境与工程物探应用领域取得的新成果、新方法和新技术，把紧技术规程要求，努力贯彻高职高专教材"理论够用，注重实践"的编写原则，紧扣高职高专院校培养技能应用型人才的培养目标，着力培养工程技术领域德才兼备的高素质人才。本书内容安排力求简明、实用，书中基础知识以实用、够用为目的，从高职学生学情出发，将繁杂的理论抽丝剥茧，以掌握概念、强化应用为重点。本书突出技能训练和能力应用，以专业理论知识作为指导，以突出基础理论为基本技能培养服务的基本思想，基础知识和应用技能并重，强调专业知识的针对性和实用性。

　　本书的编写采用了项目任务的编写体例，将基本知识和应用技能分模块编写，简明扼要，便于高职学生理解和领会。应用案例模块采用"案例引导法"，以真实的生产项目为基础，所选案例具有典型的代表性，将原理、技能融于其中，不仅仅是对知识技能的强化训练，更是能够对职业素质的养成达到"盐溶于水""耳濡目染"的效果。

　　本书不仅可作为高职高专院校中的水工环类专业、工民建类专业、地质勘察类专业教材，也可作为从事资源勘察、环境监测、城市物探工作人员的实用参考书，努力培养造就更多青年科技人才、大国工匠、高技能人才。

　　本书由河北地质职工大学陈卫琴担任主编，并负责全书统稿工作；由中国煤炭地质总局地球物理勘探研究院张建智，河北地质职工大学曹磊、张璟、王利明担任副主编；由广东省有色地质勘查院何俊飞担任主审。本书具体编写分工如下：曹磊编写项目一；陈卫琴编写绪论、项目二和项目五的任务三；张建智编写项目三和项目五的任务五；张璟编写项目四；王利明编写项目五的任务一、任务二和任务四。

由于编者水平有限,书中难免存在错漏及不妥之处,恳请使用本书的老师和广大读者提出宝贵意见,以便进一步修正和完善。

编 者

2025 年 1 月

目 录

绪 论

码 0-1 绪论

知识目标

1. 掌握物探的基本概念。
2. 了解物探方法利用的物理参数和方法类型。
3. 理解物探及工程物探工作的特点。
4. 了解工程物探工作的作用、内容和流程。

能力目标

初步具有根据物性参数选择物探方法大类的能力。

素质目标

培养实事求是、一丝不苟的工作精神。

思政目标

通过物探技术的发展趋势,学习黄大年精神等,激发同学们对创新发展的认同及至诚报国的爱国热情。

随着我国现代化建设的快速发展,水文地质、工程地质、环境地质工作大量开展,在国民经济发展、国家建设、环境保护中起到了"排头兵"的作用。在找水勘探、工程地质勘察、环境保护勘察中大量使用的地球物理探测手段,解决了大量水文地质、工程地质、环境地质问题和建设领域质量检测问题,形成了地质、物探、钻探"三位一体"的勘察模式。随着科学技术的发展,更多的物探仪器和物探方法将应用于国民经济建设之中。

预备知识一 物探的基本概念和特点

一、何谓物探

物探的全称为地球物理勘探、勘察地球物理或应用地球物理。它是以岩(矿)石的密度、磁性、电性、弹性、导热性、放射性等物理性质差异为基础,并借助一定的装置和专门的物探仪器,测量地球物理场的空间与时间分布状况,并通过分析和研究地球物理场的变化规律,结合相关地质资料推断出地下一定深度范围内地质体的分布规律及物理属性的一种勘察方法。

地球物理场是指存在于地球内部及其周围的、具有物理作用的物质空间。例如,地球内部及其周围具有重力作用的物质空间称为重力场,天然或人工建立的具有电(磁)力作用的物质空间称为电(磁)场,质点振动传播的物质空间称为弹性波场等。

组成地壳的不同岩土介质往往在密度、弹性、电性、磁性、放射性及导热性等方面存在差异,这些差异将会引起相应的地球物理场在空间(或时间)上的局部变化,这种变化称为地球物理异常。物探就是通过发现地球物理异常进而解释异常的地质原因来解决相关地质及工程环境地质问题的一种勘察手段。

二、物探方法的分类

按探测的场源,物探方法可分为天然电场和人工电场方法;按工作环境,物探方法可分为地面、海洋、航空和地下物探;按照勘探对象,物探方法可分为金属与非金属、石油与天然气、煤田、水文、工程与环境物探等。但是在不同的分类方法中归根结底还是按照所依据的地球物理性质和物理场进行划分,目前常用的物探方法主要有以下几大类:

(1)以介质弹性差异为基础,研究波场变化规律的地震勘探和声波探测。

(2)以介质电性差异为基础,研究天然电场或人工电场(或电磁场)变化规律的电法勘探。

(3)以介质密度差异为基础,研究重力场变化规律的重力勘探。

(4)以介质磁性差异为基础,研究地磁场变化规律的磁法勘探。

(5)以介质中放射性元素种类及含量差异为基础,研究辐射场变化特征的放射性探测。

(6)以地下热能分布和介质导热性为基础,研究地温场变化的地温测量。

三、物探的特点

(一)地球物理勘探是一种间接的勘探方法

用钻机或其他机械手段从地下取岩样来认识地质构造是直接的勘探方法。物探无须从地下取出岩样,而是通过使用专门的仪器装备在地面(或钻孔中)观察由地下介质引起的某种物理场的分布状态,收集和记录某些物理信息随空间或时间的变化,并对这些信息的分布特征做出解释和推断,从而揭示地球内部介质物理状态的空间变化和分布规律,以此来了解地质体的分布及赋存状态,查明地质构造,为解决工程环境等问题提供依据,在工程勘察与检测方面则不会对勘探对象造成破坏。

(二)物探工作具有效率高、成本低的特点

以往的物探工作为矿产资源的调查、水文地质及工程地质工作提供了大量的、获得实践检验的重要资料,尤其是在研究地质构造、指导勘探、工程建设、成井方面发挥了重要作用,加快了勘探速度,降低了施工成本,提高了工作效率。在工程勘察方面正确采用物探方法,不仅可以减少钻探工作量,而且能提高勘探精度。

(三)物探工作能够探查勘探目标的全貌,避免钻孔勘探"一孔之见"的弱点

物探工作能提供勘探区域内二维甚至三维的地下岩溶分布状态,克服钻孔"一孔之见"的局限性。跨孔声波、电磁波透视法能了解两孔之间的岩体的完整性,能从整体上评价岩体的完整性与基础的稳定性。

(四)物探工作有其自身的局限性,物探方法的应用具有条件性

由各种物探方法的原理可知,物探工作能否有效地解决地质问题,首先取决于探测对象与围岩之间是否存在物理性质上的差异,以及使地球物理场分布状态及强度发生足够变化的体积。因此,物探方法的有效应用首先要求探测目标与围岩之间存在可被利用的物性差异,以及目标体要有足够大的体积;其次物探工作的效果还受地形条件、勘探场地、地表覆盖层的性质及厚度、勘探现场的噪声和地质环境中的一些干扰体的影响。

(五)物探资料的反演解释具有多解性,其解释结果具有一定的概略性和近似性

因为同一物理现象(或者说同一性质的物理场的分布)可以由多种不同的因素引起,因此反向的推断结果具有多解性的特点。例如,在电阻率法中,视电阻率的变化可以由被测目标体电阻率值的变化引起,也可由体积变化或埋藏深度变化引起;对其他物探资料异常的反演解释也是如此。这反映了物探资料解释具有多解性,因此必须将其与钻井资料或地质资料相结合进行推断解释,必须掌握一定的地层岩矿石的物性参数。

概略性表现在影响物探资料解释精度的原因比较多,如物探仪器自身的观测精度总是有一定限度的,其观测数据必然带有一定的误差;受观测系统的影响和限制,观测数据的空间有限,环境因素的干扰影响使观测数据不准确;实际地质条件的复杂性及地质体的物理性质和形状、产状要素的多变性影响;正演和反演的数学物理方法的水平有限等都会使得解释的结果具有一定的概略性。

预备知识二　工程物探及其应用

一、工程物探

市场经济为地球物理勘探提供了新的应用领域,一大批重大建设项目如高层建筑、水电站、铁路、公路、桥梁、机场、港口、新兴城市和工业开发区的兴建,不仅需要进行区域地质调查,以便合理地进行规划和对重大工程进行选址,并且要求为工程设计提供可靠的基础地质资料和一些物理力学参数;在某些工程的施工过程中,要求及时预测可能发生的地质灾害,避免损失;在施工中或工程结束后,要求及时对工程质量做出评价等,这些都给应用地球物理提出了新的课题。实践证明,合理使用地球物理勘察方法,可以达到用较少的资金,快速有效地解决上述工程勘察及环境保护方面的问题,一门新的学科——工程物探就这么兴起了。

二、工程物探的应用领域

目前,工程物探主要用于以下领域:

(1)区域性地质调查。其目的是为地区规划提供第一手资料。内容主要包括查明区内的主要断裂构造、主要岩性层的展布情况、基岩风化情况、区域地壳稳定性和地质灾害评价、地震区划等。

(2)工程地质环境调查。为选址和工程设计提供基础资料(包括构造、岩层分布、岩土力学参数等);对工程周围可能出现的地质灾害(包括滑坡、岩溶塌陷、泥石流、地下工程的涌水和塌方等)进行预测。

(3)工程施工或巷道掘进过程中的超前预测。例如,地铁等地下工程施工、深基坑挖掘时对沙层、软土层的探查,坝基开挖时软弱夹层探查,大闸高边坡构造裂隙和卸荷裂隙的探查,隧道掌子面前方不良预报等。

(4)工程施工质量及工程现状的检测。如桩基检测、隧道衬砌质量检测、混凝土质量检测、锚杆砂浆饱和度检测,地下管线探查,隧道衬砌状态评估,大坝、水库渗漏探查等。

(5)环境地质方面。包括城市地下水污染、油气泄漏、地面沉陷、海水入侵、放射性污染等问题的调查、检测及预报。

(6)水资源的调查。

(7)考古及文物保护方面的调查。

三、工程物探工作的特点

(1)大部分的对象是浅、小的物体,探查深度从几十厘米到几十米,要求探查的分辨率高、定量解释精度高。

(2)要求不仅搞清探查对象的分布规律,还要查明单个对象(如溶洞)的空间位置。

(3)与工程结合紧密,探查资料往往用于设计或施工,时间上衔接紧。探测结论常及时得到验证和反馈,要求工作结论可靠。

(4)探查对象埋藏浅且分布规律较复杂,近地表的地质条件和物性也不均一,沿水平方向和铅垂方向的各向异性显著,甚至物性参数变化无规律可循,致使异常形态复杂,给资料的定性定量解释带来了许多困难。

(5)影响各种物探方法施工的干扰因素多,更增加了施工和资料解释的难度。

四、工程物探方法

几乎所有的物探方法都能在工程领域中找到它的用武之地,但由于上述工程物探的特点,不少物探方法的施工方法有所改变。例如,为了探查地下的管线,从电磁法原理出发,研制了专作此用的管道探测仪;面波本来是地震勘探的一种干扰因素,但利用它的波长和深度有关这一特点,在浅层勘探和洞穴调查方面取得了好的效果;又如地质雷达是利用超高宽频(1 MHz~1 GHz)脉冲电磁波探测地下介质的一种地球物理勘探方法,由于它具有较高的分辨率,实践证明它可分辨地下直径为几十厘米甚至更小尺寸的物体,因此在浅层和超浅层地质勘察,如调查公路路面的平整度方面得到了广泛应用。

■ 预备知识三　工程物探工作概略

一、比例尺

一张物探工作图上的线段长度与实地相应线段水平长度之比即为比例尺。通常以分子为1、分母为10的整数倍表示。分母大的,比例尺小;分母小的,比例尺大。比例尺一般有文字比例尺、数字比尺和图解比例尺三种。例如,1:50 000或1/50 000比例尺都表示图上1 cm长度相当于实地水平长度50 000 cm,即500 m。

二、物探工作测网

物探工作测网由测线和测点组成,为了控制测线和测点的精度,还必须敷设基线。

一般来说,确定物探工作测网的原则是:在相应比例尺控制下,不遗漏有意义的最小地质体(包括矿体、岩体、矿化蚀变带等)。物探工作测网与工作比例尺密切相关。在一定比例尺的物探工作布置图上,测线间距一般来说为图上 1 cm 长度的实地平面长度(称为线距)。沿测线相邻两测点间的距离称为点距,通常为线距的 1/10 至 1/2。线距和点距通常都为各自等距。测网密度一般用线距(m 或 km)×点距(m 或 km)来表示。由此可知,物探工作正是由每条测线上的测点,通过仪器观测获得数据资料,构成了一定的面积性物探资料。

物探工作测网要根据被测对象的地质条件和地球物理特征来确定。当被探测对象的长度和宽度大致相等、无明显走向时,可布设正方形测网;当被探测对象的长度大于宽度、有一定走向时,应采用长方形测网。同一工区,各种物探方法应尽量采用相同的测网。测线应垂直被测对象的总体走向,这是由于沿垂直地质体走向的方向,物理场梯度变化最大,能用最少的测点数控制异常,能客观地反映出物理场异常的走向和形态特征。

为了控制测线精度,设立的基线则垂直于测线,组成单基线控制或形成基线控制网。基线和测线的交点称为基线点。基线(或主基线)平行于被探测对象的走向,且设于被探测对象的中部,以便更好地控制测线和测点的精度。测线的敷设就是将设计的测网布置到实地中去。测线和测点的编号,一般是依由南向北、由西向东的顺序由小号到大号,记成分数形式,分子表示测点号,分母表示测线号。如 10/5 表示 5 号线 10 号点。

三、物探工作一般流程

物探工作项目按其性质来说,大体可以分为三种类型:以区域地球物理调查为目的的基础物探调查;以针对某些具体的探测或研究对象,用以解决某些具体的找矿和地质问题,或有关工程问题为目的的地球物理勘察;以研究解决某些物探方法与技术、仪器装备、资料处理与综合分析等方面的内容,以发现物探新技术,提高物探应用水平为目的的科学技术研究类型。这里针对前两种类型的物探工作,对完成一项完整的物探项目来说,一般流程如下:

(1)接受任务。具有勘察施工资质和法人资格的单位,接受委托或投标中标的物探工作任务。

(2)踏勘。对施工现场工作环境、地质-地球物理条件、设备现场布设条件等,进行踏勘了解,必要时须进行物探方法技术现场试验。

(3)设计书编写及审批。按物探工作项目编写设计书。采用多种方法或多年性的工作项目,编写一个总体设计书。设计书应包括的主要内容有:工作任务,工区地质矿产、地球物理(化学)特点或工程环境条件,工作方法与技术,技术指标,经济概算,施工安排,技术质量管理措施,成果报告内容及提交时间。设计书应由相应的机构进行审批。

(4)外业施工。包括现场施工、质量检查、现场资料验收等。

(5)成果报告编写。工作项目成果报告应包括的内容有:序言,工区地质矿产、地球物理(化学)特点,工作方法、技术与质量,成果解释推断意见,工作结论与建议,必要的附图、附件。

(6)报告评审及提交。成果报告完成后,由委托方或招标方组织有关专家进行评审,按评审中提出的意见,在对成果报告进行补充修改后,应按期向委托方或招标方提交。

■ 预备知识四　工程物探成果报告

物探成果报告是物探成果质量的最终体现。在工作过程中必须理论联系实际,认真分析研究,提出反映客观实际、地质效果好的物探成果。物探成果报告要求内容全面、实事求是、重点突出、立论有据、文字简洁、附图附表齐全。

成果报告应由组长或由组长指定专人编写,并组织有关人员进行讨论修改。成果报告经过批准后,物探组才算完成任务。

物探成果报告一般可分为单项(专题)物探成果报告、综合物探成果报告和阶段性综合物探成果报告。

(1)单项(专题)物探成果报告是指采用单项物探方法完成一个工区的一项或几项工程地质任务的成果报告(如××工区电法勘探成果报告、××工区地震勘探成果报告、××工区测井成果报告等)。

(2)综合物探成果报告是指用几种物探方法,综合解决一个工区有关地质任务的成果报告(如××工区综合物探成果报告)。综合物探成果报告的特点是要突出综合物探方法在解决地质问题方面的应用,将所取得的资料进行综合分析研究,以提高物探解决地质问题的能力和效果。

(3)阶段性综合物探成果报告是指一个工区在一个勘测阶段内所完成的物探工作成果的综合(如××工区可行性研究阶段综合物探成果报告)。

物探成果报告由文字和附图附表两部分构成。

一、物探成果报告的编写

(一)单项(专题)物探测试工作成果报告的编写

对于单项(专题)物探测试工作,如地基、桩基检测,灌浆效果检测,地震跨孔测试,钻孔电磁波透视和钻孔电视观察等,可不受以上工作成果报告编写内容的限制,应结合具体任务要求和专题物探工作的需要,编写专题测试成果报告。

(二)综合物探成果报告的编写

综合物探成果报告的编写可参照下列内容要求:

(1)概况。简述工区的物探任务(目的、要求、工作范围及工作比例尺),工作期间主要仪器设备、工作量完成情况,以往进行过的地质勘测工作(尤其是与本次物探任务有关的勘测工作),以及在本次工作中与其他勘测方法的配合。

(2)地形。地质简况及地球物理特征。简述与物探工作有关的地形、地貌和地质情况,物探地质条件(有利条件和不利因素)和物性特征。

(3)工作方法与技术。叙述外业生产工作布置、工作方法及依据、仪器性能及仪器因素选择。

(4)资料解释与成果分析。简述采用的解释方法及选用参数的依据。叙述成果分析及其地质解释。

(5)结论与评价。阐明任务解决的程度,提出物探成果的地质结论。叙述检查观测质量、成果解释精度,通过与已有钻孔及其他勘测资料对比分析、钻孔验证情况,对本次物探成果做出评价。

（6）问题与建议。提出本次物探工作存在的问题,以及需要补充和开展的其他物探工作和验证工作的建议。

（三）阶段性综合物探成果报告的编写

阶段性综合物探成果报告的编写基础是单项物探成果和综合物探成果报告。报告应在物探队技术负责人或技术组的指导下组织有关人员编写。

阶段性综合物探成果报告的编写可参照下列内容要求:

（1）概况。简述工区的地理位置、物探任务、工作起止时间、综合利用各种物探技术的探测情况及完成的工作量(可列表示出)、以往进行过的地质勘测工作(如地质测绘、钻探、洞探、物探),主要叙述与本阶段物探有关的勘测工作。

（2）地形、地质简况。简述与物探测区有关的地形、地貌、地层构造及水文地质情况,物探地质条件等。

（3）物探方法的综合应用成果。

（4）结论与评价。阐明本阶段应用综合物探方法所解决的几个工程地质问题的结论与效果,并做出成果质量与精度评价。

（5）问题与建议。提出本阶段物探工作存在的问题,以及需要补充的物探工作和验证工作的建议。

二、物探成果报告的图表内容

物探成果报告附图、附表,应根据任务要求与实际工作的需要,选择与解决地质问题有关的图件,需要综合而且能够综合到一张图上的内容尽可能绘在一张图上。

阶段性综合物探成果报告的附图、附表,应将本阶段历年次所作成果图、表进行汇总。

通常,物探成果报告应附下列图件和图表:

（1）物探工作布置图。

（2）物探成果平面图(如电测深曲线类型分布图、重力异常分布图、覆盖层等厚度图、地下水等水位线图、基岩等高线图)。

（3）物探成果剖面图(如 AB/2 视电阻率剖面图、物性-地质剖面图、平洞声波测试剖面图等)。

（4）物探成果表(如物性-地质剖面成果表、波速及弹性模量测试成果表、各种解释成果表、物探点高程及坐标测量成果表等)。

■ 习题演练

单选题

项目一　地震勘探技术

知识目标

1. 掌握地震波的基本知识。
2. 掌握反射波法、折射波法的基本原理、时距曲线。
3. 掌握单孔法和跨孔法的测量原理。
4. 掌握低应变反射波法测量的主要原理。
5. 理解瞬态瑞雷波法和常时微动测量的工作原理。

能力目标

1. 能够利用地震波的基本类型及传播特点对地震波的形成及传播过程进行分析。
2. 能够利用地震波频谱区分不同类型的地震波。
3. 能够利用直达波、折射波、反射波时距曲线的特征分析地震记录。
4. 能够初步绘制折射波观测系统和反射波观测系统示意图。
5. 能够对透射波垂直时距曲线进行特征分析。
6. 能够利用地震曲线特征判别桩身缺陷。
7. 能够利用频散曲线对地下异常位置进行判定。
8. 能够通过分析卓越周期对地基土类型进行划分。

素质目标

1. 培养学生的学习兴趣,树立学生的职业目标。
2. 培养学生对行业职业工作的正确认识。
3. 培养学生实事求是的工作作风和科学严谨的工作态度。
4. 通过实训培养学生的团队合作能力和独立思考的精神。

思政目标

通过案例宣扬工匠精神和社会主义核心价值观,系统掌握科学方法,提高学生科学素养,形成高尚的科学精神。

【导入】

工程地震勘探是根据人工激发的地震波在介质中传播的物理特性来研究地下岩土体或地层的地震参数与岩土物性参数及结构参数之间的关系,确定各种地质界面的空间位置、形态,解决非均匀复杂小构造地质体的形态、性质、结构,以及对地下介质进行综合评价的一门学科。工程地震勘探不仅具有无损、费用适中的优点,而且具有高效率的特点,因而受到了广泛的关注。其应用领域涉及基础建设的各个方面。

根据地震波传播特征的不同,将工程地震勘探的基本方法分为反射波法、折射波法、波速测试技术和瑞利波法等几种主要方法。近些年来,新兴方法有桩基无损检测技术和常时地微动测试技术等方法。

任务一　理论基础

码 1-1　理论基础

【任务描述】

地震勘探是通过观测和研究人工激发的弹性波在岩石中的传播规律来解决工程及环境地质问题的一种地球物理方法。

一、地震波的相关概念

(一)波的概念

波也称为波动,是振动在空间上传播的一种物理现象。要想形成机械波,必须具有两个条件:①激发振动;②弹性介质。日常生活中,人说话发出的声波、手机信号的电磁波等都属于波的范围。

(二)弹性波的概念

任何一种固体在受到外力作用后,它的质点都会发生体积大小和形状的变化。当外力消失后,由于阻碍物体形变的内力作用,固体能够恢复原来的形状,这就是弹性。大部分物体在一定限度内都具有弹性性质。

当外力消失后能立即完全恢复为原来状态的物体称为理想弹性体或完全弹性体;当外力消失后不能完全恢复的物体称为塑性体;当外力消失后不是立即恢复原状,而是过一段时间后才恢复原状的物体称为黏弹性介质。

弹性和塑性是物体的两种互相对立的特性。在外力作用下,一个物体表现为弹性形变还是塑性形变,主要取决于一定的条件。在外力很小、作用时间很短的条件下,大部分物体都呈现类似完全弹性体的性质,这种情况称为"在弹性限度以内";反之,在外力很大、作用时间又很长的情况下,大部分物体又都呈现类似塑性体的性质。因此,在外力作用下,自然界大部分物体既可以显示弹性也可以显示黏弹性,这取决于物体本身的性质和外力作用的大小及时间的长短。

如图 1-1 所示,在地震勘探中,震源附近易形成破碎带。因为震源(外力)的作用较大,向外逐渐扩展变成塑性带。远离震源处,介质受力作用变得很小(位移小于 1 mm),并且作用时间短(小于 100 ms)。因此,在地震波传播的范围内,绝大多数岩石可近似看成理想弹性体。而在弹性体中传播的振动,称为弹性波。

(三)地震波的概念

综上所述,地震勘探的理论基础,就是将地下岩层看作

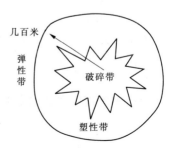

图 1-1　弹性波的形成

弹性介质。因此,地震波就是在岩层中传播的弹性波。

地下岩层在外力的作用下,其介质内质点会离开平衡位置发生位移而产生形变,当外力解除以后,产生位移的质点在应力的作用下都有一个恢复到原始平衡位置的过程。但是由于惯性力的作用,运动的质点不可能立刻停止在原来的位置上,而是向平衡位置另一方向移动,于是又产生新的应力,使质点再向原始的平衡位置移动,这样应力和惯性力不断作用的结果,使质点围绕其原来的平衡位置发生振动。这与弹簧及琴弦的振动过程十分相似,称为弹性振动。

在振动过程中,由于振动的质点和其相邻质点间的应力作用,必然会引起相邻质点的相应振动,这种振动在弹性介质中不断地传播和扩大,便形成了以激发点为中心,以一定速度传播开去的弹性波。因此,弹性波是质点振动状态在弹性介质中的传播。而地震波就是质点振动状态在地层中的传播,是能量传播的一种形式。

二、地震波的相关特征

(一) 波前和波尾

在波到达的质点处,形成质点振动的相互传递,形成波动的传播。其中,将振动区的最前端刚开始振动的质点与尚未振动的质点之间的分界面称为波前面,简称波前;将振动区的后端刚停止振动的质点与已经停止振动的质点之间的分界面称为波尾面,简称波尾。而在波前和波尾之间的区域,振动携带着能量进行传播,因此称为振动区。另外,将具有相同的振动相位的质点的连线称为等相位面,也可称为等时面、波面。波前和波尾都属于等相位面,如图 1-2 所示。

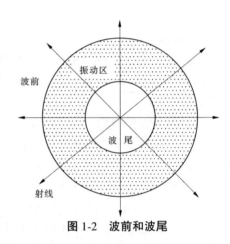

图 1-2　波前和波尾

按波面的形状,可以对波进行分类。如图 1-3所示,为平面波前和球面波前的示意图。地震勘探中,当震源激发后在较均匀介质中传播时,地震波的波前形状为球面波前,如图 1-3(b)所示;当地震波传播到一定距离时,由于球面的半径较大,单位球面上的弧度逐渐变小,在某个范围内观测时,球面波前越来越接近图 1-3(a)所示的平面波前。平面波前研究地震波的运动规律更加简单方便,因此一般将地震波的波前形状定为平面波前。

(二) 地震射线

在适当的时候,认为波及其能量沿着某一条路线传播,这条路线称为地震波线或地震射线。射线在实际中并不存在,是为了研究地震波的传播规律而人为假想出的一条“线”。地震射线和波前呈正交关系,即射线垂直于波前。平面波前的射线为一条直线,如图 1-4所示。

(三) 波剖面图和波振动图

描述一个完整的地震波的传播过程,可以用波剖面图和波振动图表示。

波剖面图是指波的质点振动和空间位置的关系,如图 1-5 所示。

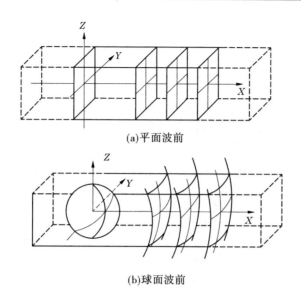

(a)平面波前

(b)球面波前

图 1-3　平面波前和球面波前

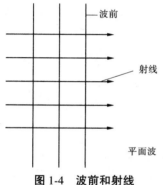

图 1-4　波前和射线

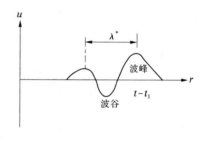

图 1-5　波剖面图

波振动图是指在某一传播距离处,观测波动带内某个质点随时间的位移变化状态的图形。其中,正峰值为波峰,负峰值为波谷。振动图的极值(正或负)称为相位。位移的极值称为主振幅 A^*,相邻两个波峰或波谷之间的时间间隔称为主周期 T^*,主周期的倒数称为主频率 f^*。此外,地震波的振动延续时间为终止时间与初至时间的差值,如图 1-6 所示。

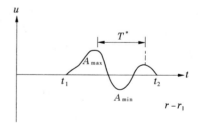

图 1-6　波振动图

在野外地震记录图中,单道地震记录是波振动图。由多道检波器测得的振动图组成一张野外地震记录,如图 1-7 所示。

三、地震波的类型

地震波主要分为两大类:一类是在介质体积内传播的地震波,称为体波;另一类是沿介质的分界面传播的地震波,称为面波。在深层地震勘探如石油勘探中,主要利用体波的传播进行勘探;而在浅层的工程物探中,体波和面波都可进行勘探,面波的应用较多。

多个振动图组成一张野外地震记录

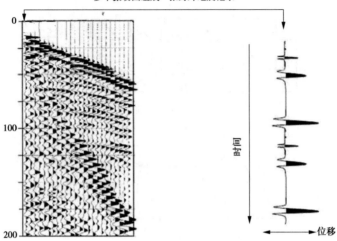

图 1-7　地震记录和波振动图的关系

　　弹性体的应变有两种基本形态,一是压缩应变,二是剪切形变,由这两种形变相应产生两种波型,即压缩波和剪切波。这两种波可以在无限介质内传播,因此也称为体波。

　　由于压缩波是由体积形变引起的,在传播过程中,质点振动在介质中形成压缩带与膨胀带相间出现,压缩波可以存在于固体、气体和液体介质中。压缩波的特征是介质质点的振动方向与波的传播方向一致。它又称为纵波(见图 1-8),可用 P 波表示。

图 1-8　纵波传播示意图

　　剪切波是由剪切形变产生的弹性波。只有固体才能传播剪切波,而气体和液体无所谓剪切形变,所以不能产生剪切波。剪切波的特征是介质质点的振动方向与波的传播方向互相垂直。它又称横波(见图 1-9),可用 S 波表示。S 波又可分为 SH 波和 SV 波两种类型。

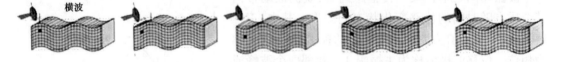

图 1-9　横波传播示意图

　　纵波的传播速度比横波快。一般情况下,在相同介质中传播,横波的传播速度约为纵波的 0.7 倍。除在介质内部将同时出现纵波和横波外,在靠近边界面附近还将出现另一种波——面波。

　　分布在自由界面(空气和岩土层间的分界面)附近的面波称为瑞利波。此外,在表面介质和覆盖层之间还存在一种 SH 波成分的面波,称勒夫(Love)波;在深部两个均匀弹性层之间还存在类似瑞利波型的面波,称斯通利(Stoneley)波。瑞利波在工程物探中应用广泛,其传播特点会在后文中详细介绍。瑞利波的轨迹如图 1-10 所示。

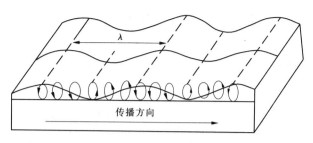

图 1-10　瑞利波轨迹示意图

四、地震波运动学的传播规律

(一)惠更斯原理

荷兰物理学家惠更斯于 1690 年指出:在弹性介质中,可以把任意已知 t 时刻的同一波前面上的各点都看作一个新的波源,称为子波源。从该时刻产生子波的子波源,在经过 Δt 时间后,这些子波的包络面就是原波前到 $t + \Delta t$ 时刻新的波前。这个原理称为惠更斯原理(见图 1-11)。

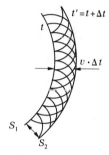

(二)费马原理

地震波沿射线传播的旅行时间和沿其他任何路径传播的旅行时间相比为最小,即波是沿旅行时间最小的路径传播的。这个原理称为费马原理。

图 1-11　惠更斯原理

(三)斯奈尔定律

地震波传播过程中,遇到弹性分界面时会发生反射和透射。反射和透射满足一定的关系,分别称为反射定律和透射定律。反射定律和透射定律合称为斯奈尔定律(见图 1-12)。斯奈尔定律满足惠更斯原理和费马原理。

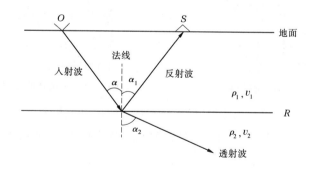

图 1-12　斯奈尔定律

如图 1-12 所示,O 点为激发点,S 点为接收点。地震波从 O 点以入射角 α 入射,遇到弹性分界面 R 发生反射和透射。入射线与界面法线构成的平面称为法平面,也叫入射平面或射线平面。界面上层对应的传播速度为 v_1,界面下层对应的传播速度为 v_2。其中,反射波位于法平面内,且反射角与入射角相等,称为反射定律;透射波也位于法平面内,透射角与入射角满足关系:

$$\frac{\sin\alpha}{v_1} = \frac{\sin\alpha_2}{v_2} \qquad\qquad (1\text{-}1)$$

式(1-1)称为透射定律。

综上所述,斯奈尔定律可表示为

$$\frac{\sin\alpha}{v_1} = \frac{\sin\alpha_1}{v_1} = \frac{\sin\alpha_2}{v_2} = P \qquad\qquad (1\text{-}2)$$

式中　P——射线参数。

(四)时距曲线的概念

研究地震波传播规律的目的,是要用地震勘探方法查明地下地质构造的特点。当在地面激发了地震波后,地下介质的结构不同,则地震波传播的特点也就会不同。另外,在相同的介质结构情况下,不同类型的波传播特点也会不同。为了具体地说明不同类型的波在各种介质结构情况下传播的特点,在地震勘探中主要用"时距曲线"这个概念。时间和距离的关系是通过速度联系的。震源激发的波在地下传播时会产生各种波速不同的波,也就有各种地震波的时距曲线。

在观测中,将激发点(炮点)到接收点(检波点)的距离称为炮检距。其中,激发一次且只在一个检波点上接收地震波的观测方式称为单道接收,炮检距为零的观测方式称为自激自收;激发一次在多个检波点上同时接收地震波的观测方式称为多道接收,也称为共炮点观测。具体如图1-13、图1-14所示。

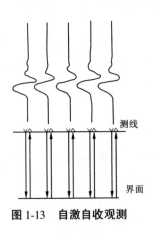

图 1-13　**自激自收观测**

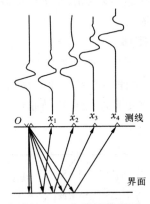

图 1-14　**多道接收观测**

在地震记录中,将一个接收点由静止状态到因波到达开始振动的时刻,称为波的初至。而一组地震道上整齐排列的相位,表示一个新的地震波的到达,由地震记录上系统的相位或振幅变化表示,也就是波至。

下面以直达波为例说明直达波的时距曲线。所谓直达波,即是从震源点出发不经反射或折射直接传播到各接收点的地震波。如图1-15所示,在 O 点激发,沿测线在 x_1、x_2、x_3、x_4 等点上接收。接收点之间的距离相等。如果在 x—t 直角坐标系里,把激发点作为坐标原点,横坐标 x 表示测线上各观测点到激发点的距离,纵坐标 t 表示直达波到达各观测点的传播时间[见图1-15(b)],就可以得到一组点,它们的坐标分别是(x_1,t_1)、(x_2,t_2)、(x_3,t_3)、(x_4,t_4)。直达波把这些点连起来得到一条曲线,它形象地表示了直达波到达测线上任一观测点时间同观测点与激发点之间的距离的关系。这条曲线就称为直达波的时距曲线。

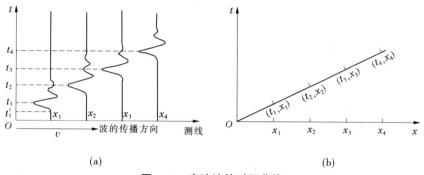

图 1-15　直达波的时距曲线

在许多情况下,还需要知道波到达测线上任一观测点的时间同观测点与激发点之间的距离的明确的定量关系,即所谓的时距曲线方程。直达波时距曲线方程很容易得出,因为在测线上距离激发点为 x 的任一观测点,直达波的到达时间为

$$t = \frac{x}{v} \tag{1-3}$$

式中　v——直达波的速度。

式(1-3)就是直达波时距曲线方程,从式中可以看出 t 与 x 是成正比的,因此在这种情况下直达波时距曲线是一条直线。

一种波的时距曲线确实能反映它本身的一些特点。并且,时距曲线的特点还包含了关于地下岩层的速度、形态等十分有用的信息。因此,分析并掌握各种类型地震波的时距曲线特点,是在地震记录上识别各种类型地震波的重要依据。这是讨论时距曲线的实际意义的一个方面。

五、地震波的动力学传播规律

(一)地震波的频谱

由震源激发、经地下传播并被人们在地面或井中接收到的地震波通常是一个短的脉冲振动,具有两到三个周期的延续时间,称为地震子波。它可以被理解为有确定起始时间和有限能量,在很短时间内衰减的一个信号。地震子波振动的一个基本属性是振动的非周期性。因此,它的动力学参数应有别于描述周期振动的振幅、频率、相位等参数,而用振幅谱、相位谱(或频谱)等概念来描述。

弹性振动最简单的是谐振。任意几个简谐振动可以合成一新的较复杂的振动(周期性的或非周期性的)。若想确定一个地震波的波形,必须确定其频率、振幅和相位,缺少其中任何一个参数,地震波的波形都不能确定。如图 1-16 所示,地震波由 A 和 B 两个谐波组成,图 1-16(a)和图 1-16(b)中的信号 A 相位和频率相同,但振幅不同,而两图中的信号 B 则完全相同,合成后两波形不同。

同样,一个复杂的振动信号可以分解成多个不同频率、不同振幅、不同相位的简谐振动,对于给定的复合振动,求其简谐成分的过程称为振动的频谱分解。如图 1-17 所示,表示一个非周期振动 $g(t)$ 是由许多不同频率、不同振幅、不同起始相位的简谐振动合成的。

任何一个形状的地震波都单一地对应其频谱,反之任何一个频谱都唯一确定着一个地

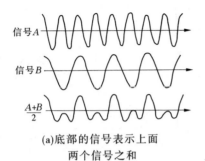

(a)底部的信号表示上面
两个信号之和

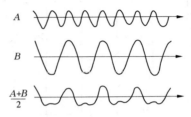

(b)振幅比为2：1时，基频
与第一谐波之和

图 1-16　波的合成

震波波形。对图 1-17 分析,可得图 1-18 和图 1-19。其中,
图 1-18 是以各简谐的频率 f 为横坐标,以各谐振的振幅 A 为
纵坐标,并在这个坐标平面上点出每个简谐成分相应的位置,
或以这些点为顶端画出一些纵线,这些纵线的长度表示了与
每个频率的简谐成分相应的振幅。这个表示复合振动各不同
频率简谐成分的振幅图形称为振幅谱;图 1-19 是以各简谐成
分的频率 f 为横坐标,以相应的起始相位 Φ 为纵坐标的图形,
这个表示复合振动各不同频率简谐成分的相位图形称为相位
谱。振幅谱和相位谱合称为频谱。在地震勘探中,频谱一般
指的是振幅谱。

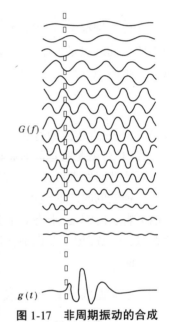

图 1-17　非周期振动的合成

地震波的动力学特征既可以用随时间而变化的波形来描
述,也可以用其频谱特性来表述。前者是地震波的时间域表
征,后者是其频率域表征。由于它们具有单值对应性,因此在
任何一个域内讨论地震波都是等效的。

频谱的特点主要是:一个脉冲只对应一个频谱,不同形状
的脉冲,其频谱不同。形状相类似的脉冲,则有相似的频谱;
脉冲长度与频谱宽度是成反比的,即脉冲延续时间越长,其频谱越窄。频谱中振幅极大值使
质点以该频率为主频的振动形式表现出来。由上述内容可知,不同振动形状的波对应的频
谱不同,也就是说,一定的频谱特征表示了一定的振动性质。

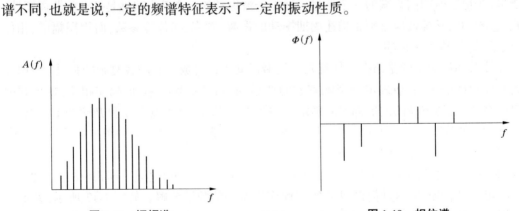

图 1-18　振幅谱　　　　　　　　　　　　　　　　　　**图 1-19　相位谱**

在地震勘探中所激发的地震波,不仅含有效波,也同时产生各种规则和不规则的干扰波。它们经过不同的路径,传到观测点,被检波器全部接收下来。这样,干扰波的存在严重妨碍了有效波的接收和分辨,因此如何根据有效波和干扰波的各种差异和特点,采用不同的工作方法,以提高信噪比,是取得可靠的第一手材料的关键。其中,频谱的获得就是一个重要方面。掌握了有效波和干扰波的频谱特点,可用于地震资料的处理,提高地震信号的信噪比,对地震勘探工作有着重要意义。

(二)地震波能量的吸收与衰减

地震波从激发、传播到被接收,其振幅和波形都要发生变化,影响因素归纳起来主要有三类:第一类是激发条件的影响,它包括激发方式、激发强度、震源与地面的耦合状况等;第二类是地震波在传播过程中受到的影响,包括球面扩散、地层吸收、反射、透射、入射角大小以及波形转换等造成的衰减;第三类是接收条件的影响,包括接收仪器设备的频率特性对波的改造以及检波器与地面耦合状况等。此外,地下岩层界面的形态和平滑程度等也会对波的能量有所影响,如图1-20所示。

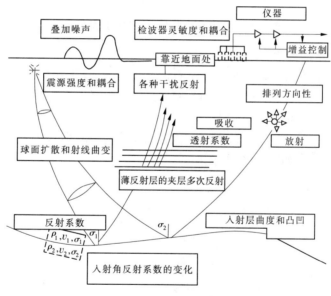

图1-20 影响地震波振幅的因素

六、地震波传播的影响因素

速度在地震勘探中是一个重要的参数,是地震勘探的物理基础之一。反射波、折射波和透射波的产生条件主要是弹性介质在速度上存在差异。无论是纵波还是横波,它们在地层中传播的速度取决于岩石的弹性系数和密度。研究的主要是层速度(在地震勘探中将在实际地质层中传播的速度称为层速度),层速度直接与地下地质体的岩性有关。岩土介质的岩性、物性、成分和结构及所处环境的构造和地表条件等的不同,都会使得地震波的运动学和动力学特征发生变化,了解和掌握这些引起地震波传播和参数等特征变化的地质因素,实质上就是地震勘探的地质基础问题。

(一) 密度对速度的影响

一般情况下,岩石越致密,波速越高。速度 v 与岩石密度的关系,满足以下方程:

$$\rho = a v_{\mathrm{P}}^{n} \tag{1-4}$$

对于大多数沉积岩石而言, $a=0.31$, $n=0.25$。显然,该参数对于浅层松散的岩土介质是不适应的。苏联曾有人研究了浅层松散岩土介质的速度 v_{P} 与密度之间的关系,得出了较有意义的结果,如图 1-21 所示,由于不同性质、不同时代的松散岩土介质所对应的 a、n 参数相差较大,故浅层松散介质的密度变化较大,从而使得速度的变化率也较大。

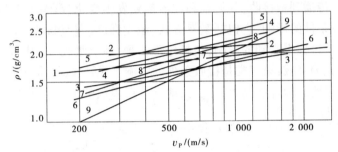

图 1-21   松散土纵波速度 v_{P} 与密度的关系

(二) 岩性对速度的影响

不同的岩石中波速不同,一般情况下岩石的密度越大,速度越快。三大岩石类型中,一般来说,火成岩的密度最高,其次为变质岩,密度最低的为沉积岩。因此,火成岩中的传播速度较快,而在沉积岩中的传播速度较慢。

一般地,火成岩中的速度变化范围比沉积岩和变质岩中的小,火成岩中波速平均值比其他类型岩石中的速度高,如图 1-22 所示。

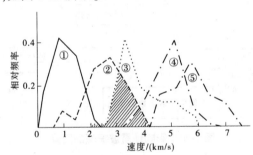

①—冲积岩黏土等;②—砂页岩;③—灰岩、白云岩;④—花岗岩、变质岩;⑤—盐岩、硬石膏。

图 1-22   各类岩土的速度分布规律

(三) 岩石孔隙度对速度的影响

一切固体岩土介质从结构上说,它们基本上由两部分组成:一部分是矿物颗粒本身,称岩石骨架(或基质);另一部分是由各种气体或液体充填的孔隙(双相介质)。地震波在这种结构的岩土中传播时,实际上相当于波在骨架本身和孔隙两种介质中传播。这种介质称为双相介质。

波在双相介质中传播的速度与孔隙度成反比,即同样岩性的岩土介质,当孔隙度大时,孔隙中低速成分的液体或气体越多,其速度值相对变小,如图 1-23 所示。

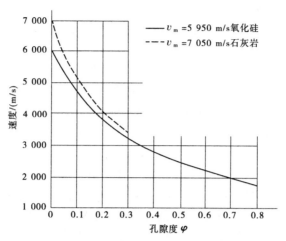

图 1-23　波速和孔隙度的关系曲线

此外,相同孔隙度的岩石中填充物不同时,也会引起速度的变化。在一些沉积发育的地区,地下岩石有可能填充水、石油或者天然气。一般来说,天然气密度最小,其次为石油,水的密度最大。因此,地震波的传播速度在含气层中要比含油层或含水层中低,特别是在浅层含气层中,速度明显降低,如图 1-24 所示。

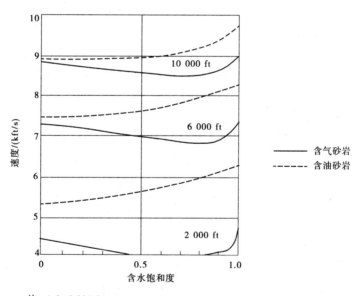

注:1 ft=0.304 8 m。

图 1-24　孔隙填充物和速度的关系

(四)构造历史和地质年代对速度的影响

一般来说,地震波在岩石中的传播速度随地质过程中构造作用力的增强而增大。同样,岩性的岩石,埋藏深、时代老的要比埋藏浅、时代新的岩石速度更大。

(五)压力和深度对速度的影响

地震波的速度随压力的增加而增加。此外,压力的方向不同,地震波沿不同方向传播的速度也就不同。

（六）温度对速度的影响

速度随温度可能有很微小的变化，温度每升高 100 ℃，速度减少 5%~6%。

七、浅层地震地质条件

地震勘探的效果在很大程度上取决于工作地区是否具有应用地震勘探的前提，也就是工区的地震地质条件。在浅层地震勘探中，其地震地质条件主要是指浅部岩土介质的性质和地质特征，以及地表的各种影响因素，可从以下几个方面来讨论。

（一）疏松覆盖层

近地表的土层和岩石，由于长期受到风吹、日晒、雨淋、溶蚀等物理化学的风化作用而变得破碎疏松，当地震波在这种疏松层中传播时，其波速要比下部未经风化的完整岩石的波速小得多，故称之为"低速带"。由于低速带的存在，地表覆盖层和下部基岩之间往往形成一个明显的速度界面（下部基岩波速大于其覆盖层波速），浅层地震折射波法就是利用这一速度界面来探测基岩面的埋深和起伏的。但是，当用地震反射波法探测地表下较深处的地层时，由于低速带的存在，反射波的走时产生"滞后"现象，这时往往需要对低速带的影响进行校正，才能对反射波做出正确的识别和处理。另外，低速带下界面易产生多次反射波而使地震记录复杂化，也是一种不可忽视的干扰因素。

此外，疏松层对地震波有较强的吸收作用。波的频率越高，吸收衰减越强。因此，在疏松层较厚的地区很难激发出能量较强或频率较高的有效波。试验表明，横波的衰减比纵波要快。

（二）潜水面和含水层

当疏松的覆盖层或风化带饱含地下水时，其波速将会明显增大。因此，当潜水面位于疏松的低速带中时，则会形成明显的波速界面。对于一般地层中的含水层，由于其裂隙和孔隙中的饱含地下水而使波速有所增加，但影响不像疏松层那样明显。

实践表明，当在潜水面以下激发时，所产生的地震波频率成分比较丰富，能量也较强，易于获得较好的效果。因此，潜水面离地表较近是浅层地震勘探的有利条件。

（三）介质的成层性

沉积发育的地区，地层介质是层状分布的。弹性界面的存在使地震波发生偏折而产生反射波等，因此介质的成层性是地震勘探有利的、必不可少的地质条件。若无弹性界面的存在，也就无法产生反射波，更不能进行地震勘探；若界面过多、地层过薄，则有可能产生回折波，也会对勘探产生影响。

（四）地震界面和地质界面的差异

地震界面是指地震波传播时与波速变化有关的波阻抗差异界面（物理界面），而地质界面是岩性不同或时代不同的界面（与波速无关，即使波速大致相同的地层，只要地质学的记述不同，也认为是属于两个地层）。这两种界面，有时是一致的，有时却不完全一致。例如不同的地质岩层其波速很接近，或者有些很薄的地层从地震波的信息很难识别出它们的存在。此外，有时一个地层中也可能出现不同的波速层，这些情况都将引起地震界面和地质界面的不一致，在解释工作中必须予以注意。对地震工程而言，从动力学的观点，按弹性波速划分地层，应该说更为合理。

（五）地质剖面的均匀性

浅层地质剖面的均匀性，对地震勘探的效果有直接影响，因为不论是剖面纵向还是横向的不均匀性和不稳定性(如断层、溶洞、尖灭层和人工堆积等的存在),都将影响地震波传播的方向和走时,增加地震勘探的难度。

任务二 反射波法

【任务描述】

反射波法是浅层地震工程地质勘察中的一种重要手段。通过对地震波的反射原理的应用,实现对工程地基情况的勘察实施。

码 1-2 反射波法

模块一 知识入门

一、反射波的形成

一般情况下,当地震波遇到弹性分界面时,由于能量变化,会产生反射波和透射波,如图 1-17 所示。然而,并不是所有条件都可以产生反射波。反射波形成与否及能量强弱是由反射系数决定的。根据弹性波动理论中的佐普利兹(Zpritz)方程组,可求得反射系数为

$$R = \frac{\rho_2 v_2 - \rho_1 v_1}{\rho_2 v_2 + \rho_1 v_1} \tag{1-5}$$

式中 ρ_2、v_2——弹性分界面下层的介质密度和传播速度;

ρ_1、v_1——弹性分界面上层的介质密度和传播速度。

在地震学中,将传播介质密度与速度的乘积称为波阻抗。因此,式(1-5)也可写成

$$R = \frac{Z_2 - Z_1}{Z_2 + Z_1} \tag{1-6}$$

式中 Z_2、Z_1——下层、上层岩石的波阻抗。

根据式(1-5),当 $Z_1 = Z_2$ 即上、下介质的波阻抗相等时,反射系数 $R=0$,此时反射波能量为 0。也就是说上、下介质的波阻抗相等时无反射波的产生。因此,产生反射波的必要条件是在弹性分界面两侧存在波阻抗的差异。

根据弹性波动理论中的佐普利兹(Zpritz)方程组,可求得透射系数为

$$T = \frac{2Z_1}{Z_2 + Z_1} \tag{1-7}$$

由此可见,反射系数与透射系数之和 $R+T=1$。即在不考虑能量损失的情况下,入射波的能量完全转化为反射波和透射波的能量,反射系数越大则透射系数越小,即反射波能量强则透射波能量弱。T 恒为正值,透射波相位与入射波永远一致,不会出现半波损失。

二、反射波的时距曲线

沿地面测线观测,反射波从激发点传播到接收点所用时间 t 与炮检距 x 之间的关系曲线,称为反射波的时距曲线,用 $t=t(x)$ 表示。距离 x 是地面激发点与接收点之间的距离。以下分析几种地质模型反射波的时距曲线特点。

(一)单一水平界面反射波的时距曲线

在反射界面与地表平行的情况下,反射波时距曲线比较简单,如图 1-25 所示。激发点

O 到界面的法线深度是 h_0，界面以上的介质是均匀的，波速是 v。从激发点 O 传播的入射波经反射界面 R 的 A 点反射，到达地表接收点 S，反射波到达时间 t 与炮检距 x 之间的函数关系 $t=t(x)$，就是界面 R 的共炮点反射波时距曲线方程。

为了推导反射波时距曲线方程，可沿激发点 O 向地下作一条垂线，并作出虚震源 O^*，使 $O^*C=OC=h_0$。容易证明 $O^*A=OA$。波由 O 点入射到 A 点再反射回 S 点所走过的路程 $OS=OA+AS=O^*A+AS=O^*S$，就好像波由 O^* 点直接传播到 S 点一样。在地震勘探中把这种讨论地震波反射路程的简便作图方法称为虚震源原理。

可求得水平界面、均匀覆盖介质的反射波时距曲线方程为

$$t = \frac{O^*S}{v} = \frac{\sqrt{(2h_0)^2 + x^2}}{v} = \frac{1}{v}\sqrt{4h_0^2 + x^2} \qquad (1\text{-}8)$$

可把式（1-8）写为

$$t^2 = t_0^2 + \frac{x^2}{v^2}$$

$$t_0 = \frac{2h_0}{v}$$

t_0 称为自激自收时间。此方程代表的是一条双曲线。反射界面的长度相当于炮检距的 1/2。反射界面埋藏越深，视速度越大，时距曲线越平缓。若速度已知，可利用 t_0 求取界面深度，可用几何作图法求出地下的反射界面。

（二）单一倾斜界面反射波的时距曲线

设有图 1-26 表示的介质结构：反射界面为倾斜界面，界面倾角为 φ，激发点 O 到界面的法线深度是 h，界面以上的介质是均匀的，波速为 v，坐标系的原点在激发点 O，x 轴正向与界面的上倾方向一致。

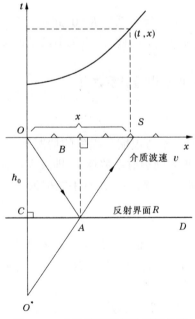

图 1-25　水平界面反射波时距曲线

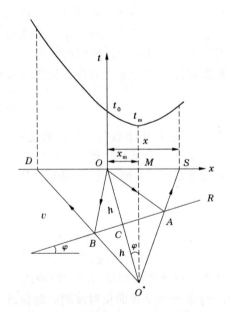

图 1-26　倾斜界面反射波时距曲线

根据虚震源原理有：

$$t = \frac{O^*S}{v} = \frac{1}{v}\sqrt{x^2 - 2xx_m + 4h^2} \tag{1-9}$$

由图 1-37 可得

$$x_m = 2h\sin\varphi$$

则倾斜界面、均匀覆盖介质的反射波时距曲线方程为

$$t = \frac{1}{v}\sqrt{x^2 - 4hx\sin\varphi + 4h^2} \tag{1-10}$$

由反射波时距曲线方程可知，反射波的传播时间 t 与接收点位置 x、反射界面深度 h、界面倾角 φ，以及界面上部介质的波速 v 之间存在明确的内在联系。从原则上讲，如果通过观测，获得了一个界面的反射波时距曲线，就有可能利用时距曲线方程给出的关系，求出界面深度 h、倾角 φ 和波速 v。这就是可以用反射波法研究地下地质构造的基本依据。

式(1-10)表示的时距曲线方程是在界面的上倾方向与 x 轴的正方向一致的情况下得到的。若界面的上倾方向与 x 轴的正方向相反，则可得到下列方程：

$$t = \frac{1}{v}\sqrt{X^2 + 4hx\sin\varphi + 4h^2} \tag{1-11}$$

倾斜界面反射波时距曲线仍为双曲线，但极小点位置发生变化。极小点总是相对激发点偏向界面上倾一侧。在极小点上，反射波返回地面所需的时间最短。M 点实际上就是虚震源在测线上的投影，由 O 到 M 点的反射波射线是所有射线中最短的一条，并且反射波时距曲线是以过 M 点的 t 轴为对称的。

（三）水平层状介质反射波的时距曲线

该模型认为地层剖面是层状结构，在每一层内速度是均匀的，但层与层之间的速度不相同。这些分界面可以是倾斜的，也可以是水平的（此时称为水平层状介质，见图 1-27）。在沉积岩地区，当地质构造比较简单时，把地层剖面看成层状介质是比较合理的。此处只讨论水平层状介质的反射波时距曲线。

如图 1-28 所示，为三层水平层状介质，如果在 O 点激发，在测线 OX 上观测，分析 R_2 界面的反射波时距曲线。可以计算沿着从不同入射角入射到第一个界面 R_1，然后透射到 R_2 界面后，反射回地面的各条射线路程。计算地震波传播的总时间 t，以及相应的炮检距 x。当计算出一系列(t、x)值后，就可具体画出 R_2 界面反射波时距曲线。

由于界面水平，根据斯奈尔定理，反射路程与入射路程是对称的。略去推导过程，直接得出接收点 C 到激发点的距离 x 和波的旅行时 t 为

$$x = 2(h_1\tan\alpha + h_2\tan\beta) \tag{1-12}$$

$$t = 2\left(\frac{OA}{v_1} + \frac{AB}{v_2}\right) = 2\left(\frac{h_1}{\cos\alpha \cdot v_1} + \frac{h_2}{\cos\beta \cdot v_2}\right) \tag{1-13}$$

式(1-12)不能进一步化成某种标准的二次曲线方程，如双曲线方程。由此可知，多层水平层状介质的时距曲线方程更为复杂，是一条高次曲线。这种情况下，由观测到的资料估算地下界面的埋藏深度也很困难。因此，要想对地下界面进行研究，要根据情况引入平均速度和均方根速度，在炮检距不大的情况下，可将复杂的曲线近似成双曲线。限于篇幅，此处不作具体介绍。

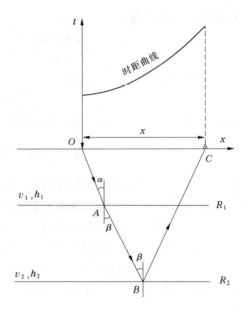

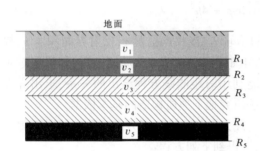

图 1-27　水平层状介质模型　　　　　　图 1-28　三层水平层状介质反射波时距曲线

模块二　反射波法应用及案例

一、在基岩厚度求取中的应用

某工区覆盖层厚度约 6 m,砂卵石厚度约 30 m,利用反射波法求砂卵石的底界面埋深。该工区采集的原始记录见图 1-29。根据原始记录和正演时距曲线,识别第二层砂卵石底界面的反射波,然后运用地震反射处理手段得出成果图(见图 1-30)。由图 1-30 可见,处理效果明显,砂卵石反射波同相轴连续可追踪,基本上能够清晰反映砂卵石下界面的情况。该结果与钻孔验证情况相符。

二、城市地下掩埋体的应用

单道锤击自激自收反射波法可用于工程勘察,探

图 1-29　地震原始记录

测地下掩埋体,如敷设电缆或城市排水的地沟、地下埋设的管线、城市地下的人防工程等。由于城市的地下设施埋设深度一般在 3 m 以上,因此需要接收到 10 ms 以上的地震反射信息,这是常规的反射波法地震勘探所无法实现的,而采用单道锤击自激自收反射波法,完全能够实现。探测原理为由于地下掩埋体的存在,其与周围地下地质信息出现明显差异,造成地质界面的不连续。通过地震记录图的读取,可找到底层不连续的位置,从而确定地下掩埋体的位置。其效果见图 1-31~图 1-33。

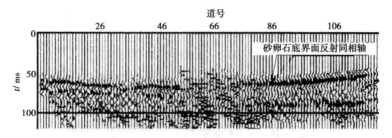

图 1-30　三层水平介质地震反射波处理成果

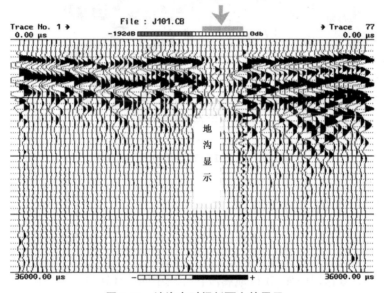

图 1-31　地沟在时间剖面上的显示

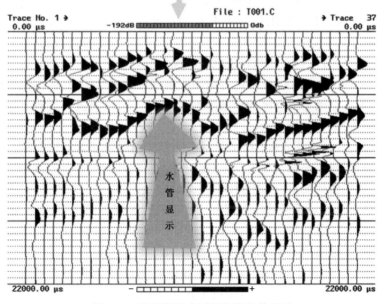

图 1-32　地下管线在时间剖面上的显示

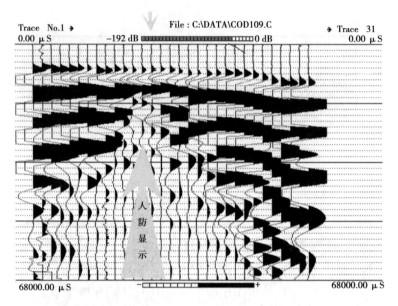

图 1-33　人防工程在时间剖面上的显示

三、煤矿采空塌陷区的应用

煤层与围岩岩性不同，二者之间存在明显的波阻抗差异，煤层厚度足够大时，可形成良好的反射界面。但煤层采空及其顶板遭受破坏后，地层变得疏松，介质密度降低，地层对地震波的吸收频散衰减作用增强，使得地震波在介质中的传播速度明显下降，而它不论被何种介质所充填，在其边缘部位都存在一个明显的波阻抗反射界面，采空区内介质和围岩介质的波速存在明显的差异。在图像上表现为反射波波形变得不规则、紊乱甚至产生畸变；采空区下方则由于岩层相对完整而变化不明显，据此可在地震时间剖面上识别煤层采空区及塌陷位置。

某煤矿现有资料对地质构造和煤层赋存情况控制程度不够，不能满足矿井建设的需求，在巷道掘进时为了避免采空区、塌陷区等地质灾害造成的安全隐患，采用地震反射波法对该区进行探测与调查，以确定采空区的位置及分布情况。经过测量与处理，测线 L-a 和 L-b 的时间剖面如图 1-34、图 1-35 所示。

从时间剖面的波场特征分析，L-a 剖面中反射波前段能量强、连续性好，而在 CDP（共深度点）260～300 号地震波散射严重，使地震波传播路径畸变、传播能量损失严重，反射波的信噪比降低，波形特征变差，出现多组不连续的短反射波同相轴，推断解释为该处已采空并且塌陷；CDP300 号之后反射波反射零乱、频率降低、振幅弱，显然是原反射波波阻抗界面遭受破坏所造成的，由此解释为采空区；L-b 剖面中反射波连续性好，在 CDP228～242 号同相轴发生扭曲错动，推断为采空塌陷，而在 CDP278 号之后反射波连续性差，反射零乱，解释为 3# 煤部分被采空。根据上述波组反射特征和地质解释依据，推断 3# 煤层采空区（包括塌陷区）2 处，面积共计约 0.43 km²。后经核实验证，推断解释的结果与实际情况基本吻合。

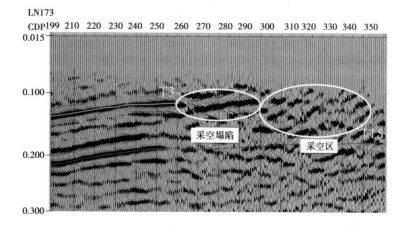

图 1-34　测线 L-a 地震时间剖面

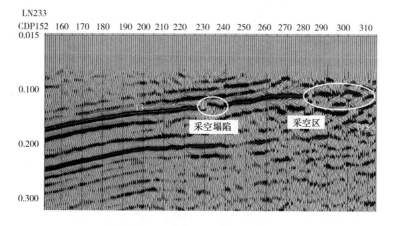

图 1-35　测线 L-b 地震时间剖面

模块三　技能训练

一、反射波法的观测系统

根据炮点和检波点的相对位置关系,可将地震勘探测线分为纵测线和非纵测线两类。炮点与检波点在一条直线上,称为纵测线。炮点与检波点不在一条直线上,称为非纵测线。在地震观测中,以纵测线观测为主,非纵测线主要用于解决一些特殊情况,如可作辅助测线布置,解决一些特殊问题(探测洞穴、古墓、古河床等),弥补纵测线的不足。纵测线与非纵测线示意图如图 1-36 所示。

在对一条测线进行观测时,为了提高效率,通常都是每放一炮,多个观测点进行观测,称为共炮点观测系统,也称为多道接收观测系统。通常讲,一个检波器所测得的数据称为"道",每次激发时所安置的多道检波器的观测地段称为地震排列,把激发点与接收排列的相对空间位置关系称为观测系统。显然可见,观测系统的选择和设计与勘探地质目的、干扰波与有效波的特点、地表施工条件等诸因素有直接关系。下面就常用的几种观测系统的图

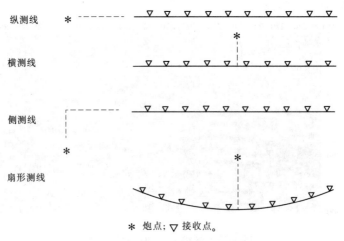

* 炮点；▽ 接收点。

图 1-36　纵测线与非纵测线示意图

示和设计进行介绍。

(一) 观测系统的有关概念

图 1-37 为野外观测系统的示意图,其中有关的概念如下:

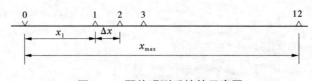

图 1-37　野外观测系统的示意图

(1)炮间距:相邻两激发点(炮点)之间的距离,一般用 d 表示。炮间距的大小根据地表施工条件、工作方法、勘探深度、项目成本等综合确定。图 1-37 中,由于只有一个激发点,所以没有显示炮间距。

(2)道间距:相邻两接收点(检波器)之间的距离,一般用 Δx 表示。工作中,根据调查目的不同,道间距不一样。一般来说,道间距越小,测量精度越高,但相应的工作成本也随之提高。道间距的大小也应综合各项要求进行确定。一般浅层反射波测量工作的道间距为 2~5 m,而浅层折射波测量工作的道间距为 5~10 m。有时为求准表层速度,震源附近加密点,构成不等间距排列。若 D 为相邻两个检波器对应的地下反射点的间距,则有 $D = \Delta x / 2$。

(3)排列长度:观测地段的距离,用 L 表示,则 $L = (n-1) \Delta x$,n 为检波器的道数。显然,道间距大,排列长度大,工作效率高;但道间距不宜太大,否则追踪对比地下信息困难,且反射波在远处能量衰减大。

(4)炮检距:激发点与任意接收点之间的距离。第 i 道接收点到激发点之间的距离,用 x_i 表示,有 $x_i = x_1 + (i-1) \Delta x$。

(5)偏移距:激发点离最近一个接收点的距离,用 x_1 表示,也可称为最小炮检距。偏移距一般为道间距的整数倍,也可为零。

(6)最大炮检距:离开激发点最远的接收点与激发点之间的距离,用 x_{max} 表示。最大炮检距与探测深度有密切关系。一般来说,反射波法中最大炮检距为目的层深度的 0.7~1.5 倍,而折射波法中最大炮检距为目的层深度的 5~7 倍。

（二）观测系统综合平面图示法

如图1-38所示，它是目前生产中最常用的观测系统图示方法。现说明该观测系统图示法的绘制过程。

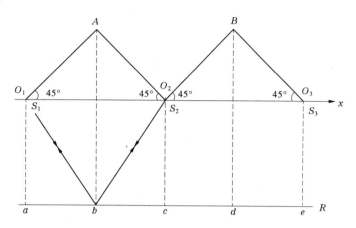

图1-38　观测系统综合平面图示法

（1）首先根据实际距离选定比例尺，画一条直线代表地表测线，将地表测线以炮间距或道间距为间隔划分刻度，把分布在测线上的激发点 O_1、O_2、O_3、…按顺序标在水平直线上。

（2）然后从第一个激发点出发，向接收排列方向倾斜并与测线呈45°角画一直线（实线），称为共炮点线。若观测系统有一定的偏移距，则偏移距用虚线表示。

（3）从各接收点出发画另一条与测线呈45°角的直线（虚线），该直线与共炮点线的交点为该接收点在排列中的序号，称为共接收点线，一般只画最后一道检波器的共接收点线。

（4）有时可通过共炮点线与第 i 道检波器的共接收点线的交点作垂线（虚线），垂直投影在地下界面的位置即为第 i 道对应的反射点 P_i 的位置，这条垂线称为共反射点线。根据需要而定，可画可不画。

（5）最后将所有激发点的共炮点线按上面步骤画出，就得到观测系统综合平面图。

（三）简单连续观测系统

如图1-39所示，为了实现对地下界面进行连续观测的目的，沿测线布设 O_1、O_2、O_3、…多个激发点。O_1 点激发，在 O_1O_3 地段接收，可观测 A_1、A_2 间的反射段；然后整体移动观测系统（半个排列长度），O_2 点激发，在 O_2O_4 段接收，可观测到 A_2、A_3 间的反射段……依此沿测线连续地激发、接收，直至测线结束。这种观测系统称为简单连续观测系统。又因该观测系统对地下反射界面仅观测一次，所以又称为单次覆盖观测系统。所得的地震剖面为单次剖面。

如图1-40所示，为了在排列两端分别激发，沿测线布设 O_1、O_2、O_3、…多个激发点。O_1 点激发，在 O_1O_2 地段接收，可观测 A_1、A_2 间的反射段；然后在 O_2 点激发，仍在 O_1O_2 地段接收，可观测 A_2、A_3 间的反射段；然后整体移动观测系统，O_2 点激发，在 O_2O_3 段接收，可观测到 A_3、A_4 间的反射段；然后在 O_3 点激发，仍在 O_2O_3 段接收，可观测到 A_4、A_5 间的反射段。依此沿测线连续地激发、接收，直至测线结束。这种观测系统也可称为简单连续观测系统。且该观测系统对地下反射界面也仅观测一次，所以也可称为单次覆盖观测系统。

如果震源固定在排列的一端激发，每激发一次，排列沿测线方向向前移动一次（半个排

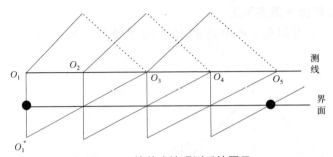

图 1-39　简单连续观测系统图示

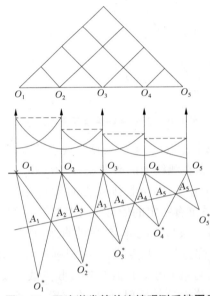

图 1-40　双边激发简单连续观测系统图示

列长度),那么这种观测系统称为单边激发(或叫单边放炮)简单连续观测系统;如果震源在同一排列两端分别激发,每激发两次,排列沿测线方向向前移动一次(一个排列长度),那么这种观测系统称为双边激发(或叫双边放炮)观测系统;如果震源位于排列中间,也就是在激发点的两边安置数目相等的检波器同时接收,这种观测形式称为中间激发(或叫中间放炮)观测系统。

简单连续观测系统的最大特点是无偏移距,接收段靠近激发点,能避开折射波干涉,便于野外施工。但受面波和声波干扰较大。

(四) 间隔连续观测系统

根据压制干扰波的需要或地表条件的原因,观测时可设置一定的偏移距,如图 1-41 所示,这种观测系统称为间隔观测系统。该方法可有效减少声波的干扰。

(五) 多次覆盖观测系统

为了压制多次反射波之类的特殊干扰波,提高地震记录信噪比,采取有规律地同时移动激发点与接收排列,对地下界面反射点多次重复采样的观测形式称为多次覆盖观测系统。其设计思想如图 1-42 所示。为了了解界面上反射点 A 的情况,不只在 O_1 点激发,S_1 点接收,还分别在 O_2 激发、S_2 接收,O_3 激发、S_3 接收等。它们以 O_1S_1 的中点 M 对称地分布。如

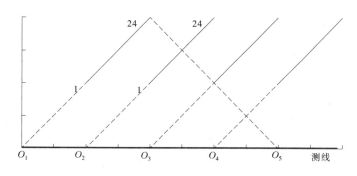

图 1-41　间隔连续观测系统

果界面水平,则 A 点在地面的投影与 M 点(称为共中心点)重合,且每次观测到的都是来自 A 点的反射,A 点就称为这些道的公共反射点。这些道组成的道集称为 A 点的共反射点道集。由于炮检距不同,道集内各道的旅行时间仍满足双曲线规律。

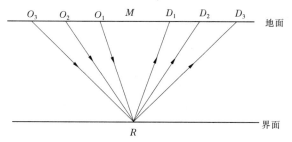

图 1-42　共反射点观测示意图

在野外生产中一般放一炮用多道接收,我们总可以想办法在多次激发获得的多个单炮记录上把地下某个反射点的共反射点道集找出来。下面以 24 道接收单边放炮六次覆盖为例,来说明多次覆盖观测系统。如图 1-43 所示,设偏移距(炮点离开第一道的距离)为一个道间距,每放完一炮,炮点和接收排列同时向前移动,移动的距离按下式计算:

$$r = \frac{SN}{2n} \tag{1-14}$$

式中　r——移动的道间距的数量;

　　　N——排列中的接收道数;

　　　n——覆盖次数;

　　　S——单边放炮时等于 1,双边放炮时等于 2。

例如,24 道检波器接收,三次覆盖,单边一端放炮,放完一炮后,炮点的排列向前移动 4 个道间距;若十二次覆盖,则应移动 1 个道间距。

观测系统中,第一条垂线上分布的 21、17、13、9、5、1 分别是 O_1、O_2、O_3、O_4、O_5、O_6 炮点激发时相应排列上接收来自第一个共反射点 A 反射的各道的道号,它们组成了 A 点的共反射点道集。显然,道集内的记录道数与覆盖次数一致,相应地在放到第六炮时,可获得满足六次覆盖的共反射点道集 4 个,即 A、B、C、D,继续放炮,则可获得一张连续的六次覆盖剖面。

二、地震测线布置的原则

工程地震反射波法勘探的测线应根据工作任务、探测对象、前期地质和物探工作程度,

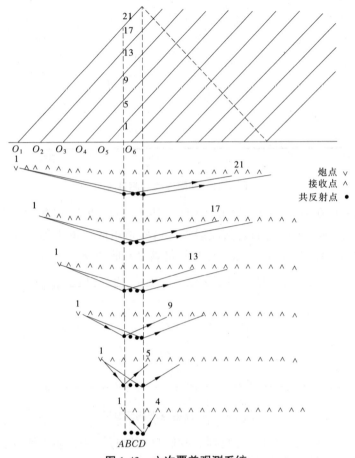

图 1-43　六次覆盖观测系统

以及地质构造和地形、地物等条件来布置。一般情况下,可参考下列原则:

(1)测线最好为直线。

(2)主测线尽量垂直于岩层或构造的走向,以便于最大限度地控制构造形态。

(3)测线要尽可能与其他物探测线一致,若测区内有钻井,则测线要尽可能通过钻井,以便于综合分析解释物探资料和地质资料。

(4)测线疏密程度应根据地质任务、探测对象、勘探精度等因素确定。一般情况下,要布置适量的与主测线垂直的联络测线,以确定地质构造的整体格架及检测不同测线射波的对比闭合精度。

(5)测线布置应尽可能避开地形起伏较大和地物障碍等线路,力求以最少的工作量来解决地质问题。

(6)测线布置应尽可能远离非地震干扰源。例如,厂矿的机械振动、公路上频繁行驶的汽车引起的振动,以及高压线引起的交流干扰等。若无法避免,应尽量使测线垂直穿过干扰源,以便降低干扰波对有效地震信号的影响。

三、野外工作方法

野外工作主要包括三个部分的工作,即野外数据采集、资料处理和资料解释(见

图 1-44)。观测系统主要包括震源、检波器、地震仪、电缆线等。

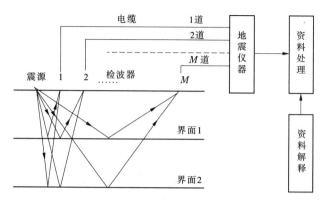

图 1-44　反射波野外工作流程

一般工程地震勘探常用的震源为圆柱状成型 TNT 或铵梯炸药震源,它具有能量强、所激发的地震波具有良好的脉冲特性等优点。激发时,由瞬发电雷管引爆,延迟时间最多仅 2 ms,以雷管线断开作为起爆计时信号。一般可在浅坑、浅井或水中激发。为了提高激发效果,使得爆炸能量集中下传,人们研制了震源枪、聚能弹、土火箭等各种炸药震源。一般球形药包的效果最佳,长柱状药包的效果差一些。另外,人工重锤砸板激发地震波也是工程地震的常用震源。

检波器是安置在地面、水中或井下以拾取大地振动的地震探测器或接收器,它实质是将机械振动转换为电信号的一种传感器。现代地震仪器主要有动圈式地震检波器、压电式检波器和涡流地震检测器。动圈电磁式主要用于陆地工作,压电式检波器主要用于海洋和沼泽工作。

在地震勘探工作中,除需要有地震仪、检波器和震源外,还需有用于检波器和地震仪之间信号传输的多芯电缆,用于引爆电雷管的爆炸机和供仪器用的电源(一般工程地震仪所用电源为 12 V 直流电源),用于定点的测量仪器如 GPS 等。

(一)激发

地震勘探的激发震源分为两类:一类为炸药震源,另一类为非炸药震源,根据不同的任务、地质条件、施工程度、成本预算等可选测不同的震源。反射波法可分为纵波(P 波)勘探和横波(SH 波)勘探两种,下面对这两种方法所需要的震源做介绍。

1.P 波的激发

对于激发纵波而言,两类震源均可选择,一般以实现地质目的为准。相比而言,炸药震源激发的勘探深度的选择范围要大得多。在激发时,对震源一般有两个要求:

(1)激发力要竖直向下。

(2)激发装置或药包与大地耦合要好。

若采用炸药震源激发,一般在浅井或浅坑中埋置药包,且药包的体积要小,成点或球状,以保证激发效果。此外,在潮湿的土层或浅水面以下激发效果比在松散的干土层中激发效果要好。为提高勘探的分辨率,希望激发信号的频带宽、主频高。实践表明,在浅层地震勘探中,小药量高爆速的炸药震源和人工锤击震源等都能获得比较好的效果。

2.SH 波的激发

在工程勘探中激发 SH 波的震源主要采用击板法,但因其能量有限,故解决浅层和超浅

层问题比较有效。而对于解决中浅层问题一般仍采用炸药震源激发。不论选择哪一种激发类型,均须注意下述两个问题:

(1)激发力与地面水平,且垂直于测线。

(2)激发装置或药包与大地耦合要好。

若采用炸药震源激发,则必须使激发力具有一定的方向性和聚能的特性,为此将炸药放在一定形状的爆炸室内进行爆炸。通过对各种形状爆炸室的试验,结果表明,V形爆炸室激发效果最为稳定。

(二)接收

1. P 波的接收

地震波的接收除考虑观测系统和地震仪的仪器因素选择外,主要涉及以下两个方面的问题:

(1)检波器的选择。检波器的测量原理是将接收到的地震波振动信号转化成电信号。一般认为采用自然频率较高的检波器有助于扩展记录信号的宽高频,从而有助于提高地震记录的分辨率,压制低频干扰。此外,在陆地勘探中,选用速度检波器;而在水中接收时,采用压力检波器。

(2)埋置条件的选择。要掌握"平、稳、正、紧、直"的原则,即选择地表较为平坦、地基稳固的区域埋置检波器,检波器的位置与测点的位置一致,与大地耦合接触好,垂直插入地下。根据仪器的响应与波的振动方向之间的关系,采用垂直检波器接收地面位移的垂直分量,可得到最大的灵敏度。此外,为使得检波器与大地耦合好,应埋置在潮湿、致密的土壤或岩石中。

2. SH 波的接收

在接收 SH 波时,接收方式和要求基本与 P 波相同,唯一不同的是采用水平检波器接收,并且多道接收时各道检波器的埋置方向要求一致。接收与激发详情见图 1-45。

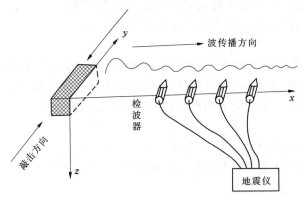

图 1-45　SH 波激发与接收示意图

四、资料处理

地震资料处理工作方法种类繁多,比较复杂,需要大量的计算。整个流程大致分为数据输入、数据预处理(解编、道编辑、恢复增益、抽共反射点道集等)、数据实质性处理(动校正、静校正、滤波处理、反滤波处理、速度分析、水平叠加处理、时深转换、偏移处理等)、修饰性

处理(振幅平衡、相干加强等)和时间(或深度)剖面的输出。处理流程根据干扰波特点等条件可灵活运用。图1-46为某种地震资料处理流程的示意图。随着计算机技术的发展,该项工作大部分由计算机完成。限于篇幅,这里不作讨论。

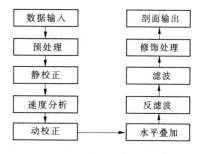

图1-46　地震资料处理流程示意图

五、资料解释

工程地震勘探的反演问题就是根据野外地震勘探工作获得的时距关系求取地下界面的几何形态、岩性、物性特征等的问题,它涉及地震勘探的资料处理及资料解释。

图1-47为地震时间剖面的形成过程。首先,根据地质任务设计地震测线,确定相关参数;随后,根据设计的地震测线进行数据采集,反射波能量较弱时进行多次覆盖;然后,将采集的数据进行计算机处理,对数据进行动校正、静校正、滤波等处理,消除正常时差、干扰波等的影响,实现水平叠加,提高信噪比;最后,将所有共反射点的水平叠加结果组合,显示成水平叠加时间剖面。对倾斜界面做偏移处理可得叠加偏移剖面(对绕射波、断面波等实现归位)。

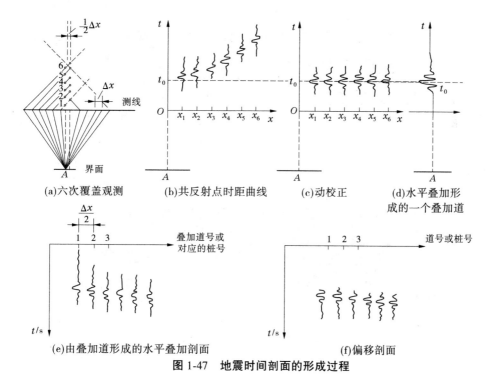

(a)六次覆盖观测　　(b)共反射点时距曲线　　(c)动校正　　(d)水平叠加形成的一个叠加道

(e)由叠加道形成的水平叠加剖面　　　　　　　(f)偏移剖面

图1-47　地震时间剖面的形成过程

时间剖面的显示方法多样化,主要有波形显示、变面积显示、变密度显示、波形加变面积显示、波形加变密度显示、彩色显示等。

(1)波形剖面显示(见图1-48)用振动图形表示地震记录的波形。其特点为比较全面地反映地震波的动力学特征细节(如振幅、频率和波形等),反映界面的直观性较差。

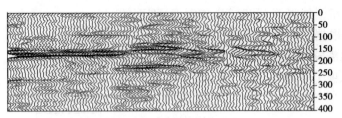

图 1-48   波形剖面显示

（2）变面积剖面显示（见图 1-49）是用梯形面积的大小和边缘的陡缓表示地震波能量的强弱。变面积剖面显示看不到波谷和强波的波峰，梯形中心代表波峰的位置。相邻梯形中点的时间间隔为一个视周期。其特点为能够反映界面的形态，直观性强，外形与地质剖面接近。

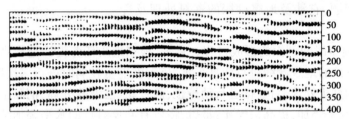

图 1-49   变面积剖面显示

（3）变密度剖面显示（见图 1-50）是用密度值大小表示地震波能量的强弱。其特点为振幅强则光线密度大，色调深；振幅弱则光线密度小，色调浅。其反射层次不如变面积显示清晰。

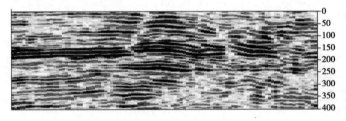

图 1-50   变密度剖面显示

（4）波形加变面积剖面显示（见图 1-51）是最常用的一种剖面显示方式。其特点为将地震波的波峰部分填黑，突出反射层次；波谷部分留出空白，便于波形分析和对比。

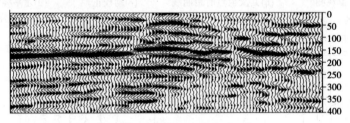

图 1-51   波形加变面积剖面显示

（5）波形加变密度剖面（见图 1-52）是常用于反演剖面的显示。可用不同的颜色表示不同的岩性。

地震时间剖面经过对比解释后，为进行地质构造解释，还必须将时间剖面转换成深度构造剖面。同时，为进行地层岩性解释，还必须将速度资料转换成随深度变化的层速度剖面资料。在有条件的情况下，反演出用速度表示的波阻抗剖面，以及砂泥岩剖面和孔隙度剖面，以便于较精确地解释地层岩性和岩相的横向展布变化。

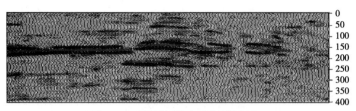

图 1-52　波形加变密度剖面显示

　　我们需要结合多种资料,包括构造剖面图、层速度面图(或波阻抗剖面图等)及地质钻井资料等对地层及构造进行综合描述,主要包括断层、地层构造起伏变化、地层岩性等,为解决工程地质等方面的问题提供背景或基础资料以及参数,如图 1-53 所示。

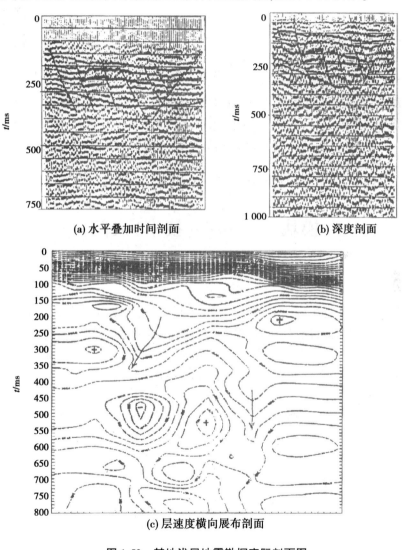

图 1-53　某地浅层地震勘探实际剖面图

　　一般而言,若以剖面工作为主,则对于断层,只需要对其性质、掉向、落差及断开层位及时代等进行描述;对于地层构造起伏变化,只需要对其凸凹、地层厚薄、地层是否整合及是否倾斜等进行描述;而对于地层岩性,一般要结合井的资料,利用层速度的纵横向展布进行描述。

模块四　任务小结

通过对本任务的学习和实习操作,应对反射波的形成和时距曲线的特点有一定的理解,掌握反射波法的测量原理,掌握反射波法的观测系统示意图的绘制方法,这是对反射波法野外工作进行设计的前提,而掌握反射波法的野外工作方法则给今后的生产工作打下了基础。

任务三　折射波法

码1-3　折射波法

【任务描述】

浅层折射波探测方法是研究人工地面激发的地震波,在近地表介质中传播时发生折射,根据仪器记录的折射波到达检波器的时间,可以获得地下介质的空间分布特征的一种地球物理探测方法。

工程地质中,要求探测深度较小,一般为 $50 \sim 100$ m,很少超过 300 m。浅层初至折射地震探测在工程地质调查方面,不仅适用于大型高层建筑及桥梁、水坝、码头等的基底勘察,而且适用于高速公路、铁路等路基勘察和各种隧道勘察,同时对水文地质调查和其他方面(城市断层探测、古墓探测、废料埋置场地探测等)也十分有效,其探测效果往往优于反射波法。另外,折射波法还可以用于解决地震勘探静校正的一些参数问题。

模块一　知识(技术)入门

一、折射波的形成

当地震波在地表附近激发,向地下进行传播时,遇到弹性分界面会产生反射和透射现象。根据斯奈尔定理可知,透射波的透射角与入射角、上部介质的传播速度、下部介质的传播速度有关。当弹性分界面下部介质波速 v_2 大于上部介质波速 v_1 时,根据斯奈尔定理,波的入射角越大,透射角也随之增大,且大于入射角,如图1-54所示。

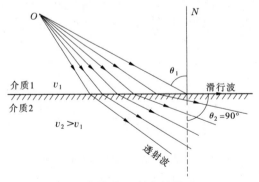

图1-54　透射角与入射角的关系 $(v_2 > v_1)$

当入射角达到某一角度时,此时透射角达到 $90°$,透射波就会变成沿界面以 v_2 速度传播的滑行波。将透射角达到90°对应的入射角称为临界角。因此,当入射角在临界角以内时,在界面上每一点都同时有三个波(入射波、透射波、反射波)出现。而在临界角以外,由于滑行波以速度 v_2 沿界面在第二种介质中向前传播,滑行波到达界面各点比入射波要早。

根据波动理论,这时界面上下部同时有波动传播。滑行波在上部介质中激发出的新波,即地震折射波。由于滑行波到达界面各点比入射波要早,因此折射波到达地面比反射波要早,所以折射波又被称为首波。

折射波的形成必须满足以下两个条件:

(1)弹性分界面下部地层的波速要大于上部地层的波速。

(2)入射角以临界角入射。

二、折射波的传播规律和特点

如图1-55所示,波在 C' 点以临界角 θ_c 入射在两种均匀介质的分界面上,作为透射波的特例的滑行波也就从这一点开始滑行,其波速是 v_2。根据惠更斯原理,当滑行开始时,可以认为 C' 也向第一种介质中发出波速为 v_1 的球面子波。

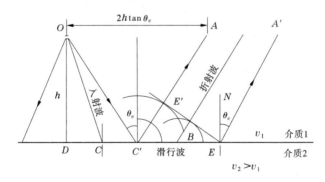

图1-55 折射波传播示意图

过了一段时间 $\Delta t = C'B/v_2$,滑行波到达分界面上的 B 点,这时 B 点开始向第一种介质中发射速度为 v_1 的球面子波,而从 C' 点发出的子波已传到半径为 $R_1 = v_1\Delta t = C'B \cdot v_1/v_2$ 的球面上。

又过了同样的一段时间 Δt,滑行波到达 E 点,$C'B = BE$;这时 E 点开始向第一种介质中发射子波,而从 B 点发出的子波已传到半径为 R_1 的球面上,从 C' 点发出的子波已传到半径为 $2R_1 = 2C'B \cdot v_1/v_2 = C'E \cdot v_1/v_2$ 的球面上。

通过 E 点作这两个球面的公切面,就得到折射波的波前,如图1-55中的 EE' 所示,而波线是垂直波前的。不难证明,折射波的射线和分界面的法线之间的夹角等于临界角 θ_c。

但是在图1-55所示的情况下,由于入射线并不平行,从而反射线也不平行。除 C' 这样的点外,任何地方的反射角都不等于临界角 θ_c,而折射波的射线却是平行的,到处都和法线成 θ_c 角度。

此时在地面 OA 范围内是接收不到折射波的,这个范围叫折射波的"盲区"。在波源所在的水平面上,盲区是一个圆,它的半径是 $OA = 2h\tan\theta_c$。折射波只能在盲区以外才能观测到,这也是与反射波的不同之处。当折射界面很深时,盲区会很大,要在离开激发点足够远处才能接收到折射波,这给野外工作增加了复杂性。这是折射波法的缺点之一。

三、单一水平界面的折射波时距曲线

如图 1-56 所示的观测系统,炮点在地面,排列为经过炮点的直线。地面及地下界面 R 均为水平面。界面 R 上、下地层的波速分别为 v_0 和 v_1,且 $v_1 > v_0$。在 O 点激发,根据折射波形成和传播的特点,在盲区 OM_1 和 OM_2 内没有折射波。折射波从 M_1 和 M_2 开始收到,即以 F_1 和 F_2 点为折射波时距曲线的始点。

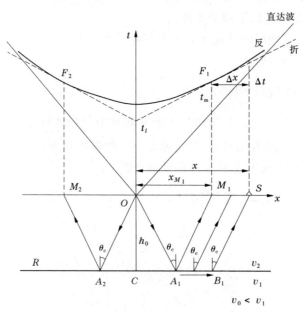

图 1-56　折射波时距曲线示意图

$$t = \frac{2h_0}{v_0\cos\theta_c} + \frac{x}{v_1} - \frac{2h_0\tan\theta_c}{v_1}$$

令

$$\frac{2h_0}{v_0\cos\theta_c} - \frac{2h_0\tan\theta_c}{v_1} = \frac{2h_0\cos\theta_c}{v_0} = t_i$$

则

$$t = \frac{x}{v_1} + t_i \tag{1-15}$$

式(1-15)就是水平界面折射波时距曲线方程式。

式(1-15)中,当 $x=0$ 时,有

$$t = t_i = \frac{2h_0\cos\theta_c}{v_0} \tag{1-16}$$

这说明折射波时距曲线反向延长后与时间轴交于 t_i,t_i 的值如式(1-16)所示。t_i 称为与时间轴的交叉时,这是折射波时距曲线与反射波时距曲线的又一区别。交叉时与折射界面法线深度有关,对资料解释有意义。时距曲线斜率的倒数等于界面速度。

折射波时距曲线的始点坐标可以从图 1-56 直接得出:

$$x_m = 2h_0\tan\theta_c, \quad t_m = \frac{2h_0}{v_0\cos\theta_c} \tag{1-17}$$

由式(1-17)可知,界面埋藏越深,盲区越大。另外,在折射波时距曲线的始点,在 M_1 点

出射的射线既是反射波射线也是折射波射线(反射波时距曲线和折射波时距曲线有相同的时间和视速度),因此这两条时距曲线在 F_1 点相切。野外实测地震记录如图 1-57 所示。

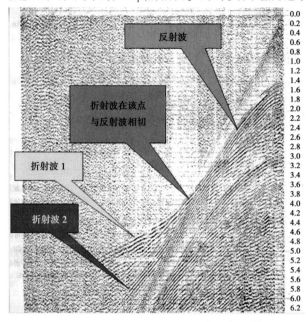

图 1-57　野外实测地震记录

四、倾斜界面折射波时距曲线

在图 1-58 中,折射界面 R 的倾角为 φ,界面上、下的介质波速分别为 v_1 和 v_2,且 $v_2>v_1$。激发点是 O。这时折射波到达测线上倾方向和下倾方向的时距曲线方程是不一样的。推导的方法是先求出折射波时距曲线的始点坐标,再求出它的斜率,有了始点位置和斜率,折射波时距曲线方程就可以写出了。限于篇幅,在此直接给出沿上倾方向的折射波时距曲线方程为

$$t_上 = \frac{x\sin(\theta_c - \varphi)}{v_1} + \frac{2h\cos\theta_c}{v_1} \tag{1-18}$$

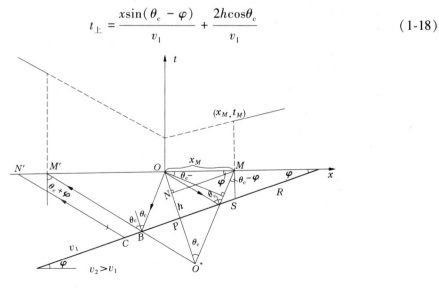

图 1-58　倾斜界面折射波时距曲线

沿下倾方向的折射波时距曲线方程为

$$t_下 = \frac{x\sin(\theta_c + \varphi)}{v_1} + \frac{2h\cos\theta_c}{v_1} \qquad (1\text{-}19)$$

下倾方向折射界面加深,射线 CN' 比 BM' 长,折射波到达 N' 点和 M' 点的时差就比界面水平的情况大。在上倾方向折射界面变浅,折射波到达测线上两相邻点的时差就比水平界面的情况下小。沿上倾方向时距曲线缓,视速度大;沿下倾方向时距曲线陡,视速度小。

要注意的是,并不是所有倾斜界面都能产生折射波和能在地面接收到折射波的。只有当界面的视倾角 $\varphi < 90° - \theta_c$ 时,折射波才能返回地面被接收到;当 $\varphi \geq 90° - \theta_c$ 时,就不能接收到折射波(见图 1-59)。可见,界面倾角超出一定限度,就不能进行折射波法勘探了。

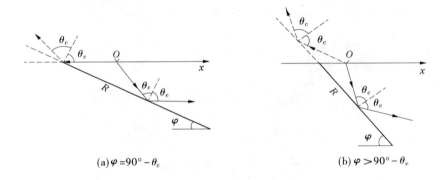

(a) $\varphi = 90° - \theta_c$　　　　　　　　　　(b) $\varphi > 90° - \theta_c$

图 1-59　观测不到折射波的情况

模块二　折射波法应用及案例

一、隧道围岩划分中的应用

NXG 隧道工区位于某市西面的太行山区,海拔为 200~300 m,地形起伏很大,以 M 形地貌为主。第四系残留物很少,出露的基岩为灰岩,风化严重,基岩为砂岩。为了获知隧道洞线附近围岩的地质情况,进行了地震勘探。

覆盖层即第四系残留物的纵波速度为 490~1 200 m/s;下伏基岩纵波速度为 1 500~4 600 m/s。

测线沿隧道轴线布置,并在洞口位置各布置一条横测线。考虑到单个排列过山顶会形成穿透波,因此每个排列都是顺着山坡布置,不过山顶或沟底。观测系统采用追逐相遇观测系统,观测道根据地形设置为 12 道接收,检波点距选择为 10 m,采样率为 0.25 ms,记录长度根据试验定为 200 ms;以炸药为激发震源。对采集到的数据进行处理,可得隧洞轴向地质剖面图,如图 1-60 所示。

具体解释结果为:隧道轴向基岩纵波速度为 1 500~2 050 m/s,进口横向基岩纵波速度为 3 020 m/s,出口为 2 640 m/s。根据工区的基岩形成情况,可以认定深层的基岩要比浅层的基岩完整性好,因此可以根据上层波速来推断。探测洞轴线岩体的纵波波速 v 可按《公路

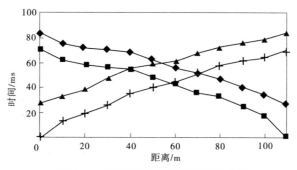

图1-60　隧道轴线上某段的时距曲线

工程地质勘察规范》(JTG C20—2011)中的标准分级,如表1-1所示。由数据处理中得到的基岩速度就可以对隧道洞轴线岩体的围岩类别进行分级:隧道洞轴线围岩主要属于V级围岩,破碎程度较大,隧道进出口处围岩则属于Ⅲ、Ⅳ级围岩。后经隧洞进洞口的钻探资料证实:围岩为Ⅳ级围岩,与勘探结果相一致。

表1-1　隧道围岩分级

围岩级别	Ⅰ	Ⅱ	Ⅲ	Ⅳ	Ⅴ	Ⅵ
围岩弹性波速度 v/(km/s)	>4.5	3.5~4.5	2.54.0	1.5~3.0	1.0~2.0	<1.0

二、在地质灾害勘察中的应用

绵竹市汉旺镇是"5·12"汶川大地震中受灾极其严重的地区之一,为了抗震减灾及今后灾后重建工作的开展,需要对当地的地质情况做一个比较系统的了解。地质灾害调查中,查明第四系堆积体厚度、下伏基岩的起伏情况,是评价地基稳定性、研究制订地质灾害综合治理方案的重要依据。

相关地质资料表明,该地区山前褶断带断裂和褶皱构造都发育,主要构造形迹呈"多"字形排列,近南北向的逆冲断裂和倒转向斜在后山发育,并有近东西向的断裂分布。另外,该区构造具有复杂性、多期性和继承性,新构造运动十分强烈,表现为第四系沉积的间歇性。勘察中采用了多种方法,浅层折射波勘探是其中之一。

浅层地震折射波勘探野外工作方法采用相遇追逐观测系统,用24磅(1磅=0.453 6 kg)铁锤和炮竹作为震源,数据采用WZG-48工程地震仪接收。检波器共24道,道间距5 m,排列长度115 m。采样间隔0.125 ms,记录长度512 ms。图1-61(a)、(b)分别为左侧14 m偏移距激发、右侧14 m偏移距激发的地震原始记录。从图中可以看出,记录信噪比适中,初至波清晰可辨。

通过测量与处理,可得测地的时距曲线图和推断地质结构剖面图,如图1-62和图1-63所示。

结合当地地质情况来看,当地地质状况是连续的,从速度结构上分为三层:全风化层、强风化层、弱风化层。第一层为第四系坡积物或全风化层。坡积物以松散粉质黏土为主,混杂少许灰岩,此层厚度变化范围为4.5~5.5 m,地震波速为625~720 m/s。第二层为强风化层,主要以强风化灰岩为主,该层厚度变化较大,为5.5~24.5 mm,波速为1 740~1 875 m/s。

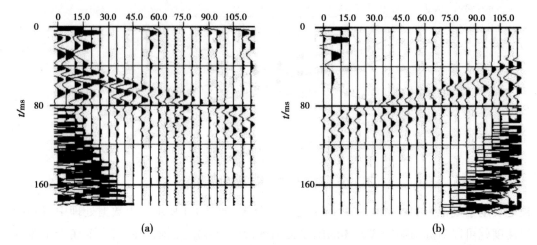

图 1-61　折射波观测原始地震记录

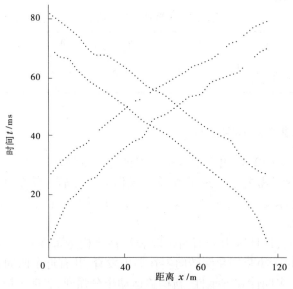

图 1-62　折射波时距曲线图

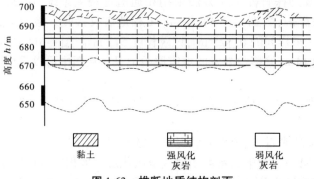

图 1-63　推断地质结构剖面

第三层为弱风化层,以弱风化灰岩为主,该层波速为 2 050~2 500 m/s。

浅层折射波是探测覆盖层厚度、确定基岩起伏、探测浅水面深度、寻找隐伏断层、判断溶洞、裂缝发育的位置,以及评价掩体质量和分类等工程地质问题的一种有效方法。用浅层折射波来研究探测覆盖层厚度是准确、快速可行的。浅层折射波法受地质条件制约相对来说较少,采用少量的勘探工作就能了解当地的地质情况,收到了良好的效果,为后期的地质工作做好了铺垫。

模块三　技能训练

一、折射波法的观测系统

折射波的特殊性决定了折射波观测系统与反射波观测系统截然不同。根据勘探对象的地质特征及地表条件,折射波法观测系统也是多样的。

(一)完整对比观测系统

沿测线方向通过连续进行相遇时距曲线互换点的连接对比以获得连续剖面的观测系统,称为完整对比观测系统。根据所追踪的界面是单层的还是多层的,完整对比观测系统综合平面图有不同的形式。如图 1-64 所示的观测系统是追踪单一界面和为勘探多层折射界面所采用的完整对比观测系统。

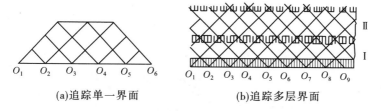

(a)追踪单一界面　　　　(b)追踪多层界面

图 1-64　折射波法完整对比观测系统

即使是勘探同样结构的折射界面,观测系统的形式亦可以不尽一致。如图 1-65 所示的观测系统与图 1-64(a)有所不同,前者追逐时距曲线的重叠部分为后者的一半。

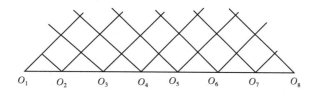

图 1-65　折射波追逐时距曲线系统

应特别指出的是,必须保证相遇时距曲线互换点及追逐时距曲线重叠部分在干涉区以外。此外,应尽可能在观测系统综合平面图上给出初至区的范围,以便设计观察系统。

(二)不完整对比观测系统

在折射波法勘探中,不都完全采用相遇时距曲线互换连接对比观测,而且有部分地或完全用追逐时距曲线相似性标志连接对比的观测形式,我们把这种观测系统称为不完整对比观测系统,如图 1-66 所示。图 1-66(a)是只用追逐时距曲线对比连接的,这种观测系统适用于条件较简单、波形稳定的情况。图 1-66(b)是每对相遇时距曲线在互换点处连接,而每对相遇时距曲线之间则利用追逐时距曲线连接。在利用追逐时距曲线系统时,与被追逐时距曲线一起追踪的地段长度应足够的长(一般重叠地段长度为炮点间距的 20%～30%),以便可靠地确定时距曲线形状。

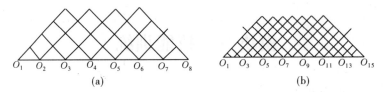

图 1-66　不完整对比观测系统

(三)非纵测线观测系统

利用折射法研究盐丘、陡构造及断层等特殊地质体时,多采用非纵测线观测系统。图 1-67 所示的观测系统是扇形排列,它是非纵测线观测系统的一种,多用于盐丘勘探。因为盐丘的波速高于围岩,凡经过盐丘的折射波到达地面观测点的正常时间都比没有经过盐丘的折射波要早,即超前,根据重叠的扇形排列观测系统发现的超前,可以圈出高速波的地质体。

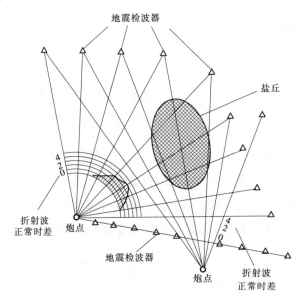

图 1-67　非纵测线观测系统

二、野外工作方法

(一)激发

折射波的激发方式与反射波法基本一致,对于工程地震勘探而言,最常用的就是锤击和炸药震源两种。有关知识可参考本项目任务二"反射波法"有关激发的内容。

(二)接收

折射波的接收方式与反射波法相比,基本相同而略有不同,其中相同部分有关知识可参

考本项目任务二"反射波法"有关接收的内容。其不同之处主要有：

（1）观测系统。应取得直达波资料；折射波法不采用多次覆盖方式进行观测，考虑到折射波的盲区，炮点与接收排列之间有一定的偏移距。在野外采集前，可采用试验的方式求得该偏移距，也可按经验公式 $x_d = 2h$ 进行估算，其中 h 为主要目的层的深度。实际观测时，为获得多个界面的折射波，偏移距 x_d 是一个变量。

（2）道和道间距。折射波法勘探中一般采用单个检波器作为一道接收，而不做组合检波，其主要原因就是它不需要考虑压制面波干扰问题，因为目前所考虑的折射波仅仅是首波，即最先到达的波。首波中包含了直达波和折射波。在采集中，我们只要注意压制随机干扰并兼顾激发能量，就可获得质量较高的首波记录。

此外，为了不漏掉浅层薄层信息，道间距的选择是十分重要的。一般有等间距和不等间距两种方式。在不等间距接收中，一般可把接收排列的道距设计成"小—大—小"方式，也可把它设计成"小—大"方式。道距的选择一般为 $1 \sim 10$ m，可按勘探目的层深度、地层展布、仪器道数及激发能量等情况而定。

三、资料处理与解释

这里所讨论的折射波资料处理及解释是对初至折射波而言的。因此，通常情况下，首先对地震记录做适当的处理，如静校正和滤波等；然后对地震记录进行波的对比分析，从中识别并提取有效波的初至时间和绘制相应的时距曲线。这一工作可以由人工来做，也可以由微机自动完成。然后根据时距曲线特征，选用相应的方法进行解释。下面我们分别简述其过程和方法技术。

（一）资料处理

折射波法资料处理及解释的一般流程如图 1-68 所示。图 1-68 中真正与波场处理有关的项目是初至拾取以前的预处理工作，后续的大部分处理工作一般称为解释性处理。

在预处理中，所涉及的处理方法技术与反射波法中相应的方法技术基本一致，除静校正方法外，其他方法的目的波场与反射波法中有所不同。在此，主要是为突出初至折射波，压制其他波场（包括反射波）为目的的处理。对于浅层折射波法勘探而言，一次静校正工作仍然是十分重要的。为了不丢掉浅层信息，校正基准面的选择应十分慎重，一般地表起伏不大时，基准面可选为水平的；当地表起伏较大时，可沿着起伏变化，选择浮动基准面（最好是直线型）进行校正。在初至拾取中，一般采用的方法是手工拾取或人机交互式拾取。拾取的时间位置应是初至折射波的起跳前沿，而不是极大峰值，与反射波的同相轴拾取不同。

（二）资料解释

解释工作可分为定性解释和定量解释两部分。定性解释主要是根据已知的地质情况和时距曲线特征，判断地下折射界面的数量及其大致的产状，是否有断层或其他局部性地质体的存在等，为选择定量解释方法提供依据。定量解释是根据定性解释的结果选用相应的数学方法或作图方法求取各折射界面的埋深和形态参数。有时为了得到较精确的解释结果，需要反复多次进行定性解释和定量解释。然后根据解释结果构制推断地质图等成果图件，并编写成果报告。

在解释方法选择中，可分为常规解释方法和复杂条件解释方法两类，各类中又分别包含各种不同的方法和不同的情况。通常，当折射界面为正常的水平或倾斜速度界面时，可选用

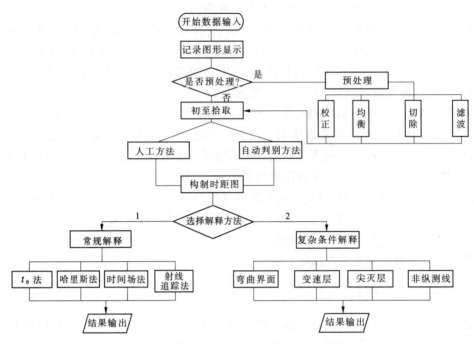

图1-68　折射波法资料处理及解释的一般流程

常规的解释方法;若是其他一些特殊形态的地质体和岩层,则应选用相应的复杂方法进行解释,如图1-68所示。

各种不同情况的折射波的解释方法,都是根据地震波的射线传播原理和几何关系得出的,由于篇幅有限,这里不再介绍。

模块四　任务小结

通过对本任务的学习和实习操作,应对折射波的形成和时距曲线的特点有一定的理解,掌握折射波法的测量原理,掌握折射波法的观测系统示意图的绘制方法,是对折射波法野外工作进行设计的前提,而掌握折射波法的野外工作方法则可为今后的生产工作打下基础。

任务四　波速测试技术

【任务描述】

波速测试可用在岩土工程中测定土的物理力学参数,作为一项重要的现场原位测试技术,目前已得到广泛应用。采用波速原位测试方法成本较低,同时可以划分建筑场地类别、评价地震效应、进行场地地震反应分析和地震破坏潜势分析。波速测试技术应用于工业与民用建筑、地震工程、铁路工程、水利水电工程、石油工程等众多领域,取得了良好的应用效果。

码1-4　波速测试技术

模块一 知识入门

在工程地震勘探中,地震波的速度是重要的参数之一。根据测试的地震波的类型不同,主要分为地表法和透射波法。透射波法主要分为单孔法和跨孔法。单孔法主要用于地震测井,即测量地面与井之间产生的透射;跨孔法主要用于井与井之间地层介质体的速度勘察或地面与地面之间凸起介质体的速度勘察。地质目的不同,所采用的方法手段也不同。但从原理上讲,均是采用透射波理论,利用波传播的初至时间,反演表征岩土介质的岩性、物性等特性及差异的速度场,为工程地质及地震工程等提供基础资料或直接解决其问题。

一、单孔透射波法测量原理

单孔透射波法是测量透射波的传播时间与观测深度之间的关系,这种关系曲线称为透射波的垂直时距曲线。假设地下为水平层状介质,各层的速度分别为 $v_1,v_2,\cdots,v_n$,厚度为 $h_1,h_2,\cdots,h_n$,各层底界面的深度为 $z_1,z_2,\cdots,z_n$。在地面激发井中接收(也可在井中激发地面接收),当地下介质均匀时,透射波就相当于直达波。但是,由于波经过速度分界面时有透射作用,透射波垂直时距曲线比均匀介质中的直达波复杂。

下面我们先讨论单层介质的情况。地层深度为 z,相应地层的传播速度为 v_1,则透射波时距曲线方程为

$$t = \frac{z}{v_1}$$

再讨论两层介质的情况。地层分界面的深度为 z_1,第二层地层的传播速度为 v_2,这时透射波时距曲线方程为

$$t = \frac{z_1}{v_1} + \frac{z - z_1}{v_2}$$

当地层介质变为三层时,地层分界面的深度分别为 z_1 和 z_2,第三层地层的传播速度为 v_3,这时透射波时距曲线方程为

$$t = \frac{z_1}{v_1} + \frac{z_2 - z_1}{v_2} + \frac{z - z_2}{v_3}$$

从两层介质很容易推广到 n 层介质,对应的透射波垂直时距曲线方程为

$$t = \frac{z_1}{v_1} + \frac{z_2 - z_1}{v_2} + \frac{z_3 - z_2}{v_3} + \cdots + \frac{z - z_{n-1}}{v_n} = \frac{z_1}{v_1} + \sum_{i=3}^{n} \frac{z_{i-1} - z_{i-2}}{v_{i-1}} + \frac{z - z_{n-1}}{v_n} \quad (1\text{-}20)$$

图 1-69 为多层介质的透射波垂直时距曲线。由图 1-69 可知,当岩性出现变化即存在速度分界面时,透射波垂直时距曲线会出现折点。利用垂直时距曲线的折点,可以确定相应地层的厚度;另可知折线各段的斜率的倒数,就是地震波在各层介质中的传播速度,也就是该层的层速度;进一步就得到地震波在不同深度 H 以上的地层平均速度。

二、跨孔透射波法测量原理

图 1-70 为跨孔透射波法测量示意图。跨孔透射波法是在一个钻孔中激发,另外两个钻孔中接收弹性波。由于钻孔之间的距离为已知,可利用同一地震波的不同到达时求取其传

播速度。

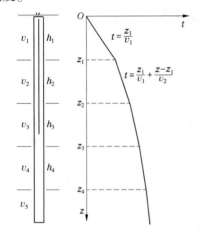

图 1-69　多层介质的透射波垂直时距曲线

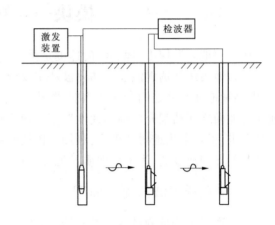

图 1-70　跨孔透射波法测量示意图

假设两接收孔间同一水平测点间距为 x,激发装置激发出地震波后,其到达两个检波装置的时间不同,根据 $v=s/t$,可知地震波的传播速度为

$$
\left.
\begin{aligned}
v_{\mathrm{P}} &= \frac{x}{\Delta t_{\mathrm{P}}} \\
v_{\mathrm{S}} &= \frac{x}{\Delta t_{\mathrm{S}}}
\end{aligned}
\right\} \tag{1-21}
$$

式中　Δt_{P}、Δt_{S}——P 波、S 波到达两检波器的时差。

根据各测点的速度计算结果,可获得随深度变化的速度剖面图。

模块二　波速测试技术应用及案例

三峡工程中对深裂缝进行检测,就利用了跨孔法速度测试。在混凝土结构物上产生的裂缝总是表面较宽,越向下深入越窄,直至闭合,如图 1-71 所示(h 为裂缝深度),而且裂缝两侧的混凝土不可能被空气完全隔开,在有些地方会被石子、砂粒、泥浆等介质所连通。裂缝越宽,连通的地方越少;相反,裂缝越窄,则连通的地方越多。因此,地震波通过裂缝时,一部分被空气层反射,一部分经介质连通点穿过裂缝传播到检波器。所以,过缝和不过缝的测点波幅差异很大,而且随着裂缝宽度由上到下逐渐减小,波幅值由浅至深逐渐增大,直至测点超过裂缝末端,裂缝闭合,测点到达正常混凝土中,波幅达到最大值且基本保持不变。

根据现场实际情况,此次检测在该裂缝两侧布置了两条跨缝剖面,分别为 10—11 剖面(孔深 8.0 m,孔距 3.0 m)和 10—12 剖面(孔深 8.0 m,孔距 2.9 m),如图 1-72 所示(其中10、11、12 为孔号)。观测方式为水平同步,测点距 0.1 m,由上向下逐点读取孔深和相应点的波幅值。

由图 1-72(a)可见,10—11 剖面中,波幅最小值为 0.2 mV,最大值为 4.5 mV,平均值为2.51 mV。随孔深逐渐增加,波幅值亦逐渐增大,当孔深达到 4.4 m 时,波幅达到最大值且基本保持稳定。据此推断该检测部位的裂缝深度约 4.4 m。由图 1-72(b)可见,10—12 剖面中,波幅最小值为 0.3 mV,最大值为 4.9 mV,平均值为 2.64 mV。随孔深逐渐增加,波幅值亦逐渐增大,当孔深达到 5.0 m 时,波幅达到最大值且基本保持稳定。据此推断该检测部位的裂缝深度约 5.0 m。后续的钻孔电视录像观测也证实了测量结果的准确性。

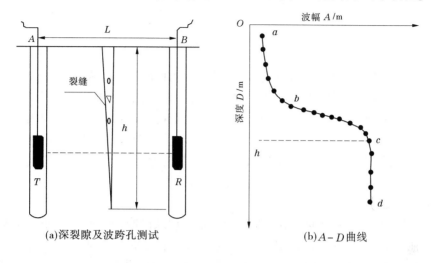

(a)深裂隙及波跨孔测试　　　　　　　(b)A−D 曲线

图 1-71　大体积混凝土深裂缝测试原理示意图

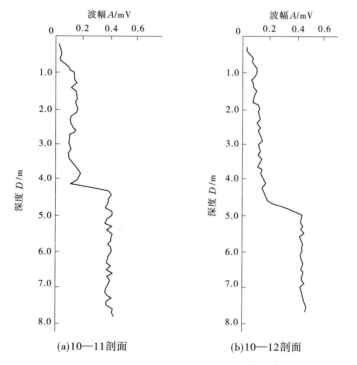

(a)10—11剖面　　　　　　　(b)10—12剖面

图 1-72　深裂缝测试波幅-深度(A–D)曲线

模块三 技能训练

一、单孔法仪器工作原理

单孔法是在一个钻孔中分土层进行检测,故又称为检层法。因为只需要一个钻孔,方法简便,在实测中用得较多,但精度低于跨孔法。在井口附近激发,井中不同深度上接收透射波的地震工作称为地震测井,此方法也可在井中不同深度激发地震波,井口附近接收地震波。在工程勘探中,地震测井按采集方式的不同,可分为单分量的常规测井、两分量或三分量的 P 波、S 波测井,以及用于测量地层吸收衰减参数的 Q 测井等。尽管采集方式不同,但方法原理基本一致。在此主要讨论 P 波和 SH 横波测井。

(一)仪器设备

在工程地震测井中,采用的仪器设备主要有地面记录仪器,常用 6~24 道的工程数字地震仪以及转换面板(器);井下带推靠装置的检波器,一般为单分量、两分量或三分量。多分量检波器主要用于纵、横波测量,激发装置以及信号传输用电缆和简易绞车等。仪器装置如图 1-73 所示。

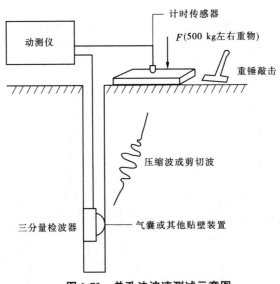

图 1-73 单孔法波速测试示意图

(二)激发

1. 地面激发

常用的激发方式包括锤击、落重、叩板(横向击板)和炸药等。当激发力方向与地面垂直时,可激发出 P 型和 SV 型的透射波;当激发力方向与地面水平时,可激发出 SH 型的透射波。

2. 井中激发

激发震源主要为炸药震源、电火花震源和机械振动震源。当激发力的主要方向与井垂直时,可激发出 P 型和 SV 型的透射波;当激发力的主要方向与井平行时,可激发出 SH 型的透射波。在使用炸药震源时,为了不破坏井壁,要求药量要尽可能的小,一般为几克至几十克。

　　图1-74为美国柏森公司制造的一种井中横波锤震源,属于机械振动式震源,用于产生SH型透射横波。其工作过程为:将其放入井中,用液压的办法使其中的液压推靠板伸向井壁,使横波锤固定在井中的激发点位上,再用小绞车把锤拉起或落下,以产生锤击激发的效果。锤击的方向可以向上或向下,以便产生两个相位相反的横波信号。

(三)接收

1. 井下检波器

功能:拾取地震波引起的井壁震动,并转换为电信号,通过电缆送给地面。

性能:耐温、耐压、不漏电。

类型:单分量检波器、两分量检波器、三分量检波器。

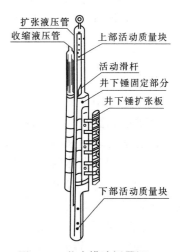

图1-74　井中横波锤震源

　　为使井下检波器与井壁耦合效果好,常在检波器上设计一个推靠装置。常见的有气囊式、液压式等。气囊贴壁式井下三分量检波器构造及测量方式如图1-75和图1-76所示。

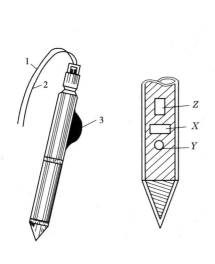

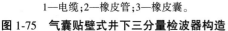
1—电缆;2—橡皮管;3—橡皮囊。

图1-75　气囊贴壁式井下三分量检波器构造　　　　图1-76　气囊贴壁式井下三分量检波器测量示意图

2. 接收方式

　　对于地面激发,井中接收而言,测量顺序一般为从井底测到井口,并要求有重复观测点,以校正深度误差。接收点间距一般为1~10 m,可根据精度要求选择,也可采用不等距测量。

　　对于地面井旁浅孔接收,井中激发,工作过程和要求与上述一致,只是激发和接收换了一个位置。地面记录仪器因素的选择基本与反射波法一致。但因在测井中,只需要初至波,所以仪器因素的选择应以尽可能突出初至波为标准。此外,为压制或减轻干扰,要求井下检波器与井壁耦合要好,检波器定位后要松缆及震源与井口保持一定距离。

二、跨孔法仪器工作原理

跨孔法又称为平均速度法,这是因为当震源孔与接收孔之间距离较大(如几十米)时,接收的初至波中可能既包含了直达波也包含了折射波,由此求得的速度将是孔间地层的某一平均速度,它包含了地层内部和某一折射层的信息。

跨孔法可以用来测量钻孔之间岩体纵、横波的传播速度,以及弹性模量及衰减系数等,这些参数可用于岩体质量的评价。图1-77是跨孔法测量的示意图,它在一个钻孔中激发,在另外两个钻孔中接收弹性波。由于钻孔之间的距离为已知,可利用同一地震波的不同到达时求取其传播速度。检波器采用井中三分量固定式检波器,可分别接收 P 波和 S 波。为避免干扰和保证接收的波有足够的能量,通常钻孔之间距离较小(一般为几米至十几米)。若钻孔倾斜,在计算时必须进行校正,以确保计算速度的精度。

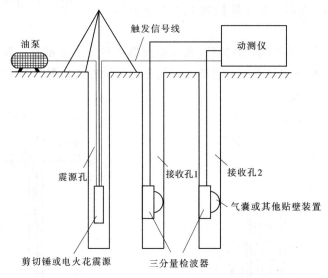

图1-77　跨孔法波速测量示意图

跨孔法的测试场地宜平坦,测试孔宜布置在一条直线上。测试孔的间距在土层中宜取2~5 m,在岩层中宜取8~15 m;测试时,应根据工程情况及地质分层,沿深度方向每隔1~2 m布置一个测点。钻孔时应注意保持井孔垂直,并宜用泥浆护壁或下套管,套管壁与孔壁应紧密接触。测试时,震源与接收孔内的传感器应设置在同一水平面上。

三、干扰波

在地震测井中,主要的干扰波有电缆波、套管波、井筒波(又称为管波),以及其他噪声等。其中,对透射波初至造成干扰的主要为电缆波和套管波,以下简要介绍其特点和压制方法。

(一)电缆波

电缆波是一种因电缆振动引起的噪声。引起电缆振动的原因包括地表井场附近或井口的机械振动及地滚波扫过井口形成的新的振动。在工程测井中,电缆波可能出现在初至区,从而影响初至时间的正确拾取;当检波器推靠不紧时,最易受到电缆波的干扰,如图 1-78 所示。

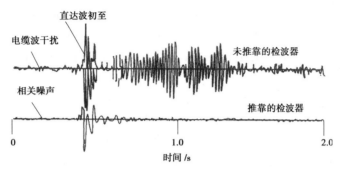

图 1-78　电缆波的干扰

(二)套管波

在下套管的井中测量时,要求套管和地层(井壁)胶结良好(一般用水泥固井),否则透射波将在胶结不良处形成新的沿套管传播的套管波。

四、资料处理

(一)透射波初至的拾取

不论是 P 型还是 SH 型的初至波,拾取时间位置均为起跳前沿。拾取方法通常为人工或人机联作拾取。对于受到干扰的初至波,可在滤波后拾取;在滤波处理无效的情况下,也可拾取初至波的极大峰值时间,并经一定的相位校正后作为初至时间。对于 SH 型横波,可采用正反两次激发所得的两个横波记录,利用重叠法拾取其初至时间。

(二)单孔法井源距校正

单孔法波速测试从地震测井记录上读取的透射波初至时间 t_c。由于炮点与深井之间有一定距离 d,从炮点到检波器的射线路径并不是垂直的。

因此,应对实际测量进行井源距校正,即将透射波沿 CA 传播的时间换算成沿井壁 BA 传播的垂直时间 t_0。

(三)速度计算及成图

1. 层速度计算

根据垂直时距曲线上观测点的分布规律按折线段分层,折点与分界面位置相对应,各段直线的斜率倒数就是对应层的层速度 v_i,即

$$v_i = \frac{\Delta H_i}{\Delta t_i} = \frac{H_i - H_{i-1}}{t_i - t_{i-1}}$$

(1-22)

根据计算结果可得到层速度–深度(v_i-H)坐标图。在同一层内,层速度不变,而在弹性界面处,层速度出现突变。

2. 平均速度计算

由垂直时距曲线上的 t 和对应的 H,根据式(1-23)计算。

$$v_m = \frac{H - h_c}{t}$$

(1-23)

根据计算结果可得到平均速度–垂直时间(v_m-t_0)坐标图。随垂直时间的增加,平均速

度越来越大,符合实际情况。

把垂直时距曲线、层速度曲线、平均速度曲线绘在一张图上,这种图称为综合速度柱状剖面图。P 波和 SH 波地震测井资料主要用于解决两个方面的问题:①解决反射波法资料解释中的层位标定、岩性划分和时深转换等问题;②解决工程地质或地震工程等中的应用性问题。图 1-79 为北京地铁××孔 P 波和 SH 波测井综合速度柱状剖面图,用以确定地下层位和岩性的划分。

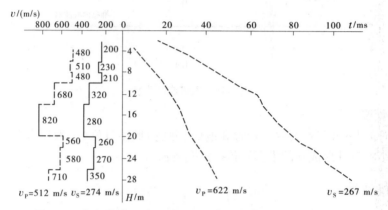

图 1-79   北京地铁××孔 P 波和 SH 波测井综合速度柱状剖面图

模块四   任务小结

通过对本任务的学习和实习操作,应对透射波的形成和时距曲线的特点有一定的理解,掌握透射波法的测量原理,是对透射波法野外工作进行设计的前提,而掌握透射波法的野外工作方法,则可为今后的速度测试生产工作打下基础。

任务五   桩基无损检测技术

【任务描述】

现今,地基施工中桩的尺寸越来越大,桩的质量控制也越来越难,出现缺陷的可能性就会更大,给检测带来了难度。由于部分桩基检测方法会破坏桩体,降低桩的强度,所以要求无损检测技术能广泛地运用到桩基检测中。利用地震波进行桩基检测不仅成本低、效率高,而且达到了真正的无损状态。

码 1-5   桩基无损
检测技术

模块一   知识入门

一、桩的基本知识

目前,采用的桩基主要有钻孔灌注桩、成管灌注桩、挖孔桩、打入预制桩、旋喷桩、振动碎石桩、振动挤密砂桩、砂井—水泥桩等类型,可根据地区和目的的不同加以选用。

按制桩材料分,可将桩分为木桩、混凝土桩、钢筋混凝土桩、钢桩、预应力混凝土桩、组合材料桩、组合桩等。

按成桩时对地基土的影响和程度,可分为非挤土桩、部分挤土桩、挤土桩等。

按成桩方法可分为打(压)入桩、就地灌注桩。就地灌注桩又可分为沉管灌注桩、钻(冲)孔灌注桩、人工控孔灌注桩、挤扩多支盘灌注桩等。

按桩的功能可分为抗压桩、抗拔桩、水平受荷桩。

按受力分类可分为端承桩[见图1-80(a)]、摩擦桩[见图1-80(b)]、扩底墩型桩。摩擦桩以桩周土的摩擦力为主,以桩尖支承力为辅;端承桩的桩底坐落在坚硬的基岩上,它以桩底基岩的反向支承力为主,以桩周摩擦力为辅。

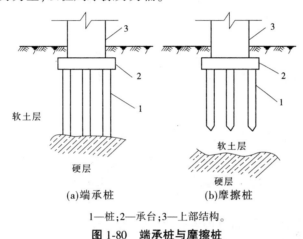

1—桩;2—承台;3—上部结构。

图 1-80　端承桩与摩擦桩

二、常见的桩基质量问题

当前,灌注桩的工程质量问题及其原因大体可归纳为以下几个方面。

(一)桩身混凝土强度低于设计要求

导致桩身混凝土强度低下的原因大体有如下几点:

(1)不按规定配比制备混凝土。

(2)浇筑过程由于涌水导致混凝土稀释,临近桩成孔抽水将未凝固的水泥浆带走;或者沉管灌注桩刚浇筑完混凝土,桩周承压水涌出带走水泥浆。

(3)运输或浇筑过程中混凝土离析。

(4)混凝土坍落度过小、和易性差或搅拌后放置时间太长。

(5)水泥材质太差。

(二)桩身结构不完整

常见的问题有离析(夹泥、空洞)、漏筋、断桩、缩径、扩径等(见图1-81)。其中,断桩是指沉入地基中的桩出现断裂或断开的情况。离析是指桩的外形完整,但成桩材料不合格或配料不当,搅拌不均或振捣不密实,或桩的某些区段含石砂量过高,呈现蜂窝状结构,或呈松散状态。缩径是指灌注桩成桩后在某处的桩径缩小,截面面积不符合要求。扩径是指灌注桩在成桩后,桩的某些局部区段出现明显大于设计桩径的现象。

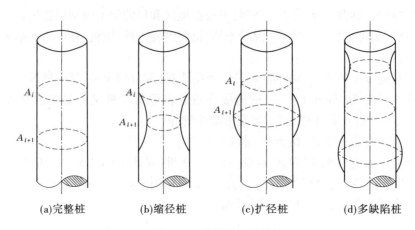

| (a)完整桩 | (b)缩径桩 | (c)扩径桩 | (d)多缺陷桩 |

图 1-81   完整桩与缺陷桩

产生这些缺陷的原因是:

(1)混凝土浇筑导管初始位置离孔底距离过大,或者埋入混凝土中太浅,或者拔管太快,或者坍孔,从而引起夹泥。

(2)混凝土稠度太大导致空洞、桩身不密实。

(3)孔位歪斜或钢筋笼未绑垫块,或钢筋笼弯曲等,导致漏筋。

(4)沉管灌注桩设计桩距太小,或者施工流向不合理,或者拔管太快,或者密集桩群施工速度过快,超孔隙压力大,地面隆起,导致桩身断裂或缩径。断桩、缩径位置一般在近地面 2~4 m 以内。

(三)桩底虚土、沉渣太厚,桩壁附着泥浆层太厚

桩底虚土多是螺旋钻干法成孔的固有缺陷。目前,克服办法有吊锤夯实、压浆以及使用孔底清土器等。孔底沉渣太厚主要是由于洗孔时间不够,或者成孔后浇筑混凝土的间歇时间过长,或者浇筑前坍孔等。端承桩承载力不符合设计要求,大都是孔底沉渣太厚所致。桩壁附着泥浆层太厚往往是浇筑时孔内泥浆太稠所致。

三、桩基检测的目的与方法

桩基检测的主要目的有两个:一是检测桩基的承载力,二是检测桩基的完整性。本书主要对桩基完整性的检测进行分析,即检验桩基是否出现扩径、缩径、断桩、离析等质量问题。

桩基检测方法的选择,首先要根据设计所要求的检测项目,选择相关的检测方法。例如,钢桩或预制钢筋混凝土桩就须进行桩身材质或完整性的检验。同一检测项目有几种可供选择的方法时,则应根据"技术可靠,经济合理"的原则。

桩基检测的方法种类较多,有静载试验法、钻芯法、低应变法、高应变法、声波透射波法等(见图 1-82)。本书主要分析低应变反射波桩基无损检测技术。

四、低应变反射波法

低应变反射波法指的是采用低能量瞬态或稳态激振方式在桩顶激振,实测桩顶部的速度时程曲线或速度导纳曲线,通过波动理论分析和频域分析对桩身完整性进行判定的检测方法。低应变法采用几牛至几百牛重的手锤、力棒或上千牛重的铁球锤击桩顶,或采用几百

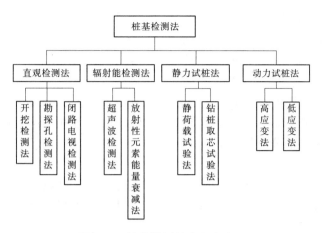

图 1-82　桩基检测的主要方法

牛出力的电磁激振器在桩顶激振,低应变桩身应变量一般小于 0.01‰。

低应变法用物理的方法进行桩基检测,方法较多,可以用探地雷达的方法,也可用反射波法、超声波法等。其中,低应变反射波法是桩基检测中应用最广泛的方法,也称瞬态动测法、锤击法等。该方法仪器设备轻便,测试方便,解释直观,工作效率高。该方法主要用于检测基桩的完整性、桩身缺陷程度及位置、有效桩长等。

(一)低应变发射波法基本原理

低应变反射波法的基本原理(见图 1-83)是根据桩的一维波动理论,利用桩顶锤击入射波在变截面(或变阻抗)处和桩尖处(变介质处)阻抗变化所产生的不同反射波特征来判别桩的长度(或波速)及非完整性(扩、缩断面或密度、弹性模量变化)。

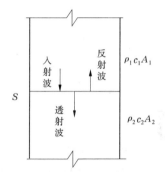

图 1-83　低应变反射波法的基本原理

低应变反射波法主要是将单桩视为一维匀质弹性体杆件,桩头受到瞬态脉冲力作用时,则桩身中产生压缩应力,使桩质点产生运动,应力波在桩身中的传播规律近似满足一维波动方程,根据一维波动方程分析导出的反射波相位特征。当波遇到波阻抗界面时,将产生反射波。经过推导,其反射系数为

$$K = \frac{Z_1 - Z_2}{Z_1 + Z_2} = \frac{\rho_1 c_1 A_1 - \rho_2 c_2 A_2}{\rho_1 c_1 A_1 + \rho_2 c_2 A_2} \qquad (1\text{-}24)$$

式中　K——反射系数;

　　　Z——广义波阻抗;

　　　$\rho_1 c_1 A_1$——桩身混凝土广义波阻抗;

　　　$\rho_2 c_2 A_2$——桩身缺陷和桩底岩土部分的广义波阻抗。

由式(1-24)可知,在桩顶要接收到反射波,必须满足 $K \neq 0$。对于完整桩来说,桩身中无波阻抗的差异,所接收到的反射波基本上是桩底反射上来的;对于缺陷桩,即有桩身缺陷部分的波阻抗 $\rho_2 c_2 A_2$ 存在,K 可在 $-1 \sim 1$ 范围内变化。这样,就可以根据反射系数的正负来判断桩身缺陷的性质:

（1）当 $K>0$ 时，反射波与入射波同相，若 $\rho_1 c_1 = \rho_2 c_2$，则 $A_2 < A_1$，表明桩身缩径；若 $A_1 = A_2$，则 $\rho_2 c_2 < \rho_1 c_1$，表明桩身断裂、离析或为桩底。

（2）当 $K<0$ 时，反射波与入射波反相，若 $\rho_1 c_1 = \rho_2 c_2$，则 $A_2 > A_1$，表明桩身扩径；若 $A_1 = A_2$，则 $\rho_2 c_2 > \rho_1 c_1$，表明下界面强度大于上界面或嵌岩强度。

上述特征可以非常通俗地描述为：在桩扩径部位，反射波波形相位同初始相位相反；在桩缩径或离析等缺陷部位，反射波相位同初始相位相同。这两点是判断缺陷的基本依据。

（二）桩基完整性的分析与判别

1. 完整桩的波形

完整桩的波形指在桩身内的任意截面内不产生反射波，桩顶的传感器接收到的各界面的反射波的信号为零（桩底反射信号除外），并且应力波的波形规则衰减，波速正常，桩底反射清晰，达到设计桩长。

从图 1-84 中可看出，桩底反射清晰，且无其他反射。$t = t'$，说明经过两次反射所用的反射时间间隔相等。若波速已知，根据波速可计算出桩长，并与实际桩长进行对比。完整桩的计算结果应符合实际长度。

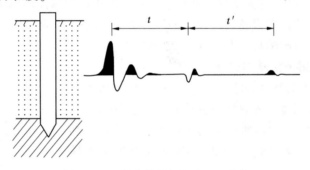

图 1-84　完整摩擦桩理论波形示意图

2. 缩径桩的波形

入射波到达桩顶时，传感器测到的应力波和初始冲击压缩波的方向一致，且反射波的速度、方向也与入射波相同，在波形上表现为振动方向一致。缩径桩反射波形比较规则，缩径处截面变小，波阻抗减小，应力波遇到缩径会产生与入射波同相的反射，波形比较规则；由于阻抗不大，一般能看到桩底反射信号；若缩径处较浅，缩径还会出现多次反射；若缩径程度较严重，则可以看到桩底反射。

从图 1-85 中可看出，在理论反射时间 t 内出现两次反射，说明入射波还未到达桩底就已经在 t' 时间内发生了一次反射。缺陷处截面面积 A_2 小于正常桩截面面积 A_1，根据反射系数公式，反射系数 K 大于零，缺陷处波形和入射波同相。

3. 扩径桩的波形

反射波到达桩顶时，传感器测到的应力波与初始冲击压缩波的方向相反，且速度反射波也与入射波方向相反，在波形上表现为振动方向相反。

从图 1-86 中可看出，在理论反射时间 t 内出现两次反射，说明入射波还未到达桩底就已经在 t' 时间内发生了一次反射。缺陷处截面面积 A_2 大于正常桩截面面积 A_1，根据反射系数公式，反射系数 K 小于零，缺陷处波形和入射波反相。

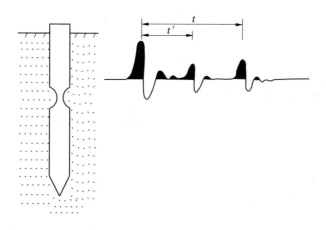

图 1-85 缩径摩擦桩理论波形示意图

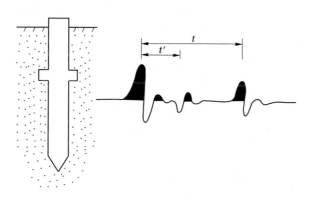

图 1-86 扩径摩擦桩理论波形示意图

4. 夹泥或离析桩的波形

当桩身某处局部夹泥、离析时产生的反射波形同缩径波形相似,与激发脉冲波形是同相位的。但夹泥离析对整桩平均纵波速与缩径不同,缩径现象对整桩波速影响不大,而局部离析桩的整桩平均波速则会有所下降且桩底反射较弱。

从图 1-87 中可看出,在理论反射时间 t 内出现两次反射,说明入射波还未到达桩底就已经在 t' 时间内发生了一次反射。缺陷处截面面积不变,但传播介质由于夹泥、离析等现象出现变化,使 $\rho_2 c_2 < \rho_1 c_1$,反射系数 K 大于零,缺陷处波形和入射波同相。由于介质的变化,桩底反射波振幅较弱。

5. 断裂桩的波形

有断裂的缺陷桩一般表现为夹杂一层阻抗较低的介质,反射波到达时间小于桩底反射波到达时间,与激发脉冲波形同相位,且波幅较大,往往出现多次反射,间隔时间相等,第一次发射脉冲较高,前沿比较陡峭,波幅减小。由于断桩处的声波能量难以下传,一般难见断桩以下部位较大缺陷及桩底。如果是没有夹层的裂隙或断层,也可以辨认桩底。

从图 1-88 中可看出,多次反射现象明显,时间间隔相等,随着时间的延长,能量逐渐减弱,振幅逐渐减小。反射波形与入射波形同相位。

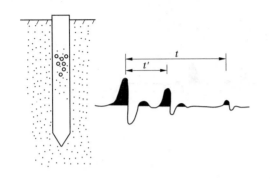

图 1-87　离析摩擦桩理论波形示意图

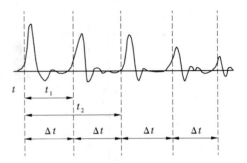

图 1-88　断裂摩擦桩理论波形示意图

模块二　无损检测技术应用及案例

桩身完整性类别应结合缺陷出现的深度、测试信号衰减特性,以及设计桩型、成桩工艺、地质条件、施工情况,按具体规定和表 1-2 所列实测时域或幅频信号特征进行综合判定。

表 1-2　桩身完整性判定

类别	时域信号特征	幅频信号特征
Ⅰ类	$2L/c$ 时刻前无缺陷反射波,有桩底反射波	桩底谐振峰排列基本等间距,其相邻频差 $\Delta f \approx c/2L$
Ⅱ类	$2L/c$ 时刻前出现轻微缺陷反射波,有桩底反射波	桩底谐振峰排列基本等间距,轻微缺陷产生的谐振峰与桩底谐振峰之间的频差 $\Delta f' > c/2L$
Ⅲ类	有明显缺陷反射波,其他特征介于Ⅱ类和Ⅳ类之间	
Ⅳ类	$2L/c$ 时刻出现严重缺陷反射波或周期性反射波,无桩底反射波;或因桩身浅部严重缺陷使波形呈现低频大振幅衰减振动,无桩底反射波;或按平均波速计算的桩长明显短于设计桩长	桩底谐振峰排列基本等间距,相邻频差 $\Delta f' > c/2L$,无桩底谐振峰; 或因桩身浅部严重缺陷只出现单一谐振峰,无桩底谐振峰

注:1. 对同一场地、地质条件相近、桩型和成桩工艺相同的桩基,因桩端部分桩身阻抗与持力层阻抗相匹配导致实测信号无桩底反射波时,可按本场地同条件下有桩底反射波的其他桩实测信号判定桩身完整性类别。

2. 不同地质条件下的桩身缺陷检测深度和桩长的检测长度应根据试验确定。

某工程人工挖孔灌注桩,桩长为 7.2~8.0 m,桩径为 800 mm,混凝土强度等级 C30,波速为 3.09 km/s,实测曲线见图 1-89,反射波波形规则、波列清晰,桩底反射波明显,易于读取反射波到达时间,桩身介质均匀,无缺陷,桩身混凝土平均波速较高,桩底反射清晰为同相,设计桩长与计算桩长相符,表明桩身完整,判定为Ⅰ类桩。

某工程钻孔灌注桩,桩长为 30.0 m,桩径为 1 200 mm,混凝土强度等级 C30,混凝土波速为 3.92 km/s,实测曲线见图 1-90,持力层为卵石层,桩底有反射为同相,此桩在 8.3 m 左右存在局部缩径,判定为Ⅱ类桩。

钻孔灌注桩,尤其是大直径钻孔灌注桩由地层、施工等造成缩径,但由于有钢筋笼作用,大直径的钻孔灌注桩往往是一端扩、另一端缩,这种成桩工艺原因对承载力的影响,判定其

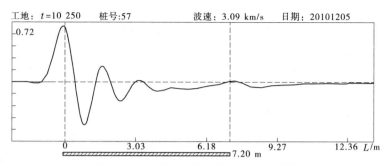

图 1-89　57 桩人工挖孔灌注桩动测曲线

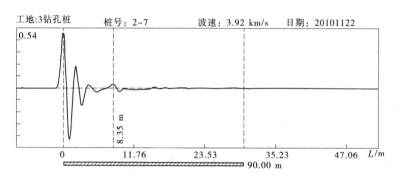

图 1-90　3 钻孔灌注桩动测曲线

质量等级以 Ⅱ 类桩居多。

　　某工程预应力管桩,桩长为 16.0 m,桩径为 500 mm,混凝土强度等级 C70,混凝土波速为 4.01 km/s,实测曲线见图 1-91,此桩在 5.9 m 左右存在中度缺陷,可能为断裂或中度缩径,须进一步分析确认,判定为 Ⅲ 类桩,须经加固处理后方可作为正常工程桩使用。

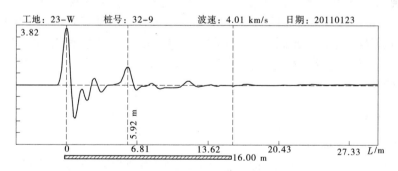

图 1-91　32-9 预应力管桩实测曲线

模块三　技能训练

一、仪器工作原理

　　锤击法是一种瞬态动测法。嵌入土中的桩基相当于一根在阻尼介质中上端自由而下端弹性连接的弹性杆。当在桩顶或桩侧施加瞬间外力 F 时,桩体内相邻质点间的应力发生变化,引起应变的传递,产生弹性波。由于桩体波速一般比桩周土层的速度大得多,因此该弹性波主要沿桩身传播。当桩体中存在波阻抗差异面时,则在这些面上将产生反射波、透射波和多次反射波等,其波的运动学和动力学特征将发生变化。利用埋置于桩顶部的速度检波器,即可接收到这些信号,经过分析和适当处理,可定量确定出桩体的质量及估算出承载力的大小。

低应变发射波法测量现场的布置如图 1-92 所示。

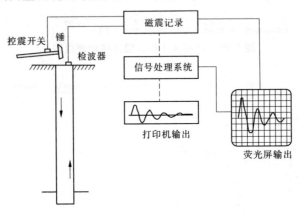

图 1-92　低应变反射波法现场施工设备布置

测试时,首先将被测桩头表面清理干净,一般要求清理出混凝土的新鲜面,并尽量使桩表面平整;其次将多个检波器(高频和低频)按一定规律用石膏固定在桩顶面上,并最好在桩顶面中部和边部均有。接收时,以小锤敲击桩头或多次敲击桩头的同一点,以便进行垂直叠加,消除随机干扰。为估算桩基的承载力,还必须测量桩土体系的振动频率。测量方法为:首先,将落锤抬高到 0.5~1.5 m,并自由落下敲击桩边上,敲击点处最好放一具有一定硬度的垫板,以利于锤击开关触发;其次,采用低频检波器置于桩头接收。

接收仪器因素主要包括滤波挡、增益和采样率的选择。通常接收桩底反射信号采用高通滤波方式,低截频尽量选择稍高一点。接收桩土共振信号采用低通滤波挡,高截频可控制在 80 Hz 以下。增益的选择以信号不截顶为宜。采样率的选择根据记录长度和采样定理而定,一般为微秒级。

二、结果评定

(一)桩身波速平均值的确定

当桩长已知、桩底反射信号明显时,选取相同条件下不少于 5 根 I 类桩的桩身波速按下式计算桩身平均波速:

$$c_m = \frac{1}{n} \sum_{i=1}^{n} c_i \qquad (1-25)$$

$$c_i = \frac{2L \times 1\ 000}{\Delta T}$$

$$c_i = 2L\Delta f$$

式中　c_m——桩身平均波速,m/s;

　　　c_i——参与统计的第 i 根桩的桩身波速值,m/s;

L——测点下桩长,m;

ΔT——时域信号第一峰与桩底反射波峰间的时间差,ms;

Δf——幅频曲线上桩底相邻谐振峰间的频差,Hz,计算时不宜取第一峰与第二峰;

n——参与波速平均值计算的基桩数量,$n \geq 5$。

当桩身波速平均值无法按上述方法确定时,可根据本地区相同桩型及施工工艺的其他桩基工程的测试结果,并结合桩身混凝土强度等级与实践经验综合确定。如具备条件,可制作同混凝土强度等级的模型桩测定波速,也可根据钻取芯样测定波速,确定基桩检测波速时应考虑土阻力及其他因素的影响。

(二)桩身缺陷位置的确定

桩身缺陷位置应按式(1-26)计算:

$$L' = \frac{1}{2\,000}\Delta T' c \qquad (1\text{-}26)$$

$$L' = \frac{1}{2}\frac{c}{\Delta f'}$$

式中　L'——测点至桩身缺陷的距离,m;

　　　$\Delta T'$——时域信号第一峰与缺陷反射波峰间的时间差,ms;

　　　Δf——幅频曲线上缺陷相邻谐振峰间的频差,Hz;

　　　c——桩身波速,m/s,无法确定时用 c_m 值替代。

模块四　任务小结

通过对本任务的学习和实习操作,应对桩基无损检测的概念有一定的理解,掌握桩基无损检测的测量原理,是对桩基无损检测野外工作进行设计的前提,而掌握桩基无损检测的野外工作方法和数据处理方法,则可对今后的桩基无损检测工作打下基础。

任务六　瑞利波法

【任务描述】

多道瞬态面波勘探是由我国工程物探技术人员自主创新的新方法、新技术,近年来在工程勘察中得到了广泛的应用,并取得了较好的效果。它对于土层波速测试、场地类别划分、土层划分、不良地质体的探查等具有快速、灵活、准确的优点,地层分层的准确度常可达到分米级。

码 1-6　瑞利波法

模块一　知识入门

一、面波的概念与类型

面波主要有两种类型:瑞利(Rayleigh)波和勒夫(Love)波。瑞利波主要存在于空气与岩土介质层的分界面处,即地表面附近;而勒夫波主要存在于上覆地层介质与下伏地层介质的分界面处,介质的运动方向垂直于波的传播方向且平行于界面,成分为 SH 波,如图 1-93 所示。在工程物探中,由于工作环境多为地面,因此激发与接收的面波性质以瑞利波为主。

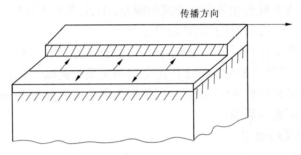

图 1-93　勒夫波传播示意图

二、瑞利波的传播特点

瑞利波也称为瑞雷波、地滚波。沿界面传播时,在垂直于界面的入射面内各介质质点在其平衡位置附近的运动既有平行于波传播方向的分量(P 波成分),也有垂直于界面的分量(SV 波成分),因而质点合成运动的轨迹呈逆时针极化椭圆。其椭圆长轴垂直于介质表面,长短轴之比大致为 3:2,并且能量随深度呈指数衰减。瑞利波的运动轨迹及其强度与深度的变化关系如图 1-94 所示。

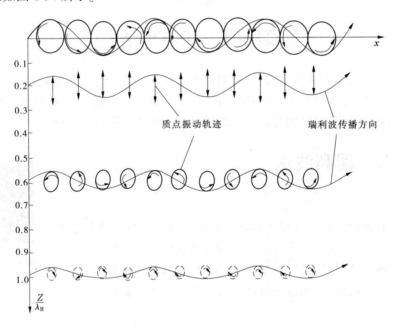

图 1-94　瑞利波质点运动轨迹

瑞利波的传播速度低。在相同介质中,纵波波速最快,横波次之,瑞利波最慢。其值约为横波速度的 0.95 倍。瑞利波波速与横波波速呈近线性关系,并且当岩石泊松比较大时,两者速度几乎一致。在一般情况下,岩石的泊松比为 0.25 左右,土的泊松比为 0.45~0.49。因此,对于土质地基,可以认为瑞利波波速与横波波速近似相等,求横波波速可用求瑞利波波速来代替。

瑞利波主要有以下特点:①运动轨迹为逆时针椭圆;②能量强,衰减慢,强度随深度呈指数衰减;③频率低;④传播速度慢;⑤波前面为圆柱形;⑥具有频散特性,在地震记录中呈"扫帚"状特征分布。

三、瑞利波法测量原理

目前,在岩土工程测试中以应用瑞利波勘探为主。从方法上讲,瑞利波勘探有频率域观测的稳态法和时间域观测的瞬态法两种。其中,稳态法应用时间较长,方法技术也较为成熟,但缺点是设备笨重,不利于提高效率;瞬态法具有轻便、快捷、效率高的特点,并且所用的采集系统就是地震勘探数据采集系统,因此很快受到人们的普遍重视。

瑞利波沿地面表层传播,表层的厚度约为一个波长,因此同一波长的瑞利波的传播特性反映了地质条件在水平方向的变化情况,不同波长的瑞利波的传播特性反映着不同深度的地质情况。

在地面上沿波的传播方向,以一定的道间距 Δx 设置 $N+1$ 个检波器,就可以检测到瑞利波在 $N\Delta x$ 长度范围内的波场,设瑞利波的频率为 f_i,相邻检波器记录的瑞利波的时间差为 Δt 或相位差为 $\Delta \varphi$,则相邻道 Δx 长度内瑞利波的传播速度为

$$v_{Ri} = \Delta x / \Delta t_i$$

而

$$\Delta t = \frac{T}{2\pi}\Delta \varphi$$

可得

$$v_{Ri} = 2\pi f_i \Delta x / \Delta \varphi_i$$

在满足空间采样定理的条件下,测量范围 $N\Delta x$ 内平均波速为

$$v_R = \frac{N\Delta x}{\displaystyle\sum_{i=1}^{N}\Delta t_i} \tag{1-27}$$

或

$$v_R = 2\pi f_i N\Delta x / \sum_{i=1}^{N}\Delta \varphi_i \tag{1-28}$$

在同一测点测量出一系列频率 f_i 的 v_{Ri} 值,就可以得到一条 v_R-f 曲线,即所谓的频散曲线或转换为 v_R-λ_R 曲线,λ_R 为波长,$\lambda_R = v_R/f$。v_R-f 曲线或 v_R-λ_R 曲线的变化规律与地下介质条件存在着内在联系,通过对频散曲线进行反演解释,可得到地下某一深度范围内的地质构造情况和不同深度的瑞利波传播速度 v_R 值。另外,v_R 值的大小与介质的物理特性有关,据此可以对岩土的物理性质做出评价。

当震源在地面上以一固定频率 f 做垂向简谐振动时,瑞利波将以单频(稳态)谐波的形式传播,根据上述方法可确定相应频率的相速度 v_R。改变频率 f,重复测量和计算,即可得到不同频率及其相应的面波速度,从而获得 v_R-f 曲线,或者根据波速、频率、波长的关系 $\lambda_R = v_R/f$ 换算成 v_R-λ_R 曲线。使用稳态(或谐振)震源的方法称为稳态瑞利波法。

用瞬态冲击力作震源也可以激发面波,地表在脉冲荷载作用下,在离震源稍远处,P 波、S 波在地表产生的位移和瑞利波相比几乎可以忽略,传感器记录的基本上是瑞利波的垂直分量。瞬时冲击可以看作许多单频谐振的叠加,因而记录到的波形也是谐波叠加的结果,呈

脉冲型的面波。对记录信号做频谱分析和处理,把各单频面波分离并获得相应的相位差,可同样计算并绘制v_R-f曲线或v_R-λ_R曲线。用瞬态冲击力作震源激发瑞利面波,这种方法称为瞬态法瑞利波。

综上所述,稳态法和瞬态法瑞利波勘探主要的目的是通过在地面的测量,经过数据计算与处理,最后得到v_R-f曲线或v_R-λ_R曲线。

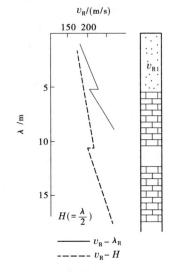

图 1-95　瞬态法瑞利波 v_R-λ_R 曲线及转换的 v_R-H 曲线

模块二　应用及案例

频点很密(频率值的变化步长很小)的速度曲线,其含义虽然与层速度不同,但比较各频点速度值的展布规律,可以看到速度曲线突变处的深度往往对应于介质的界面深度。理论和实践都表明,曲线上"之"字形(锯齿状)异常反映地下介质的分界面,如图 1-95 所示。通过曲线可看到,在地下介质的分界面处,v_R-λ_R 曲线出现拐点,特征呈"之"字形异常分布。所以,瞬态法瑞利波勘探对于地下地质信息的主要判断依据,就是寻找"之"字形(锯齿状)异常,并据此推断地层厚度、空洞位置、异常埋深等信息。

一、山西某露天煤矿区的应用

图 1-96 是在山西某露天煤矿的开挖平台上,用落重震源瞬态法瑞利波取得的工作成果。图 1-96(a)为随深度变化的瑞利面波 v_R-H 曲线,图 1-96(b)为钻孔柱状图。由于界面两侧介质的速度参数差异较大,与速度变化曲线的对应情况很好。其中,可明显看到,在地下约 15 m、31 m、53 m 的 v_R-H 曲线出现"之"字形拐点,说明地下地层介质发生变化;与钻孔柱状图对比可知,地下 13~16 m 为风化煤层,32~35 m、53~57 m 为煤层,与上下接触的砂岩层、砂页岩层有明显的岩性变化。瑞利波 v_R-H 曲线与钻孔柱状图对比图呈良好的对应关系。

二、在工程、环境检测与监测中的应用

深圳市某小区的场地为山沟填土整平形成,测试区填土埋深大约 15 m。为检测夯实效果,深圳市地质局做了瞬态法瑞利波勘探。瑞利波测试采用道间距 2 m,偏移距 4 m,32 kg 重锤,1.5 m 高自由下落激发,记录波形经计算机处理后获得如图 1-97 所示的频散曲线。

从图 1-97 可看到,曲线拐点清晰,0~2 m 深度范围波速为 260 m/s,3~6 m 波速为 220 m/s,6~9 m 波速为 200 m/s,9~16 m 波速为 190~205 m/s,解释加固深度 9 m,影响深度 16 m。

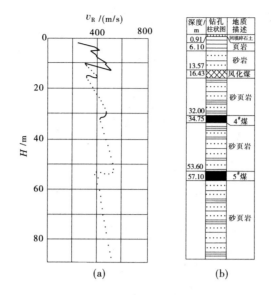

图 1-96　瑞利面波 v_R-H 曲线与钻孔柱状图对比

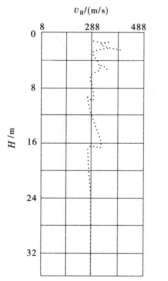

图 1-97　地基夯实测量频散曲线

模块三　技能训练

一、仪器工作原理

(一) 稳态法

稳态法的基本原理如图 1-98 所示。

当激振器在地面上施加一频率为 f_i 的简谐竖向激振时,频率为 f_i 的瑞利波以稳态的形

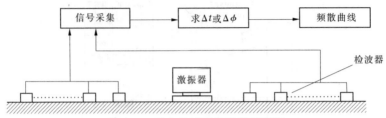

图 1-98   稳态法瑞利波勘探示意图

式沿地表传播,利用地面上的检波器(道距为 Δx)可测量出相邻道瑞利波的同相位时差 Δt,可算出 f_i 的瑞利波传播速度 v_{Ri}。改变激振器的振动频率 f_i 就可以测得当前频率下的 v_R 值。所以,当激振器的频率从高向低变化时,就可以测得一条 v_R-f(或 v_R-λ_R)曲线。当速度变化不大时,改变频率就可以改变勘探深度,频率越高,波长越小,勘探深度越小;反之,勘探深度越大。应当注意,检波器间距 Δx 应满足式(1-29):

$$\Delta x \leqslant \lambda_R = \frac{v_R}{f} \tag{1-29}$$

(二)瞬态法

瞬态法的基本原理如图 1-99 所示。瞬态法采用锤击作震源,比稳态法要简单、轻便。瞬态法记录的信号要经过频谱分析、相位谱分析,把各个频率的瑞利波分离开来,从而得到一条 v_R-f(或 v_R-λ_R)曲线。为了使得两个检波器接收的信号有足够的相位差,Δx 应满足式(1-30):

$$\frac{\lambda_R}{3} < \Delta x < \lambda_R \tag{1-30}$$

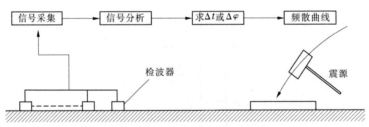

图 1-99   瞬态法瑞利波勘探示意图

二、数据的处理

(一)频散曲线的绘制方法

在以土体为勘探对象的工作中,以实测 v_R 为横坐标,以 $H = 0.8\lambda_R$ 为纵坐标(淤泥质黏土以 $0.85\lambda_R$ 为纵坐标,岩石以 $0.65\lambda_R$ 为纵坐标)绘制 v_R-$0.8\lambda_R$ 曲线,这样绘制的频散曲线,纵坐标可近似代表勘探深度。因实测的 v_R 值中包含各种干扰引起的误差,使得频散曲线不圆滑,在解释前,应根据频散曲线的一般变化规律进行圆滑。

(二)层速度的计算

为了与层速度 v_{Ri} 区分,把上文所描述的速度 v_R 记为 $\bar{v}_R$,这样就可以由实测的 $\bar{v}_R$-H 曲线计算层速度 v_{Ri},计算公式如下:

当速度 $\bar{v}_R$ 随深度加大而增大时

$$\bar{v}_{Ri} = \frac{\bar{v}_{Rn} \cdot H_n - \bar{v}_{R(n-1)} \cdot H_{n-1}}{H_n - H_{n-1}} \tag{1-31}$$

当速度 $\bar{v}_R$ 随深度加大而减小时

$$\bar{v}_{Ri} = \frac{H_n - H_{n-1}}{\dfrac{H_n}{\bar{v}_{Rn}} - \dfrac{H_{n-1}}{\bar{v}_{R(n-1)}}} \tag{1-32}$$

式中　$\bar{v}_{Rn}$、$\bar{v}_{R(n-1)}$——地面至第 n 层和第 $n-1$ 层深度内的平均速度,m/s;

$\quad\quad\quad$ H_n、H_{n-1}——第 n 层和第 $n-1$ 层的深度,m;

$\quad\quad\quad$ $\bar{v}_{Ri}$——第 i 层的波速,m/s。

模块四　任务小结

通过本任务的学习,应对瑞利波的传播特点有一定的理解,掌握瞬态法瑞利波的测量原理,是进行瑞利波法测量工作设计的前提,而掌握多道瞬态法瑞利波勘探技术的野外工作方法与流程,是为今后的瑞利波法野外工作打下基础。

■ 任务七　常时微动观测技术

码 1-7　常时微动
观测技术

【任务描述】

在抗震设计中,建筑场地地基评估和建筑结构选型极其重要,因为地震波在某场地土中传播时,由于不同性质界面多次反射,某一周期的地震波强度得到增强,而其余周期的地震波则被削弱。若某一周期的地震波与地基固有周期相近,由于共振的作用,这种地震波的振幅将得到放大而该固有周期的震动最为显出,此周期称为地基的卓越周期。

常时微动观测是获取场地土层宏观动力特征的重要手段,是确定场地卓越周期和结构动力特性的一种简单、快捷方法。它通过观测地面或建筑结构的常时微动信号,利用快速傅里叶变换(FFT)将观测到的微动信号转到频域中进行分析,得到场地的卓越周期等参数,再由此进行工程分析和评估常时微动,在防震减灾和工程抗震中具有很大的应用价值。其卓越周期是场地土类型划分和场地土类别划分、震害预测及建筑场地选址与评价、地震小区划、重要建筑和精密设施场地的工程抗震评价、分析计算的重要依据之一。

模块一　知识入门

常时微动是一种没有特定震源,在地球表层的任何时间、任何地点都能观测得到的一种振幅很小的连续性微弱振动。其震动形变位移量通常只有几微米,最大不超过几十微米,一般来说人体根本感觉不到。

从地震观测的角度可以把微动分为两类:一类是短周期微动,另一类是长周期微动。前者主要是由机械振动、建筑施工、交通运输等人文因素所引起的,而后者主要是由风雨、海浪、火山活动等自然因素所引起的。通常,将无特定震源且周期大于 5 s 的微动称为地脉

动,而将无特定震源且周期小于 5 s 的微动称为常时微动。常时微动的频谱特性不仅能反映地基土的动力特性,还能在工程场地地震安全评价和地震小区划、场地类别的划分、场地选择等工作中广泛应用。

常时微动的振动随机性很强,来自测点的四面八方。但起主导作用的频率成分以一定的周期重复出现,这种在一定的时间内以相同周期出现次数最多的周期,称为常时微动的卓越周期。由于常时微动的振动波形和卓越周期与观测点下方的地质条件、地基结构及它们的振动特性有着密切的联系,因此利用常时微动的观测,可以了解地基的振动特性,并对地基进行分类和评价,为大型建筑的场地选择和工程施工提供科学依据。

模块二　应用及案例

测量地基土的常时微动,即无特定震源穿过地基土层的复合振动,求出其微动的卓越振幅(与卓越周期或频率对应的最大振幅)和卓越周期(或频率),不仅可以解决工程设计中有关地基特性的问题,而且可以了解地震时地基中波的传播特性,从而能预测地震时的波形,为地震工程提供有用的资料。

一、地基土类型划分

由于不同类别的地基有不同的卓越周期(或周期频率曲线类型),因此可利用常时微动测量所获得的卓越周期等特性参数对地基土的类型进行划分。根据前人研究成果可知,微动特性参数与地基种类的关系如图 1-100 所示。在图 1-100 中可见,各特性参数的分类均有一定的重叠区,所以在具体应用时,应结合多个参数的分类综合确定地基土的类别。

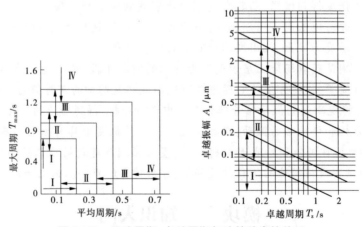

图 1-100　平均周期、卓越周期与地基种类的关系

目前,常采用的地基划分方法是图 1-100 所示的地基划分方法。可根据平均周期与最大周期作为标准来对地基进行类别划分,也可根据卓越振幅与卓越周期来划分。在实际应用中,一般先按平均周期方法判别,如果与场地的地质资料及前人的物探、钻探成果比较所判定出来的地基类别有出入,再根据卓越周期方法进行判别校正。

场地类别划分如下:

第Ⅰ类:以基岩或坚硬土层为代表的坚硬场地土,其主要的周期成分为0.1~0.2 s。

第Ⅱ类:以洪积层为代表的硬而厚的场地土,其主要的周期成分为0.2~0.4 s。

第Ⅲ类:以冲积层为代表的软而较厚的场地土,其主要的周期成分为0.4~0.6 s。

第Ⅳ类:以人工回填土和淤泥质土为代表的异常松软而很厚的场地土,其主要的周期成分为0.6~0.8 s。

(一)云南大理崇圣寺地基评价

云南大理崇圣寺(俗称三塔寺)始建于唐南诏时期,崇圣寺三塔至今1 200余年,历经千年风雨沧桑和多次地震,产生了多种环境地质病害。如南、北小塔倾斜,南小塔下部潮湿、塔壁表层风化、微生物病害、塔基变形开裂等。为对场地类别进行划分及地基进行地震评价,对场地选取三个试验点进行了场地微动测试。测试时将拾振器放置于平整场地地表土上,一般按东西向(E—W)、南北向(S—N)、垂直向(U—D)三个方向放置。卓越周期测试统计结果如图1-101~图1-103所示。

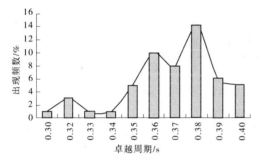

图1-101　E—W向卓越周期统计

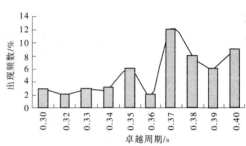

图1-102　S—N向卓越周期统计

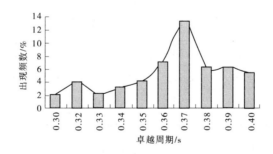

图1-103　U—D向卓越周期统计

由测量结果可知,场地东西向(E—W)、南北向(S—N)、垂直向(U—D)的地脉动测试卓越周期均值分别为0.38 s、0.37 s、0.37 s。

此外,测试还对不同时间的平均周期测试结果进行对比。测试统计结果如表1-3所示。白天场地东西向(E—W)、南北向(S—N)、垂直向(U—D)的地脉动测试卓越周期均值分别为0.375 s、0.372 s、0.370 s,晚上其均值分别为0.361 s、0.360 s、0.357 s,表明白天和晚上三个方向的平均周期相近。

表 1-3　常时微动测试结果

项目	东西向 T/s	南北向 T/s	垂直向 T/s
白天平均	0.375	0.372	0.370
晚上平均	0.361	0.360	0.357
总均值	0.368	0.366	0.364

综合场地常时微动测试结果、场地土层的分布特征及其物理力学性质,最后评定建筑物所在场地为Ⅱ类地基,场地土类别综合评定为中软场地土。

(二)呼和浩特市区地基土振动特性评价

为掌握呼和浩特地区地基土的振动特性,同时推定地基土类别,在呼和浩特市区实施常时微动观测。考虑城市的地形地貌特征,在呼和浩特地区的南北方向和东西方向设置了各两条线(101 个点)展开了常时微动观测。为了更好地掌握地基的可靠信息,选择了无雨、风小和人员引起的噪声比较少的晚间 10 时到早晨 7 时之间进行测量。测量结果(部分)如表 1-4 所示。

表 1-4　观测点与卓越周期

名称	卓越周期/s	名称	卓越周期/s	名称	卓越周期/s	名称	卓越周期/s
NS1-01	0.91	NS2-01	1.08	EW1-01	0.74	EW2-01	0.64
NS1-02	0.74	NS2-02	1.11	EW1-02	0.71	EW2-02	0.64
NS1-03	0.82	NS2-03	1.11	EW1-03	0.85	EW2-03	0.54
NS1-04	0.89	NS2-04	1.05	EW1-04	0.64	EW2-04	0.63
NS1-05	0.93	NS2-05	1.14	EW1-05	0.72	EW2-05	0.47
NS1-06	0.98	NS2-06	1.14	EW1-06	0.92	EW2-06	0.39
NS1-07	1.02	NS2-07	1.25	EW1-07	0.74	EW2-07	0.50
NS1-08	1.02	NS2-08	1.14	EW1-08	0.78	EW2-08	0.56
NS1-09	1.00	NS2-09	1.12	EW1-09	0.76	EW2-09	0.50
NS1-10	0.89	NS2-10	0.93	EW1-10	0.84	EW2-10	0.46
NS1-11	0.73	NS2-11	0.91	EW1-11	0.85	EW2-11	0.51
NS1-12	0.71	NS2-12	0.84	EW1-12	0.86	EW2-12	0.47
NS1-13	0.68	NS2-13	0.68	EW1-13	0.93	EW2-13	0.59
NS1-14	0.68	NS2-14	0.65	EW1-14	0.93	EW2-14	0.62
NS1-15	0.71	NS2-15	0.60	EW1-15	0.95	EW2-15	0.70
NS1-16	0.63	NS2-16	0.63	EW1-16	1.00	EW2-16	0.64
NS1-17	0.69	NS2-17	0.62	EW1-17	1.02	EW2-17	0.64
NS1-18	0.61	NS2-18	0.65	EW1-18	1.02	EW2-18	0.67
NS1-19	0.65	NS2-19	0.53	EW1-19	1.08	EW2-19	0.72

结合测量结果可知,南北方向的地基土层卓越周期是沿着 NS1 线为 0.61~1.02 s,沿着 NS2 线的地基土层卓越周期为 0.53~1.25 s,东西方向的地基土层卓越周期是沿着 EW1 线为 0.64~1.08 s;沿着 EW2 线地基土层的卓越周期为 0.39~0.72 s。东西方向或南北方向对称的情况下沿着 NS1 线的周期比沿着 NS2 线的周期偏大、沿着 EW2 线的周期比沿着 EW1 线的周期偏大。

观测区域地基土分类为:呼和浩特市区地基主要以Ⅳ类,即异常松软而很厚的地基为主;北二环路与呼伦贝尔路的交叉路口东北方向和北二环路与巴彦淖尔路的交叉路口西北方向的地基为Ⅲ类,即软而较厚的场地土;在靠近大青山时变为Ⅱ类,即硬而厚的场地土,观测范围里未测到坚硬的Ⅰ类土。

二、地震小区划分

在区域地壳稳定性评价的基础上,按天然地震作用强度和特征对居民区、工业区、单独大型建筑场地进行(预测天然地震对结构物的影响程度)的分区,这种分区称为地震小区划分,简称地震小区划。

我国有 47 座属于强震地区的城市,正确评价这些城市场地的地震危险性和工程适应性,对城市规划、发展是至关重要的。开展地震小区划是城市抗震、防灾的重要任务之一,是城市建设中一项不可缺少的工作。

地震小区划实质上是地震效应的详细分区,即依据强震时的破坏效应与土层条件、地下水位、弹性波传播速度的关系以及与层状结构有关的地面波谱特征的关系进行分区。

这里以日本熊本市为例,介绍如何利用常时微动测量研究地基类别、卓越周期的分布来作地震小区划。

熊本市东西长 32 km、南北宽 15 km,白河与绿河下游为三角洲。根据地质调查可知,市区的西北为金峰火山群,南面为益城山(白垩纪),东面为由砂质黏土层组成的洪积台地及户岛山、小山丘陵(白垩纪),西面为大片人工填土的有明填土地。区内地层有第四系、第三系、中古生代御船群和古生代的变质岩。除周围为山区外,区内大致可分为冲积洼地和洪积台地两大部分,它们大都被火山喷发物覆盖。冲积洼地由砾石、砂、粉砂及含泥土的松软层组成,有明填土且其下有厚层的黏土层。

常时微动测量的测网为 500 m×500 m,观测点共 150 个。常时微动测量所使用的检波器为固有周期 1 s、衰减常数 0.7 左右的动圈式检波器。根据各测点的卓越周期等特性参数,结合区内地质调查资料,采用前文所述的分类方法,对该区的地基土类别进行了小区划分,其卓越周期分布如图 1-104 所示。

综合分析认为,全区卓越周期可分为小于 0.25 s、0.25~0.3 s、0.35~0.65 s 和大于 0.65 s 四组,其分布特征是:东部洪积阶地(Ⅱ类地基)卓越周期为 0.20~0.38 s;在山区、台地、阶地、填土地(Ⅲ类地基)以外的地区,其卓越周期为 0.38~0.89 s;在填土地及部分松软地基,其卓越周期为 0.66~0.79 s;在山区(Ⅰ类地基),由于风化层覆盖,其卓越周期为 0.25 s,均值为 0.15~0.30 s。

根据上述分析可知,地基类型与地质、地形的关系明确,即山区对应于Ⅰ类地基;台地、阶地对应于Ⅱ类地基;扇形地区、天然堤坝等冲积平原对应于Ⅲ类地基;而三角洲填土地则

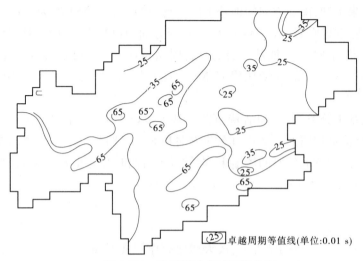

图 1-104　常时微动卓越周期分布

对应于Ⅳ类地基。以上这些资料为高大建筑物的选址、抗震措施的判定、震害预测等提供了可靠的科学依据。

模块三　技能训练

一、仪器测量原理

常时微动测量一般分为地下、地表和建筑物中三种方式。图 1-105 为测量系统示意图。

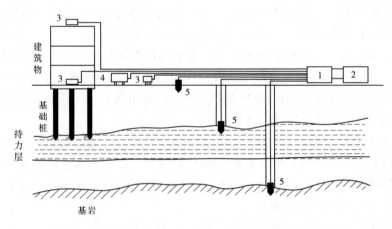

1—采集仪；2—计算机；3—短周期检波器；4—长周期检波器；5—井中检波器。

图 1-105　常时微动测量系统示意图

在地表或建筑物中测量时,应选择没有工业交通和其他噪声震源时进行,测点应平坦,以便于安置和调整(调平和对准方向)检波器。在建筑物上测量时,测点应选在主轴上。地下测量多在钻孔中进行,测量深度根据目的而定,放在基岩面上或建筑物的持力层上。整个采集系统的工作原理与地震仪的工作原理相似。

二、仪器装置

(一)采集仪

采集仪器可用地震探查仪器或桩基检测仪。

(二)检波器

检波器一般采用固有周期为 1 s 的速度型电磁式检波器,其输出电压与地基振动速度成比例。一台检波器只能测一个方向的分量,如果要在一个测点测量水平二分量(南北向、东西向),地面测量时应用二分量检波器;井中检波器采用带有三分量(两个相互垂直的水平分量、一个垂直分量)换能器的圆筒式检波器;在高层建筑物中测量时,需采用周期大于 1 s 的长周期检波器。

(三)测量方法

测量过程中,应按照一定的要求进行测量。具体要求如下:

(1)全建筑场地的常时微动测点不应少于 2 个,也可根据工程需要增加测点数量。

(2)当记录常时微动信号时在距离观测点 100 m 范围内,应无人为振动干扰。

(3)测点宜选在天然土地基上及波速测试孔附近,传感器应沿东西、南北、竖向三个方向布置。

(4)地下常时微动测试时,测点深度应根据工程需要进行布置。

(5)常时微动信号记录时应根据所需频率范围设置低通滤波频率和采样频率,采样频率宜取 50~100 Hz,每次记录时间不应少于 15 min,记录次数不得少于 2 次。

此外,对常时微动的观测研究表明,在白天观测时,由于工业、交通等振动的干扰,其振动形态变化复杂,且振幅较大,夜间比较稳定。另外,振动形态还与气象因素有关,当风力强、气压低时,地表微动的振幅和周期会增大。因此,为了得到地基微动的可靠信息,一般应选择在夜深人静时进行观测,同时应避开天气的影响。

三、常时微动的资料处理

常时微动测量主要是求得微动的振幅与周期,它们是说明地基振动特性的物理量,通常计算出它的周期频度谱和付氏谱曲线来求得地基评价所需的参数。由于常时微动是一个随机过程,还可以用相关函数、功率谱等数据处理方法来对它的振幅特性进行分析。因此,常时微动的资料处理一般可用周期频度分析和频谱分析两种方法。

(一)周期频度分析

周期频度分析是研究振动周期出现的频度的一种数据处理方法,是一种简易分析方法。具体做法是:在连续记录数分钟的常时微动记录中,选择一段质量良好的记录,对记录段中所含的周期进行频度分析,作出周期频度曲线(见图 1-106),其中出现次数最多的周期就是卓越周期(曲线上最大峰值点所对应的周期,也称为优势周期),记录中周期最长的称为最大周期,用出现于记录波形上的波数除以记录时间长度所得的周期称为平均周期。

这种方法只是一种近似方法,早期多以手工进行,后来用频度分析仪进行,其分析结果可近似代替频谱分析。但随着计算机技术的迅速发展与普及,目前已很少采用周期频度法来处理微动资料,而是利用快速付氏变换求出微动信号的功率谱,根据功率谱出现的最大

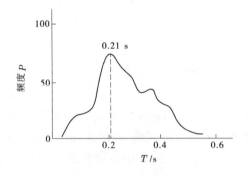

图 1-106　周期频度曲线

值,可求出微动的优势频率和相应的卓越周期。

(二)频谱分析

对常时微动这样一种随时间做不规则振动的量,通常采用功率谱分析法,即将常时微动时间域函数通过付氏变换转换到频率域中。具体处理时,将记录时间分成若干段,对每个时间段分别进行付氏变换;在实际解释中,将明显混入噪声的时间段剔除不用,用各时间段波形的功率谱的算术平均值即可求得平均功率谱。

一般取 3~10 s 为一个时间段,5~10 个时间段的功率谱的平均值,就是该观测点的稳定的功率谱。

以信号波形的平均频率谱为纵坐标,以频率为横坐标,就得到一条常时微动波形记录的功率谱曲线。把平均功率谱(幅度值)出现最大值时的频率称为卓越频率,卓越频率的倒数即为卓越周期。图 1-107 为常时微动的波形记录经频谱分析后的功率谱曲线,从功率谱曲线中可求得地基的常时微动的卓越周期。

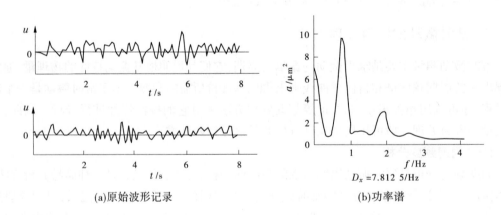

(a)原始波形记录　　　　　　　(b)功率谱

图 1-107　常时微动的波形记录经频谱分析后的功率谱曲线

模块四　任务小结

常时微动法是一种被动式地震方法,其勘探精度不是很高,不能推断解释地基的详细构造,只能从整体上给出地基的动态特性。与其他精度较高的物探方法相比,可以说是一条缺点。但从地震工程学的角度来看,这一条不但不成为问题,反倒成为这一方法的独到之处,因为工程地震学正是要从总体上把握地基和建筑物的动态特性。

■ 习题演练

单选题

项目二　直流电法勘探技术

■ 任务一　电阻率法的基本知识

码 2-1　电阻率法
基础知识

模块一　岩(矿)石介质的电阻率

一、电阻率

　　岩(矿)石间的电阻率差异是电阻率法的物理前提。电阻率是描述物质导电性能的一个电性参数，在数值上等于电流垂直通过单位立方体截面时，该导体所呈现的电阻，即

$$\rho = \frac{RS}{L} \tag{2-1}$$

式中　ρ——电阻率；

　　　R——导体电阻；

　　　S——截面面积；

　　　L——长度。

由式(2-1)可知,导体的电阻率越大,其导电性就越差。

在 SI 制中电阻的单位为 Ω(欧姆),电阻率的单位为欧姆・米,写作 $\Omega \cdot m$。

二、矿物电阻率

电阻率是物质的一种属性。从导电机制来看,溶液主要是借助于其中的带电离子导电;而固体矿物可以分为三种类型:金属导体、半导体和固体电解质。各种天然金属含有大量的自由电子,因此电阻率很低,属导体;大多数金属矿物属于半导体,它们主要不是靠自由电子,而是靠"空穴"导电,因此其电阻率都高于金属导体,且有较大的变化范围;绝大多数造岩矿物如长石、石英、云母、方解石、辉石等,均属于固体电解质,它们靠离子导电,电阻率很高,在 $10^6 \ \Omega \cdot m$ 以上。表 2-1 列出了若干常见的矿物的电阻率变化范围。

2-1　常见的矿物的电阻率变化范围

电阻率变化范围/ ($\Omega \cdot m$)	$10^{-6} \sim 10^{-3}$	$10^{-3} \sim 1$	$1 \sim 10^3$	$10^3 \sim 10^6$	$> 10^6$
矿物	斑铜矿	毒砂	辉锑矿	赤铁矿	角闪石
	石墨	方铅矿	辉铋矿	钛铁矿	石英
	铜蓝	赤铁矿	黑钨矿	辰砂	长石
	磁铁矿	赤铜矿	赤铁矿	褐铁矿	云母
	磁黄铁矿	白铁矿	锡石	蛇纹石	辉石
		辉钼矿	软锰矿	闪锌矿	方解石
		黄铁矿	菱铁矿	铬铁矿	石榴子石
		辉铜矿	铬铁矿		
		黄铜矿			

三、岩(矿)石电阻率

对于岩石而言,一般情况下,岩浆岩电阻率最高,一般为 $10^2 \sim 10^5 \ \Omega \cdot m$。沉积岩的电阻率最低,一般为 $10 \sim 10^3 \ \Omega \cdot m$,其变化范围较大,砂页岩电阻率较低,而灰岩、石膏、盐岩等的电阻率却很高,最高可达 $n \times 10^6 \ \Omega \cdot m$;变质岩的电阻率也较高,变化范围与火成岩大体相当,仅泥质板岩、石墨片岩、炭质板岩等稍低,为 $10 \sim 10^3 \ \Omega \cdot m$。

水的导电性较好,电阻率 ρ 一般小于 $100 \ \Omega \cdot m$,且其数值有一定变化范围。松散土层由于结构疏松,孔隙度较大,与地下水联系密切,电阻率均较低,一般为 $n \times 10 \ \Omega \cdot m$。表 2-2 列出了工程物探中常见介质的电阻率值。

表 2-2　常见介质的电阻率值

介质名称	电阻率值/$(\Omega \cdot m)$	介质名称	电阻率值/$(\Omega \cdot m)$
花岗岩	$3 \times 10^{-2} \sim 10^{6}$	灰岩	5×10^{8}
玄武岩	$10 \sim 10^{7}$	白云岩	$3.5 \times 10^{2} \sim 5 \times 10^{3}$
大理岩	$10^{2} \sim 2.5 \times 10^{8}$	未硬结湿黏土	20
石英岩	$10 \sim 2.5 \times 10^{8}$	泥灰岩	$3 \sim 70$
页岩	$20 \sim 2 \times 10^{3}$	黏土	$1 \sim 100$
泥岩	$10 \sim 8 \times 10^{2}$	冲积层和砂	$10 \sim 800$
砾岩	$2 \times 10^{3} \sim 10^{4}$	潜水	< 100
砂岩	$1 \sim 6.4 \times 10^{8}$	海水	$1.2 \sim 120$

四、影响岩土介质电阻率的因素

岩土介质的电阻率受到矿物成分、矿物含量、结构、孔隙度、湿度、含水溶液的矿化度、岩矿石电阻率、温度、压力等众多因素的影响。

(一)矿物成分、矿物含量、结构的影响

矿物是组成岩石的基本单位,岩土介质都是由许多种矿物组成的,金属矿物的含量是造成岩石电阻率差异的根本原因。一般来说,当岩石中良导电性矿物的含量高时,其电阻率就低;相反,当一般造岩矿物含量高,良导电性矿物的含量低时,其电阻率就高。

当良导电性矿物含量相同的条件下,岩石的结构对电阻率高低起着重要作用。浸染状结构岩石中良导性矿物被不导电矿物所包围,其电阻率要比良导电性矿物彼此相连的细脉状结构岩石要高(见图 2-1)。

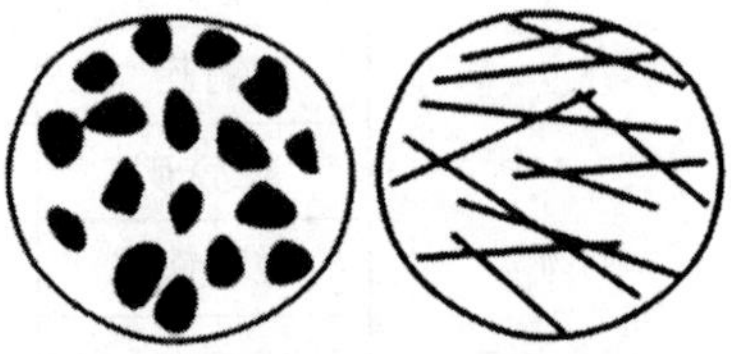

(a)浸染状结构　　**(b)细脉状结构**

图 2-1　岩石中矿物结构示意图

(二)孔隙度、湿度的影响

对于一般岩石,组成岩石的矿物都是造岩矿物,属于劣导电性矿物,然而由这些矿物组成的岩石的电阻率却远低于这些矿物的电阻率。这是因为岩石中具有一定的孔隙,这些孔隙中充满了水溶液,因此使得岩石的电阻率远小于造岩矿物的电阻率。同等条件下,岩石的孔隙度越大,其电阻率越小。同理,岩石的湿度越大,其电阻率越低。

岩石的湿度与岩石本身的孔隙度有直接关系。岩浆岩孔隙度小,湿度就小,电阻率较高。但在受到风化或构造破坏而孔隙增多的条件下,岩浆岩的湿度要增大,其电阻率大为降低。

(三)含水溶液矿化度的影响

地下水的矿化度范围很大,淡水的矿化度为 0.1 g/L,咸水的矿化度则高达 10 g/L。岩石中所含水溶液的矿化度越高,其电阻率就越低。因此,在岩性变化不大的条件下,可以利

用电阻率差异来区分咸、淡水。

（四）岩矿石电阻率和温度的影响关系

温度的变化直接影响着岩石的电阻率。温度升高时，一方面岩石中水溶液的黏滞性减小，水溶液中离子的活动能力增强；另一方面又使溶液的溶解度增加，矿化度提高。因此，岩矿石的电阻率随温度的升高而降低；相反，温度降低，电阻率升高。尤其是温度降为 0 ℃以下，因水结冰使岩石电阻率变得很大，此时不宜进行电法施工。

（五）压力的影响

地下岩石在受力过程中，随着所受压力的增大，岩石孔隙度变小，电阻率增大。当所受压力过大，超过岩石所受极限，就会导致破碎，这时岩石电阻率反而会降低。

（六）层状构造岩石的影响

大多数沉积岩和某些变质岩，由于沉积旋回和构造挤压作用往往使两种或多种不同的薄层交替成层，形成层状构造。一般情况下，层状岩石的电阻率也具有方向性，即各向异性。特点是沿层理方向的电阻率 ρ_t 总是小于垂直于层理方向的电阻率 ρ_n（见图 2-2）。

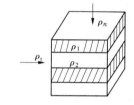

图 2-2　岩石各向异性示意图

模块二　人工直流电场

在电阻率法中，为了探测地下地质体的存在与分布，首先要在地下半空间中建立人工电流场，然后研究由于地质体的存在而导致的电场变化，从而达到找矿或探测地下地质构造的目的。

一、点电源电场

电阻率法是将直流电通过导线及接地电极将电流送入地下，这样在地下就建立起了人工电场，如果在被电场控制范围内的岩石具有相同的电阻率，并且电阻率的大小不随电流的方向而改变，称此时形成的电场为均匀各向同性介质中的电场或正常电场。又因地面以上的空气是不导电的，所以这种电场仅存在于地下，因此称它为均匀各向同性半空间电场。

在电法勘探中，为建立地下电场，常使用两个（或两组）接地电极 A 和 B，电流由 A 极输入地下，又通过 B 极从地下流出，构成闭合回路。这两个电极称为供电电极。由于电极大小相对于电极之间的距离来说一般很小，因此我们可以把电极视为一个点，并称为点电源。若当观测范围仅限于一个电极附近，而将另一个电极置于"无穷远"时，就构成了一个点电源的电场；当观测范围必须同时考虑两个电极的影响时，便构成了两个点电源的电场。一般来讲，电场的分布规律可用电流密度、电场强度及电位等物理量描述。

（一）一个点电源电场

如图 2-3 所示，设地下介质的电阻率为 ρ，电源的正极与供电电极 A 相连，向地下输入电流（$+I$）时，地下电流以 A 为中心向周围呈均匀辐射状分布。这时与 A 电极距离为 r 的任一点 M 处的电流密度为

$$j_{MA} = I/2\pi r^2 \tag{2-2}$$

这是因为电流密度等于通过单位截面上的电流。因此 M 点处的电流密度等于流过半

球球面的总电流除以以 A 为圆心、以 M 到 A 点的距离 r 为半径的封闭半球面面积。

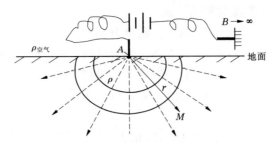

图 2-3　点电源电场示意图

电流密度是矢量,其方向为该点电流线的切线方向(在这里电流线的方向是沿半径向外的)。其电场强度也是矢量,方向与电流密度方向相同。电场强度等于电流密度与介质电阻率的乘积。即

$$E = \rho j \tag{2-3}$$

式(2-3)为微观欧姆定律,它适用于计算电场中某一点处的电场强度。将式(2-2)代入式(2-3)即可得到电场中任意点 M 处的电场强度

$$E_{MA} = \rho I / 2\pi r^2 \tag{2-4}$$

电位是表示将单位正电荷从无限远处移至电场中某一点处,外力反抗电场力所做的功,它是标量,仅有大小而无方向。在均匀各向同性介质中,由点电源 $A(+I)$ 形成的电场在 M 点处的电位可用下式表示

$$U_{MA} = \rho I / 2\pi r \tag{2-5}$$

根据式(2-4)和式(2-5)可计算地面或地下任一点的电场强度及电位的分布。

(二) 两个点电源的电场

图 2-4 所示为一个点电源电场的电流密度及电位分布情况。当地面有两个供电电极相距不是很远时,则构成两个异性点电源电场,见图 2-5。

根据电场的叠加原理,测点附近的电场应是电流强度为 $+I$ 的点电源 A 和电流强度为 $-I$ 的点电源 B 在该点所产生的电场的矢量和,而电位是 A、B 两点电流源在该点的电位的代数和。

二、大地电阻率的测定

测量均匀大地的电阻率,原则上可以采用任意形式的电极排列来进行,即在地表两点用供电电极 A、B 供电,而在另两点用测量电极 M、N 测定电位差(见图 2-6)。

M、N 两点的电位分别为

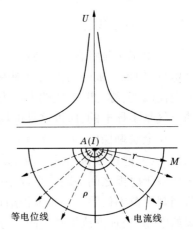

图 2-4　一个点电源的电场

$$\left. \begin{aligned} U_M &= \frac{I\rho}{2\pi}\left(\frac{1}{AM} - \frac{1}{BM}\right) \\ U_N &= \frac{I\rho}{2\pi}\left(\frac{1}{AN} - \frac{1}{BN}\right) \end{aligned} \right\} \tag{2-6}$$

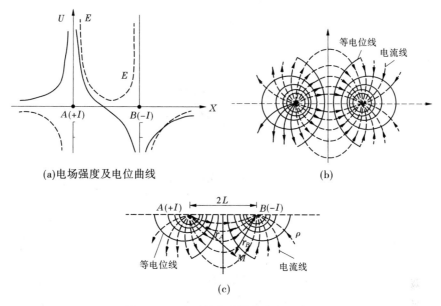

(a)电场强度及电位曲线　　　　　　　　　　　(b)

(c)

图 2-5　两个异性点电源的电场示意图

于是，A、B 在 M、N 两点间产生的电位差为

$$\Delta U_{MN} = U_M - U_N = \frac{I\rho}{2\pi}\left(\frac{1}{AM} - \frac{1}{BM} - \frac{1}{AN} + \frac{1}{BN}\right)$$
(2-7)

由式(2-6)可得均匀大地电阻率的计算公式为

$$\rho = k\frac{\Delta U_{MN}}{I}$$　　　　(2-8)

其中

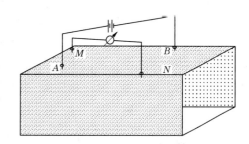

图 2-6　大地电阻率测量示意图

$$k = \frac{2\pi}{\dfrac{1}{AM} - \dfrac{1}{AN} - \dfrac{1}{BM} + \dfrac{1}{BN}}$$
(2-9)

式(2-8)即为在均匀大地的地表采用四极装置测量电阻率的基本公式,式中 k 为电极装置系数(或电极排列系数),它是一个只与各电极间距离有关的物理量。考虑到实际的需要,在电法勘探中,一般总是把供电电极和测量电极置于一条直线上,图 2-7 所示的电极排列形式,称为对称四极排列。

三、勘探深度与供电电极距的关系

电阻率法的勘探深度取决于在那个深度是否具有一定的电流密度。理论及实践证明,在电极距一定的条件下,电流密度随深度增大而减小,当深度很深时电流密度趋向于零,在那里已经不存在人工电场。在地面 AB 中点处电流密度最大,当深度为 $AB/6$ 的范围内电流密度可达到地表电流密度的 85%,就是说从地表到地下深度为 $AB/6$ 的范围内电流密度减小得并不严重,在这个深度以上可以认为电场是均匀的。因此可以得出,在 AB 电极所在的

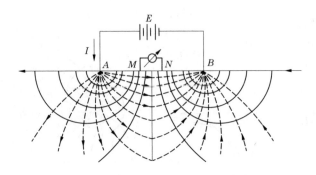

图 2-7　对称四极排列测量装置

剖面上,均匀电场的范围是 AB 电极中间 $AB/3$ 及距地表深度 $AB/6$ 范围内。

通过计算数据可有(j_h 为地下某深度电流密度,j_0 表示地表电极中点处电流密度)当 $h = AB/6$ 时,$j_h \approx 85\%j_0$;当 $h = AB/2$ 时,$j_h \approx 35\%j_0$;当 $h = AB$ 时,$j_h \approx 8.9\%j_0$;当 $h = 2AB$ 时,$j_h \approx 1.4\%j_0$。

由此可见,随着深度的增加,电流密度迅速减小。当深度等于供电电极距 $AB/2$ 时,电流密度仅为地表电流密度的 35%;当深度等于供电电极距 AB 时,电流密度仅为地表电流密度的 8.9%。实践中,人们通常把 $AB/2$ 的深度范围看作电阻率法的理想勘探深度,实践中具体勘探深度可以根据实际影响因素的强烈程度以 $AB/2$ 为基础进行修正。因此,勘探深度可以定义为:能够在地表产生可靠异常的最大深度即为所用电极排列的勘探深度。

上述讨论对于均匀半空间而言,当断面非均匀分布时,电流密度的垂向分布将受断面电阻率的影响而发生变化,因而电阻率的差异将影响勘探深度,上文所讲的修正即为原因之一。

综上所述,决定电阻率勘探深度的因素是供电电极距的大小,真正的勘探深度还受断面电阻率的不均匀程度、地形等因素的影响。

模块三　视电阻率及其物理实质

一、视电阻率

前面得到的岩石电阻率的测定公式,是在地下电场控制的范围内仅存在一种岩石,并且它的导电情况是均匀各向同性时测得的,这个电阻率就是岩石的真电阻率。然而在自然条件下像这种理想的情况是不存在的。一般来讲,在被电场控制的范围内,均存在几种不同的岩石,那么测得的电阻率就不是其中某一种岩石的电阻率,而是电场范围内各种岩石电阻率综合影响的结果,为了与真电阻率相区别,我们称它为视电阻率,并用符号 ρ_s 来表示。

视电阻率的大小可利用式(2-10)计算,即

$$\rho_s = k \frac{\Delta U_{MN}}{I} \tag{2-10}$$

ρ_s 与 ρ 有本质上的区别。视电阻率的本质是它反映了在电场作用的有效范围内介质的电场特征,或者说是地下各种介质电性的一种综合反映,它不等于其中某一种介质的真电阻率。

视电阻率的影响因素为：首先，影响岩石、矿石电阻率的因素，如成分、结构、所含水分以及温度等，同样对视电阻率会有影响；其次，视电阻率的大小除与地下介质的电性界面分布特征、电性差异大小有关外，还与地形特征、装置类型及大小、观测点的空间位置等因素有关。从理论上讲，视电阻率与电流强度的大小无关。但在实际工作中，电流强度太小会影响仪器的观测精度，从而影响最后观测结果的准确性。

二、视电阻率定性分析公式

为了说明电场中存在电性不均匀体时正常电场所产生的畸变，我们常用视电阻率定性分析公式，并以它说明电场畸变的原因及电阻率法的物理实质。

$$\rho_s = \frac{j_{MN}}{j_0}\rho_{MN} \tag{2-11}$$

式中　j_{MN}、ρ_{MN}——电场中存在电性不均匀体时，在测量电极 MN 间实际存在的电流密度及 MN 间实际的电阻率值；

j_0——均匀介质的电流密度。

式（2-11）即为视电阻率定性分析公式。当靠近地表岩层的电阻率均匀且稳定时，可认为 ρ_{MN} 值是不变的，此时视电阻率 ρ_s 值的大小主要取决于 j_{MN}/j_0 值的大小。

三、电阻率法的物理实质

通过下面几种情况说明视电阻率定性分析公式的运用及电阻率法的物理实质。

（一）地下电阻率为 ρ_1 的均匀介质

如果观测范围是在 $AB/3$ 以内，则在这个范围内电流线是相互平行的。即 $j_{MN}=j_0$，$\rho_{MN}=\rho_1$，由式（2-11）可知 $\rho_s=\rho_1$，即在均匀介质中视电阻率就等于其真电阻率，并且无论将测量电极置于何处，视电阻率 ρ_s 均等于其真电阻率 ρ，所以视电阻率 ρ_s 的剖面曲线是平行于横轴的一条直线（见图 2-8）。

（二）在电阻率为 ρ_1 的介质中存在一个电阻率为 ρ_2 的高阻体

由图 2-9 可见，高阻体阻碍电流通过，因此电流线被挤向低阻岩层中通过，电流线向地面或地下弯曲至不能继续保持其水平直线状态，此时电场因高阻体的存在产生了畸变。

当测量电极 MN 位于高阻体上方时，$j_{MN}>j_0$，但 MN 是在 ρ_1 介质中，故 $\rho_{MN}=\rho_1$，由式（2-11）可知，此时 $\rho_s>\rho_1$，即在高阻体上方视电阻率大于其围岩电阻率 ρ_1，产生了视电阻率异常。随着 MN 向球体两侧不断地移动，高阻体对电场的影响亦随之减小，ρ_s 亦越来越小；当 MN 离开高阻体足够远时，则高阻体对电场已不能施加影响，此时 $\rho_s=\rho_1$。由图 2-9 可见，在高阻体上方 ρ_s 曲线具有极大值，远离高阻体 ρ_s 值逐渐减小到 ρ_1。

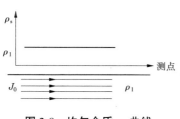

图 2-8　均匀介质 ρ_s 曲线

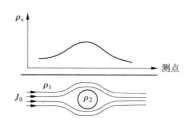

图 2-9　高阻体 ρ_s 曲线

（三）在电阻率为 ρ_1 的均匀介质中存在一个电阻率为 ρ_3 的低阻体

因低阻体吸引电流线，使电流线向低阻体靠拢并远离地面。由图 2-10 可以看出，低阻体的存在使电场产生了畸变。

根据对高阻体的分析方法，可以判断在低阻体上方必然会出现极小值。随着电极逐渐远离低阻体，ρ_s 值越来越大；当 MN 距离低阻体足够远时，$\rho_s = \rho_1$。

由上述几种情况可见：当地下为均匀介质时，电场不产生畸变，此时的电场就是正常电场，其视电阻率曲线为平行于横轴的一条直线。但在均匀介质中存在电性不均匀体（高阻体、低阻体）时，则电场将产生强烈的变化，对应于高阻体、低阻体上方则出现视电阻率值大于或小于其围岩电阻率值，称其为视电阻率异常。电阻率法就是根据视电阻率异常来推断地下是否存在电性不均匀体的，这就是视电阻率的物理实质。

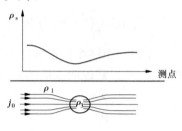

图 2-10　低阻体 ρ_s 曲线

模块四　电阻率法的装备

一、电阻率法的仪器

在电阻率法中待测参数为视电阻率值 ρ_s，但它不是一个直接测得值，而是根据测量相应的 ΔU_{MN} 值和 I 值用视电阻率公式计算而得的，故电阻率法仪器的任务就是测量电位差 ΔU_{MN} 和电流 I。

为了便于观测和保证精度，要求供电电源输出电流稳定，电压连续可调，而对接收机做出以下要求：

（1）灵敏度高。仪器灵敏度越高，可测的 ΔU_{MN} 值越小。在 ρ_s 值一定的条件下，ΔU_{MN} 与 I 成正比。因此，提高仪器灵敏度可减小供电电流，有利于减轻电源重量和减小供电电极数目，并可用细的供电导线，从而使整个装备轻便。

（2）抗干扰能力强。仪器要求对 50 Hz 工业干扰信号和各种偶然干扰具有很强的抑制能力，以保证仪器的高灵敏度。

（3）稳定性好。野外用的仪器要求能够适应各种气候条件，因此仪器应能在相当大的温度和湿度范围内保持性能稳定。

（4）输入阻抗高。要使在野外接地条件改变的情况下仪器仍能保持所需精度，要求仪器具有较高的输入阻抗。

目前，国内生产的电阻率测量仪器无论是专用的还是多用的，无论是带微机的还是不带微机的均能达到上述要求，并且当输入 k 值后，还可直读 ρ_s。

二、辅助装备

电阻率法的装备除电测仪器外，野外工作中还需要供电电源、供电和测量电极、导线、线架和通信设备。

供电电源常用干电池、蓄电池或小型发电机。

电极可用于供电和测量，分别称为供电电极和测量电极。按制成电极的材料分，有铁、铜、不极化电极。常用的供电电极为直径约 2 cm、长 70~100 cm 的空心(或实心)铁质(或钢制)杆状电极。常用的测量电极有铜电极或铅电极、不极化电极,与铁电极相比,它们有电极电位稳定、极差较小的优点。

野外常用的不极化电极主要有两类:

(1)瓷罐式不极化电极。它是用铜棒和饱和硫酸铜溶液置于特制瓷罐中制成的(见图 2-11)。

(2)铅不极化电极。用其他性能稳定的金属及饱和盐溶液也可制成不极化电极。例如,加拿大凤凰公司大地电磁测量系统测量电场信号的电极就是石膏加水,加 NaCl、$PbCl_2$ 调制成饱和糊状,装入底部能渗漏的塑料容器里,用铅棒作为极棒制成。

导线与线架按工区条件、工作电流大小等因素选择电阻小、拉力大、质量轻、绝缘好、耐磨损的导线,为应用方便,常把导线绕于各式线架上。

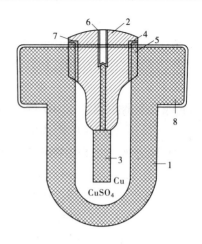

1—素瓷罐;2—胶木塞;3—铜棒;4—胶木环;
5—密封胶;6—插孔;7—橡皮垫;8—涂釉层。

图 2-11   不极化电极结构示意图

模块五   任务小结

通过学习岩(矿)石介质的电阻率及其介质电阻率的影响因素,能够对电法工作中常见岩石介质的电阻率情况熟知于心;从人工电场的分布规律的认知推出视电阻率的测定公式,掌握及理解测定公式为后续任务二、任务三、任务四奠定了基础;了解电阻率法的仪器装备,为后续具体任务的学习做准备。

■ 任务二   电阻率剖面法

模块一   知识入门

码 2-2   电阻率
剖面法

电阻率剖面法简称电剖面法,该方法采用固定极距的电极排列,沿剖面测线逐点移动测量,以观测 ρ_s 值的变化规律。由于电极距不变,勘探深度就保持在同一范围内,因而 ρ_s 值沿剖面的变化可以把地下某一深度范围内具有不同电阻率的地质体沿剖面方向的分布情况反映出来。因此,该方法是用以研究地电断面横向电性变化的一类方法,适用于探查地下岩土体、空洞、断层、岩性的界限,以及地下管线等埋设物。

根据电极排列方式的不同,电剖面法目前常用的有联合剖面法、中间梯度法、对称四极剖面法和偶极剖面法等。

一、联合剖面法

(一)装置形式及视电阻率公式

联合剖面法由两个三极装置 $AMN\infty$ 和 ∞MNB 联合组成。符号 ∞ 代表它们公用无穷远极（C），如图 2-12 所示。

A、M、N、B 四个电极位于同一测线上，以 M、N 之间的中点作为测点，且 $AO=BO$，$MO=NO$。电极 C 是两个三极装置共同的无穷远极，一般敷设在测线的中垂线上，与测线之间的距离大于 AO 的 5 倍，当斜交测线方向布设时，它与最近测线的距离应超过 10 倍 AO。工作中将 A、M、N、B 四个电极沿测线一起移动，并保持各电极间的距离不变。在每个测点上分别测出 A、C 极供电时的电位差 ΔU_{MN}^{A} 和电流强度 I，B、C 极供电时的电位差

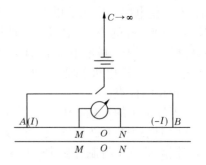

图 2-12　联合剖面装置示意图

ΔU_{MN}^{B} 和电流强度 I，然后按式 (2-10) 分别求得两个视电阻率值 ρ_{s}^{A} 和 ρ_{s}^{B}。因此，联合剖面法有两条视电阻率曲线。

（二）联合剖面法 ρ_{s} 曲线分析

联合剖面法主要用于寻找产状陡倾的层状或脉状低阻体或断裂破碎带，当供电极距大于这些地质体的宽度时，可以把它们视为薄脉状良导体。因此，我们主要分析良导薄脉的联合剖面 ρ_{s} 曲线的特征。由于 C 极置于无穷远处，联合剖面法的电场属于一个点电流源的电场，均匀介质中点电流源电场的电流线呈辐射状分布。

图 2-13 给出了直立良导薄脉上的联合剖面法观测结果。我们先对 ρ_{s}^{A} 曲线进行分析，当电极 A、M、N 在良导薄脉左侧且与之相距较远时，薄脉对电流线的分布影响很小，因而 $j_{MN}=j_{0}$，$\rho_{MN}=\rho_{1}$，故 $\rho_{s}^{A}=\rho_{1}$（曲线点 1）；当电极 A、M、N 由左至右逐渐移近良导薄脉时，薄脉"吸引"由 A 极发出的电流，使 M、N 之间的电流密度增大，即 $j_{MN}>j_{0}$，故 $\rho_{s}^{A}>\rho_{1}$，曲线逐渐上升（曲线点 2）；随着 A、M、N 继续向右移动，良导薄脉对电流的"吸引"逐渐增强，致使 ρ_{s}^{A} 曲线继续上升并达到极大值（曲线点 3）；当 A、M、N 离薄脉很近时，由于薄脉向下"吸引"电流，M、N 之间的电流密度反而减小，即 $j_{MN}<j_{0}$，ρ_{s}^{A} 曲线开始迅速降低；当 A 和 M、N 分别位于薄脉两侧移动时，绝大部分电流被"吸引"到良导薄脉中去，这时薄脉起"屏蔽"作用，造成 M、N 之间的电流密度更小，故 ρ_{s}^{A} 下降到极小值，且 ρ_{s}^{A} 曲线呈现一段平缓的低值带（曲线 4~5 段）；当电极 A、M、N 都移到薄脉右侧后，再继续右移，薄脉对电流的吸引作用逐渐减弱，j_{MN} 逐渐增大，所以 ρ_{s}^{A} 曲线开始上升，直至电极 A、M、N 远离薄脉，薄脉对电流的畸变作用可忽略不计，j_{MN} 趋于 j_{0}，ρ_{s}^{A} 趋于 ρ_{1} 为止（曲线 5~6 段）。可见曲线在薄脉附近变化最大，且左、右两侧分别出现极大值和极小值。

用同样的方法可以分析 ρ_{s}^{B} 曲线，由于 A、M、N 自左至右移动，与 M、N、B 从右至左移动时视电阻率曲线的变化情况相同。因此，将 ρ_{s}^{A} 曲线绕薄脉转 180°，即可得到 ρ_{s}^{B} 曲线。

由图 2-13 可见，在直立良导薄脉顶部上方，ρ_{s}^{A} 曲线和 ρ_{s}^{B} 曲线相交，在交点左侧，$\rho_{s}^{A}>\rho_{s}^{B}$；在交点右侧，$\rho_{s}^{A}<\rho_{s}^{B}$，且交点处 $\rho_{s}<\rho_{1}$ 这种交点称为"正交点"。在正交点两翼，两曲线明显地张开，一条达到极大值，另一条达到极小值，形成横"8"字形的明显歧离带。

图 2-14 是直立高阻薄脉上方的联合剖面 ρ_{s} 曲线。这里不再详细分析 ρ_{s}^{A} 曲线和 ρ_{s}^{B} 曲线的变化规律，只把它们与低阻薄脉上的曲线做一对比。可以看出，高阻薄脉上方的两条 ρ_{s} 曲线也有一个交点。但交点左侧 $\rho_{s}^{A}<\rho_{s}^{B}$，右侧 $\rho_{s}^{A}>\rho_{s}^{B}$，且交点处 $\rho_{s}>\rho_{1}$，和低阻薄脉的情况恰

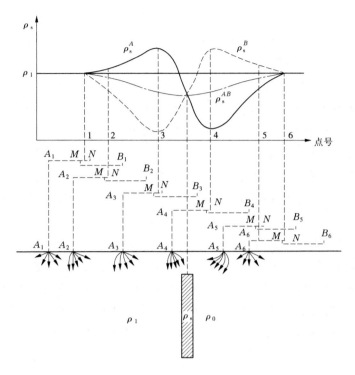

图 2-13　直立良导薄脉联合剖面 ρ_s 曲线

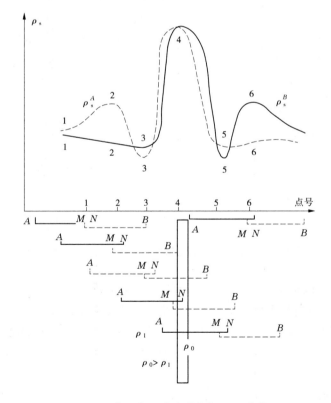

图 2-14　直立高阻岩脉联合剖面 ρ_s 曲线

好相反,所以称为"反交点"。联合剖面曲线的反交点实际上并不明显,ρ_s^A 曲线和 ρ_s^B 曲线近于重合,各自呈现一个高阻峰值,且交点两侧 ρ_s^A 曲线和 ρ_s^B 曲线靠得很近,没有明显的歧离带。这是因为对于高阻薄脉而言,无论 M、N 在它的哪一侧,ρ_s 值都是降低的。例如,对 ρ_s^A 曲线而言,当 A、M、N 在薄板左侧时,高阻薄板"排斥"电流线使 ρ_s^A 值下降;当 M、N 位于薄脉顶部时,由于 A 极发出的电流线被"排斥"向地表,故出现 ρ_s^A 极大值;M、N 达到薄脉右侧但 A 还在左侧时,则由于高阻体排斥电流(起高阻屏蔽作用),而使 ρ_s^A 值降低至极小;A、M、N 都在高阻薄脉右侧时,ρ_s^A 值随电极排列的右移,先稍有上升,然后下降,直至 ρ_s^A 趋于 ρ_1。由此可见,虽然联合剖面法在直立高阻薄脉上也有异常显示,但其效果比在直立低阻薄脉上差,加之与其他对直立薄脉同样有效的电剖面法相比,其效率又低,因此一般不用联合剖面法寻找高阻地质体。

图 2-15 给出了用数值方法计算的不同倾角时低阻薄脉联合剖面 ρ_s 曲线。由 2-15 图可见,当脉体向右倾斜时,两条曲线是不对称的,ρ_s^A 曲线较 ρ_s^B 曲线变化幅度大,但仍有明显的正交点,且交点随着倾角 α 值的减小而逐渐远离脉顶,向脉的倾斜方向产生位移。这是因为脉体倾斜时向下吸引电流的作用比直立时强,测量电极 M、N 处的电流密度 $j_{MN} < j_0$,从而导致沿倾斜方向上的 ρ_s 曲线普遍下降。显然,如果脉状体向左倾斜,则 ρ_s^B 曲线的变化幅度将较 ρ_s^A 曲线大。

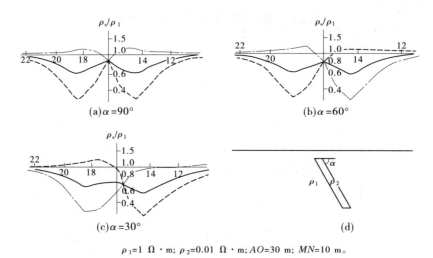

(a)$\alpha = 90°$　　　(b)$\alpha = 60°$

(c)$\alpha = 30°$　　　(d)

$\rho_1 = 1\ \Omega\cdot m$; $\rho_2 = 0.01\ \Omega\cdot m$; $AO = 30\ m$; $MN = 10\ m$。

图 2-15　产状不同的低阻脉状体上联合剖面和对称四极

实际工作中,可以根据不同极距的联合剖面 ρ_s 曲线的交点位移情况来判断地质体(岩层或断层)的倾向,小极距反映浅部情况,大极距反映深部情况。若大、小极距的低阻正交点位置重合,说明地质体直立[见图 2-16(a)];若大极距相对小极距的低阻正交点有位移,说明地质体倾斜[见图 2-16(b)]。位移越大,倾角越小。大极距交点位移方向代表地质体倾向。

等轴状地质体(如充水溶洞等)可以用球体模型来模拟。图 2-17 给出了低阻球体上方不同极距的联合剖面法曲线。由图 2-17 可见,在低阻球体上方也出现了正交点,只是供电

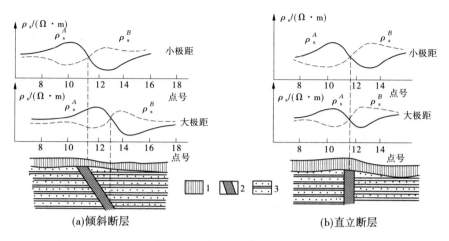

1—表土层；2—断层；3—高阻石英岩。

图 2-16　不同极距 ρ_s 对比曲线同构造倾向的关系示意图

极距不同,异常特征有较大的变化。当电极距较小(如 $AO=2r_0$)时,低阻球上的 ρ_s^A 和 ρ_s^B 曲线形成"∞"形异常,球顶上有正交点。当极距加大到球心埋藏深度的 $2\sim3$ 倍(如 $AO=4r_0$)时,ρ_s^A 和 ρ_s^B 除在交点两侧有两个主极小点外,在距交点较远的两边还相应地出现两个次极小点,它们分别是供电电极 A 和 B 位于球顶正上方时对应的 ρ_s 值。因此,次极小点与球顶上方 ρ_s 交点间的坐标距离大约等于 AO 或 OB 的长度。对比图 2-17 中的 ρ_s^A 曲线和 ρ_s^B 曲线还可看出,随着极距加大,主极值处 ρ_s 曲线的分异性变差,两个主极小点之间的距离也变小。

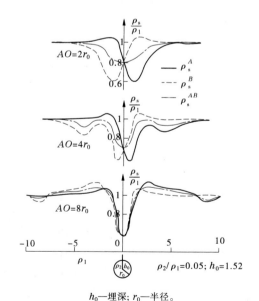

h_0—埋深；r_0—半径。

图 2-17　低阻球体上联合剖面曲线和对称四极剖面法曲线

随着供电极距进一步增大(如 $AO=8r_0$),次极小点处的异常变小,距交点更远。同时,

交点附近 ρ_s 曲线的分异性更差，ρ_s^A 曲线和 ρ_s^B 曲线的主极值已趋于重合，两条曲线几乎变成一条曲线。

二、中间梯度法

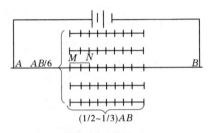

图 2-18　中间梯度装置示意图

中间梯度法的装置特点如图 2-18 所示，这种装置的供电极距 AB 很大，通常选取为覆盖层厚度的 $70\sim80$ 倍；测量极距 MN 相对于 AB 小得多，一般选用 $MN=(1/30\sim1/50)AB$。工作中保持 A 和 B 固定不动，M 和 N 在 A、B 的中部 $(1/2\sim1/3)AB$ 的范围内同时移动，逐点进行测量，测点为 MN 的中点。

中间梯度法的电场属于两个异性点电流源的电场。在 AB 中部 $(1/2\sim1/3)AB$ 的范围内电场强度，即电位的梯度变化很小，电流基本与地表平行，呈现均匀场的特点。这也就是中间梯度法名称的由来。均匀电场不仅在 A、B 连线的中部如此，在 A、B 连线两侧 $AB/6$ 范围内的测线中部也近似如此。所以，中间梯度法不仅可以在 A、B 两极所在的测线上移动 M、N 进行测量，而且在 A、B 固定的情况下，还可以在 A、B 两侧 $AB/6$ 范围内的测线上进行测量（见图 2-18）。这种"一线布极，多线测量"的方式，比其他电剖面方法（特别是联合剖面法）的效率要高得多。

中间梯度法的视电阻率按下式计算：

$$\rho_s = K\frac{\Delta U_{MN}}{I} \tag{2-12}$$

但必须指出，在此装置系数 K 不是恒定的，测量电极每移动一次都要计算一次 K。

中间梯度法主要用于寻找陡倾的高阻岩脉，如石英脉、伟晶岩脉等。这是因为在有浮土的情况下，高阻岩脉的屏蔽作用比较明显，排斥电流使其汇聚于浮土中，故 j_{MN} 急剧增加而 ρ_s 曲线上升形成突出的高峰。至于低阻薄板，如充水断层等，电流容易垂直于薄板通过，只能使 j_{MN} 发生很小的变化，因 ρ_s 异常不明显（见图 2-19）。

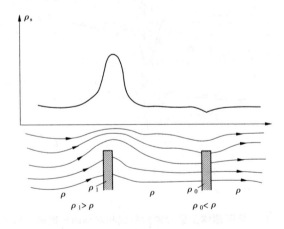

图 2-19　高低阻岩脉上的中间梯度曲线

三、对称四极剖面法

对称四极剖面法的装置形式如图 2-20 所示，A、M、N、B 四个电极排列在一条直线上，并且相对于 MN 的中点 O 对称分布[见图 2-20(a)]。一般 $MN=(1/3\sim1/5)AB$，工作中保持各电极间距离不变，四个电极同时移动并使 O 点位于测点上，逐点观测，按式(2-13)计算：

$$\rho_\text{s} = K_{AB}\frac{\Delta U_{MN}}{I} \tag{2-13}$$

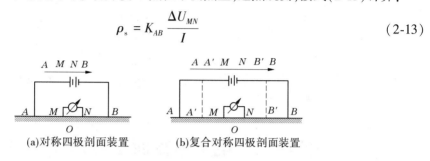

(a)对称四极剖面装置　　　　　　(b)复合对称四极剖面装置

图 2-20　对称四极剖面法装置简图

求得 ρ_s 值。将 $AM=BN$，$AN=BM$ 代入式(2-14)，可得装置系数 K_{AB} 的表达式：

$$K_{AB} = \pi\frac{AM \cdot AN}{MN} \tag{2-14}$$

装置极距确定后，K_{AB} 即为常数。

还可以对称于 O 点再增加两个电极 A' 和 B'，并且 $AB>A'B'$[见图 2-20(b)]。工作中在同一测点上分别用 A、B 和 A'、B' 供电，测定两个 ρ_s 值，这种方法称为复合对称四极剖面法。利用复合对称四极剖面法测量的结果，可以了解两种深度范围内导电性有差异的地质体沿同一剖面的分布情况，因而这种方法较对称四极剖面法在某些方面更优越些。

对称四极剖面法在工程、水文及环境地质调查中多用于面积性普查、探测浅部基岩起伏、寻找构造破碎带，以及厚岩层等地质填图和普查工作；在合适的条件下，还可以圈定岩溶的分布范围及追索古河道等，所以它的应用范围较为广泛。

对称四极剖面法的 ρ_s 曲线比较简单，表现为高阻体上方呈现高阻，而在低阻体上方呈现低阻。这是因为高阻体排斥电流，使地表 j_{MN} 增高；低阻体吸收电流，使地表 j_{MN} 减少。

图 2-21 所示是两种不同电阻率的岩层接触带上的对称剖面法 ρ_s 曲线。由图 2-21 可见，当用曲线 3 对应的供电极距工作时，ρ_s 曲线变化明显，根据曲线拐点可较准确地判断接触带界线。

在探测基岩起伏以及地下只有一个电性界面的背斜或向斜构造时，往往在不同地质情况下得出类似的对称四极剖面法的 ρ_s 曲线，很难对地质情况做出判断。如图 2-22 所示，在高阻基底凹陷(向斜)岩层上和低阻基底隆起(背斜)岩层上的 ρ_s^{AB} 曲线形态基本相同，前者的凹陷部位和后者的隆起部位都和曲线的极小值相对应。在这种情况下，用复合对称四极剖面法有助于对基底起伏的辨别：在高阻凹陷上，由较小极距 $A'B'$ 所获得的 $\rho_\text{s}^{A'B'}$ 曲线将位于 ρ_s^{AB} 曲线的下方，而在低阻隆起上的 $\rho_\text{s}^{A'B'}$ 曲线比 ρ_s^{AB} 曲线要升高一些。其原因是小极距时的 $\rho_\text{s}^{A'B'}$ 曲线反映了较浅处岩层的电性情况。

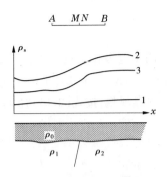

图 2-21 岩层接触带上不同供电极距
对称四极剖面法 ρ_s 曲线

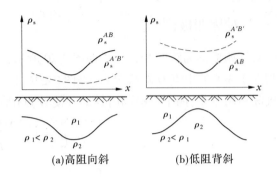

(a)高阻向斜　　　(b)低阻背斜

图 2-22 复合对称四极剖面法 ρ_s 曲线

模块二 电阻率剖面法应用及案例

一、联合剖面法在工程勘察中的应用

(一)工作区概况

工作区地貌属于成都平原东部剥蚀丘陵地貌,地势西北高、东南低,地貌单元可分为构造剥蚀和侵蚀堆积两大类型,工程地质单元可大致划分为基岩区和第四系覆盖区两种单元。

第四系覆盖区地层主要为人工填土层(Q_4^{ml})、耕土层(Q_4^{pd})和冲积黏土层(Q_3^{2al}),基岩区出露地层主要为白垩系下统苍溪组(K_1^c)砂、泥岩和砾岩以及侏罗系蓬莱镇组上段(J_3^p)砂、泥岩。

(二)工作区物性参数统计

由于工作区内岩石较为破碎,无法采集到较为完整的电性标本,只能在地表进行露头电参数测定。经现场实地露头测定,统计出工作区各岩性层的电阻率参数值见表 2-3。

表 2-3 工作区电阻率参数统计

序号	测定数/处	岩性名称	电阻率平均值/($\Omega \cdot m$)
1	18	砂岩	1 120
2	21	粉砂质泥岩	950
3	30	粉质黏土	830
4	25	含水黏土	413
5	28	淤泥土	106

由表 2-3 可见,测区内各岩性存在着明显的电阻率差异。由于本次物探工作是寻找断裂破碎带,而工作区工程场地内降水补给充足,断裂破碎带中一般赋存有淤泥土或含水丰富,在电性特征上呈现出低阻异常特性,而围岩电阻率普遍较高,断裂带与围岩表现出比较

明显的电阻率差异,为开展物探电法工作及断裂带探测提供了有利的物理前提。

(三) 工作布置及成果解释

本次电阻率联合剖面工作的基本比例尺为1∶1 000,在工作区的中部布置7条测线,测线的布置基本垂直于主断裂带的走向,方位角为324°。

异常解释推断是根据工作区的水文地质情况、地球物理特征并结合各剖面实测的 ρ_s 曲线图进行的。根据 $AB=120$ m 极距和 $AB=220$ m 极距的联合剖面装置所探测出的正交点的位置及位移情况和距离,并结合 ρ_s 曲线的歧离带异常的宽度和大小,可大致判断出断裂带的位置,见图 2-23 和图 2-24。

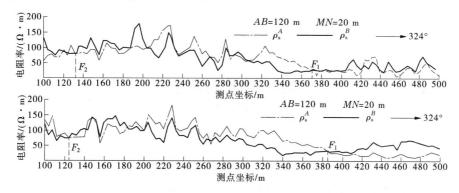

图 2-23　测线 100 不同极距下的电阻率联合剖面曲线

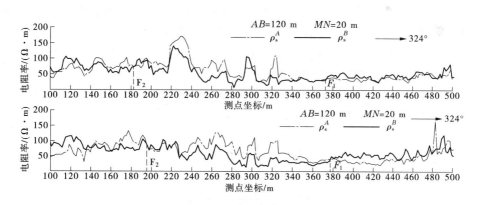

图 2-24　测线 112 不同极距下的电阻率联合剖面曲线

从两组图件分析,工作区测线西侧 ρ_s 曲线的正交点歧离带较窄,异常不十分明显,推测为次级断裂带,编号为 F_1,该断裂带的总体倾向为北西向,倾角为 45°~75°,综合推断 F_1 的宽度为 3~10 m;工作区测线东部 ρ_s 曲线的正交点歧离带较宽,异常明显,推测的断裂带编号为 F_2,该断裂带的总体倾向为南东向,倾角为 26°~50°,这与区域地质图上主断裂倾角为 20°~45°较为接近,推测应为主断裂带,综合推断 F_2 的宽度为 10~20 m。两条断裂破碎带的顶部埋深由于受地形起伏、后期人类生活及生产活动的影响,深度一般为 5~15 m。

二、对称四极剖面法在地基勘察中的应用

某地需查明基岩起伏情况,以便为工程地质提供有用资料,因而采用复合对称四极装置

进行测量,结果见图 2-25。该区浮土覆盖层为低阻,厚度为 20~40 m。根据按覆盖层平均厚度选择电极距的原则,选择 $A'B' = 40$ m,$AB = 180$ m。由图 2-25 可见,大极距的 ρ_s 曲线主要反映深部基岩(花岗岩)的起伏,同时对浅部不均匀体亦有反映;小极距的 ρ_s 曲线反映了浅部覆盖层中高阻不均匀体(卵石)的存在,且为大极距 ρ_s 曲线中部高阻异常的正确解释提供了依据。

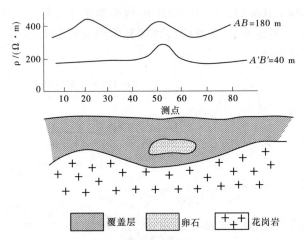

图 2-25　复合对称四极剖面法探测基岩起伏实测 ρ_s 成果曲线

三、对称四极剖面法在水文地质工作中的应用

某地古河道两侧以及下部均由砂黏土组成,电阻率较低,古河床中充填有高阻的砂卵石。在该区用 $AB = 200$ m、$MN = 20$ m 的对称四极剖面法开展追索古河道的面积性测量,结果见图 2-26。由图中所示各剖面 ρ_s^{AB} 极大值点连线,可清楚地看出古河道的走向及分支。根据各剖面曲线拐点坐标的连线勾绘出的异常范围,还可大致估计古河道的宽度及其沿走向的变化。

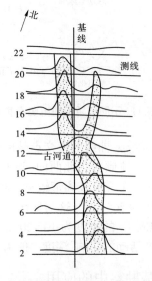

图 2-26　对称四极剖面法追踪古河道剖面平面图

模块三　技能训练

一、野外测量技术

（一）电极距的选择

我们知道，勘探深度与电极距的大小有关，对于埋藏深度一定的勘探对象，若采用电极距过小，则电流探测不到目标体，因此视电阻率也就不能反映所勘探的地质体；相反，若采用的电极距过大，虽然探测深度加大但对不同地质体不一定得到最明显的异常（有些形状的地质体存在最佳极距），布置大极距工作时所需的装备也笨重，工效低、成本高，因此合理选择电极距是电剖面法野外工作的重要问题。

1. 对称四极剖面法极距的选择

实际工作中常用的数据如下：

$$AB \geqslant (4 \sim 6)H \tag{2-15}$$
$$MN = (1/5 \sim 1/3)AB \tag{2-16}$$

式中　H——目标埋深。

在电剖面法中通常取 MN 大小与点距相等。

复合四极剖面法中，小极距 AB 主要反映浅部地质情况，大极距反映深部情况，两者的比值在 2 倍以上。

2. 联合剖面法极距的选择

对于联合剖面法的极距有供电电极距 AO、BO（无穷远 ∞），测量电极距 MN。

一般对 AO 的选择，主要考虑勘探对象的形状和顶部埋深的大小。对自然条件下遇到最多的脉状矿体，为得到比较明显的异常，就得选择最合适的极距（称最佳极距），通过试验得出 AO 的大小应大于或等于 3 倍矿顶埋深，即

$$AO \geqslant 3H \tag{2-17}$$

式中　H——矿顶埋深。

对无穷远极的选择，一般取

$$OC > (5 \sim 10)OA_{最大} \tag{2-18}$$

最好沿垂直测线方向布置 $C(\infty)$ 极。

对测量电极 MN 的选择，主要考虑，若 MN 选择过小，则 ΔU 势必变得很小，不易准确观测；若 MN 选得过大，观测容易，但由于 MN 更靠近 AB 极，会影响勘探深度，也会降低分辨能力。所以，一般选择

$$MN = (1/5 \sim 1/3)AO \tag{2-19}$$

通常 MN 等于测点距。

3. 中间梯度法

电极距的选择在保证观测质量可靠的前提下，供电电极 AB 应尽可能大，测量电极距：

$$MN = (1/50 - 1/20)AB \tag{2-20}$$

理由如下：AB 越大，电流分布越深越广，AB 中部近似均匀的正常场范围就加深加大，有利于异常幅度加大，也使观测范围扩大。这样不但使异常显示更明显，而且可以减少转移排列的次数，提高质量与效率。但是随着 AB 的加大，ΔU 读数减小，造成观测的困难，又影响

质量和效率。故选取极距时,还要使 $\Delta U > 20\Delta U_{干扰}$,以保证观测质量。

(二) 野外观测及记录要求

电阻率法的野外观测工作比较简单,在每个测点上,观测 M、N 之间的电位差 ΔU 和电流 I,根据视电阻率的测定公式即可算出该点的视电阻率值。在野外常把观测站布置在能控制最多观测线和观测点的地方,一般布置在测线中部,并且通行查线方便、避风防晒、视野开阔、比较干燥的地方。

当测站布置好之后,首先应检查仪器的电源电压是否符合规定,再检查所有外线路连接是否正确,确认无误后再接上供电电源,进行正式观测。当两次观测结果相对误差大于 5% 时,要及时查明原因加以消除,当曲线变化很大或异常不够完整时,应立即加密测点或延长测线,直至得到完整异常。记录员在记录时,应认真填写各栏。发生错误时不得涂改,只许划改,并注明原因。对重复观测的结果,都要认真重复记录下来,不得在原来记录基础上涂改。两次观测结果误差要小于 5%,认为结果正确,取两次观测结果的平均值绘制草图。

(三) 操作训练

(1) 已知某地区第四系覆盖层厚度为 20~40 m,基岩为灰岩,地形较平坦。设计一个方案(包括测网布置、方法选择、装置尺寸等),用电阻率法在该区快速、经济地查明一条走向大致为 NE 方向、产状较陡的含水断裂破碎带的平面分布情况,了解其顶部埋深,定性确定其倾向。

(2) 已知某丘陵地区第四系覆盖层厚度为 1~5 m,基岩为花岗岩类岩石,基岩中发现陡立含金石英脉,脉宽大都为 2~3 m,走向大致为 NE 方向。设计一个电阻率法勘探方案(包括测网布置、方法选择、装置尺寸等),了解该地区石英脉的分布。

二、视电阻率参数剖面图及剖面平面图

(一) 剖面图

剖面图是物探异常定性解释和定量解释的重要图件,可以清楚地表示出一条剖面上视电阻率沿测线方向的变化规律。其做法是:

(1) 以横坐标按相应比例尺表示剖面方向距离,并写出点号。

(2) 以纵坐标按相应比例尺表示参数大小。

(3) 将每一测点参数量值标示,将各测点参数量值逐一相连即得剖面图。

(二) 剖面平面图

剖面平面图是多条剖面按照测线的平面分布的综合体现,既能全面反映全区的视电阻率分布和变化规律,对异常的位置、中心和范围能一目了然,又能单独反映某一条剖面上视电阻率的变化情况。剖面平面图的做法是:

(1) 物探测网基线、测线、测点全部按照实际位置绘于相应比例尺平面图上。测线每 5 条或 10 条标于其端点,测点每 10 个或 20 个标于测点处。

(2) 分别绘出每条测线的剖面图,组成一组剖面图。

(三) 操作训练

(1) 图 2-27 是某地岩溶区对称四极剖面法 ρ_s 剖面图,它清楚地反映出灰岩基底情况。灰岩中的岩溶漏斗因被低阻沉积物充填,所以 ρ_s 剖面曲线反映出的低阻部位与岩溶漏斗对应。

(2) 图 2-28 为某地寻找页岩及大理岩接触界线的 ρ_s 剖面平面图。由于页岩的电阻率明显低于大理岩的电阻率,这就为利用电剖面法寻找它们的接触界线创造了条件。

图 2-27　岩溶区对称四极剖面法 ρ_s 剖面图

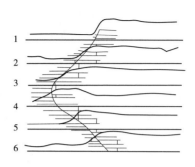

图 2-28　ρ_s 剖面平面图

模块四　任务小结

电阻率剖面法能够反映地电断面横向的电性变化,野外施工方便、快速,是概略查明地质勘察目标的重要手段。本任务介绍了中间梯度装置、联合剖面装置、对称四极装置三种直流电法中常用装置的装置特点、工作原理,解决的典型问题及相应的成果剖面图,对这类方法在地质填图、水文地质、地热勘察方面的应用做了介绍,并针对这种方法的野外技术、图件制作与分析进行了技能训练的安排。

任务三　电阻率测深法

模块一　知识入门

码 2-3　电阻率测深法

电阻率测深法简称电测深法,是探测电性不同的岩层沿垂向分布情况的电阻率方法。该方法是采用在同一测点上多次加大供电极距的方式,逐次测量视电阻率 ρ_s 的变化。我们知道,适当加大供电极距可以增加勘探深度,因此在同一测点不断加大供电极距所测出的 ρ_s 的变化,将反映该测点下电阻率有差异的岩层或岩体在不同深度的分布状况。

按照电极排列方式的不同,电测深法又可分为对称四极电测深、三极电测深、偶极电测深、环形电测深等工作方式,其中对称四极电测深是最常用的方式。

一、水平层状地电断面电测深曲线类型及其特征

(一)对称四极测深装置示意图

图 2-29(b)是对称四极电测深的装置形式,它与对称四极剖面法的装置形式完全相同,因此其视电阻率及装置系数的表达式亦是一致的,即

$$\rho_s = K \frac{\Delta U_{MN}}{I}, K = \pi \frac{AM \cdot AN}{MN} \tag{2-21}$$

但是,由于电测深法是在同一测点上每增大一次 AB 就计算一个 K,因此 K 是变化的,这又与对称四极剖面法 K 为恒值的情况有所不同。考虑到电测深供电极距变化较大的特

点,通常我们将该曲线绘在模数为 6.25 cm 的双对数坐标纸上,纵坐标表示视电阻率 ρ_s,横坐标表示供电极距 $AB/2$。图 2-29(a)示出了在某一测点上测得的电测深曲线,该曲线反映了二层地电断面中不同深度岩层的电性变化情况。

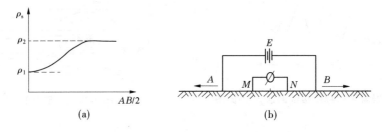

图 2-29　对称四极装置及测深曲线

在电测深法勘探中,通常把按电性不同所划分的地质断面称为地电断面,电测深曲线的变化与地电断面中各电性层的电阻率及厚度都有密切的关系。因此,可以通过电测深 ρ_s 曲线推断地下电性层的电阻率和埋深,再结合地质资料进行综合对比,把电性层与岩层联系起来,就有可能解决相关的地质问题。

一般认为,电测深法适宜于划分具有电性差异、产状近于水平或倾角不大(小于 20°)的岩层,在电性层数目较少的情况下可进行定量解释。但工作实践表明,对于许多非水平产状的地质问题(如断裂、溶洞等),电测深法也取得了一定的地质效果。

(二)电测深曲线类型

电测深曲线类型取决于地电断面中电性层的数目及其分布。此处,我们只讨论水平层状地电断面及其所构成的电测深曲线类型。

1.二层曲线

与二层地电断面相对应的电测深曲线称为二层曲线,二层地电断面具有 ρ_1 和 ρ_2 两个电性层,设第一层厚度为 h_1,第二层厚度 h_2 为无限大,按 ρ_1 和 ρ_2 的组合关系,可将断面分为 $\rho_1 > \rho_2$,和 $\rho_1 < \rho_2$ 两种类型。其中,对应于 $\rho_1 > \rho_2$ 断面的曲线称为 D 型曲线,对应于 $\rho_1 < \rho_2$ 断面的曲线称为 G 型曲线,如图 2-30(a)所示。

2.三层曲线

三层曲线即三层断面所对应的电测深曲线。三层地电断面由三个明显的电性层组成。各电性层的电阻率分别为 ρ_1、ρ_2 和 ρ_3。设第一、二层厚度分别为 h_1 和 h_2,第三层厚度 h_3 为无穷大,按照三个电性参数的组合关系,可将三层电测深曲线分为下述四种类型[见图 2-30(b)]:

H 型:$\rho_1 > \rho_2 < \rho_3$;A 型:$\rho_1 < \rho_2 < \rho_3$;K 型:$\rho_1 < \rho_2 > \rho_3$;Q 型:$\rho_1 > \rho_2 > \rho_3$。

3.多层断面的曲线类型

三层以上的地电断面称为多层断面。在分析 n 层电测深曲线时,可将其逐段分成 $n-2$ 个三层曲线,将各三层曲线类型按相邻各层电阻率的关系组合起来,就是 n 层曲线的类型。n 层曲线共有 2^{n-1} 种曲线类型。例如,四层曲线共有八种类型[见图 2-30(c)],分别记为

HA 型:$\rho_1 > \rho_2 < \rho_3 < \rho_4$　　KH 型:$\rho_1 < \rho_2 > \rho_3 < \rho_4$

HK 型:$\rho_1 > \rho_2 < \rho_3 > \rho_4$　　KQ 型:$\rho_1 < \rho_2 > \rho_3 > \rho_4$

AA 型:$\rho_1 < \rho_2 < \rho_3 < \rho_4$　　QH 型:$\rho_1 > \rho_2 > \rho_3 < \rho_4$

AK 型:$\rho_1 < \rho_2 < \rho_3 > \rho_4$　　QQ 型:$\rho_1 > \rho_2 > \rho_3 > \rho_4$

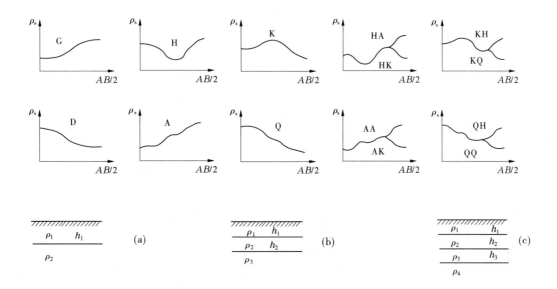

图 2-30　电测深曲线类型图

　　地电断面的电性层更多时,每增加一层,表示电测深曲线类型的字母就增多一个。五层曲线用三个字母表示,如 HKH 型、HKQ 型等。其余以此类推,不再详述。

　　当中间层具有一定厚度且与相邻层有明显电性差异时,所获得的电测深曲线类型容易辨认。但中间层厚度很薄或相邻层之间电性差异不大时,则很难准确判定电测深曲线的类型,类型定得不准将给解释带来很大的误差。为此,需要将全区的电测深曲线互相对比,并与已知的地质、钻探和其他物化探资料对比,才能做出准确的判断。

　　4.电测深曲线的尾支

　　电测深曲线尾支的形态有两种:一种是尾支出现水平渐近线,另一种是尾支渐近线与横坐标轴呈 45°的夹角。若水平地电断面中第 n 层的电阻率 ρ_n 是有限的,则当 $AB/2$ 足够大时,ρ_s 曲线的尾支出现以 ρ_n 为渐近线的水平直线;若水平地电断面中第 n 层的电阻率 $\rho_n \rightarrow \infty$ 时,则当 $AB/2$ 足够大时,ρ_s 曲线将出现与横轴成 45°的渐近线。

　　(三)电测深曲线的等值现象

　　在电测深法实际工作中,由于存在一定的测量误差,因此经常会遇到地电断面参数不同而视电阻率曲线却完全相同的现象,在观测误差范围内,被看成是“同一条”电测深曲线,这种现象称为电测深曲线的等值现象。对于三层地电断面,存在 S_2 和 T_2 等值现象。

　　1.H 型或 A 型断面的 S_2 等值现象

　　在 ρ_1、h_1、ρ_3 一定,而 $v_2 = h_2/h_1$ 较小(第二层相对第一层为薄层)的情况下,ρ_s 曲线中段极小值不明显。此时,当 ρ_2、h_2 在一定范围内同时增加或减小,只要保持中间层纵向电导 $S_2 = h_2/\rho_2$ 不变,则 ρ_s 测深曲线的形状保持不变。以上现象的物理解释如图 2-31(a)所示。对于 H 型地电断面,由于第二层电阻率较小,电流线折射的结果将平行于层面流动,这时,影响电场分布的参数仅是纵向电导率 S_2。在地电断面中其他层参数不变,只是 ρ_2 和 h_2 变化,但保持 S_2 不变的条件下,地下电流的分布便不会改变,因而地表电场的分布也很少变化,表现为视电阻率曲线形态相同,且其差异保持在允许的误差范围内。

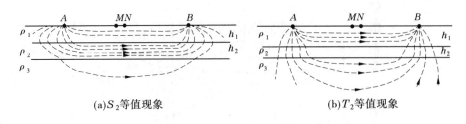

$$(a)S_2 等值现象 \qquad\qquad (b)T_2 等值现象$$

图 2-31 三层断面电测深曲线等值现象的物理解释

对于 A 型断面,第二层中的电流也近于平行层面流动,当 v_2 较小时,同样遵循 S_2 等值原则。

2. K 型或 Q 型断面的 T_2 等值现象

在 ρ_1、h_1、ρ_3 一定,而 v_2 较小的情况下,ρ_s 曲线的极大值不明显。此时,当 ρ_2、h_2 在一定范围内任一个增加而另一个减小,只要保持中间层横向电阻 $T_2 = h_2\rho_2$ 不变,则 ρ_s 测深曲线的形状也不变。此现象的物理解释如图 2-31(b)所示。对于 K 型地电断面,由于第二层电阻率较高,电流线折射的结果将垂直于层面流过,这时影响电场分布的参数仅是横向电阻 T_2,在地电断面中其他层参数不变,只是 ρ_2 和 h_2 变化,但保持 T_2 不变的条件下,地下电流的分布便不会改变,因而地表电场的分布也很少改变,表现为视电阻率曲线形态相同,且其差异保持在容许的误差范围之内。

对于 Q 型断面,第二层的电流也近似于垂直层面流动,当 v_2 较小时,同样遵循 T_2 等值原则。

电测深曲线的等值现象使得一条电测深曲线可以对应于不同的地电断面,这就常常造成错误的解释结果。因此,为了获得第一层厚度 h_2 的单值解,必须事先利用其他方法(例如电测井、标本测定、小四极露头测定等)确定第二层的电阻率 ρ_2。

二、电测深资料的解释

电测深资料的解释一般包括定性解释和定量解释两个阶段,定性解释可以确定测区内各电性层的分布及其与地质构造的关系,定量解释则可获得各电性层的埋深及厚度。二者正确运用和紧密结合,方能得出符合客观实际的地质结论。同时,要注重与测区内外已知的地层分布、构造形态等进行对比分析,与其他电法勘探资料解释一样,电测深资料解释也必须遵从由已知到未知、由易到难、反复实践、反复认识的原则。

(一)电阻率参数研究

测区电性参数的研究是电测深资料解释的基础,应贯穿于电测深工作的始终,准确而客观的电性参数会给测深资料的解释带来很大方便。电性参数的取得除了收集前人的资料,还应在野外工作中布置一定的电性参数测定工作。电性参数可在野外岩石露头上用小四极装置测量取得,也可在室内通过标本测定取得。当测区内有已知钻孔资料时,最好进行孔旁测深。在有条件的情况下,采用横向测井方法能较准确地求出测区内各电性层的电阻率值。由于电阻率的真实性直接影响着电测深曲线解释的准确程度,因此当获得更可靠的电性资料后,一般应对电测深曲线进行重复解释。

(二)电测深资料的定性解释

电测深资料的定性解释是获得测区内地质-地电结构的重要阶段,它可以提供区内电性层的分布、地电断面和地质断面的关系,以及测区地质构造的初步概念。电测深曲线的定性解释主要是根据反映测区电性变化的各种定性图件来进行的。

1. 电测深曲线类型图

电测深曲线类型取决于地电断面的性质,因此通过对曲线类型分布与变化的分析便可了解地下岩层的电性结构。曲线类型发生变化一般是某岩层缺失或新岩层出现或地质构造变动导致岩层层位变化等原因造成的。图2-32为一种电测深曲线类型图。由图2-32可见,曲线类型的变化,同地质断面中地层、岩性的变化及构造的存在有着很好的对应关系。

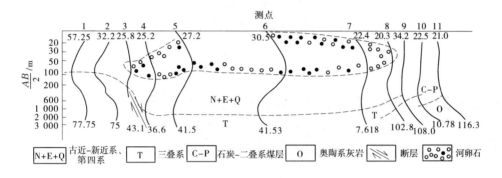

图2-32　电测深曲线类型剖面图(河南邙山)

2. 等视电阻率断面图

等视电阻率断面图(ρ_s等值线断面图)是电测深定性解释中最重要的一种图件。从这种图上可以看出基岩起伏、构造变化,以及不同深度电性层沿测线方向的变化。当采用对数比例尺时,断面等值线图的下部曲线主要反映较深处的地质情况,其上部主要反映较浅处的地质情况。

图2-33是辽河安山岩地区的电测深等ρ_s断面图。区内除在河谷中分布有较厚(4~12 m)的松散沉积物外,燕山期花岗岩及安山岩广布全区。在安山岩内有一条北东东向断层通过,从电测深等ρ_s断面图上可见,在90~115号点间出现向南倾斜的低阻异常带,其电阻率较低,反映了向南倾斜的断裂带的存在。断裂带主要由糜棱岩、断层泥等物质组成,它们像黏土一样,透水性弱、富水性差,不是赋存地下水的场所,在断裂带两侧,即电阻率由低向高过渡的断裂影响带内,极易产生各种张扭性裂隙,形成透水性好、富水性强的网格状裂隙发育带。经钻探验证,0~6 m为坡积黏土夹碎石;5~20 m为凝灰质安山岩;20~85 m为玄武质安山岩,其裂隙发育,富含地下水。由此可见,等ρ_s断面图提供了关于地电结构的丰富信息。

3. 视电阻率剖面图和等值线平面图

在测区内每一个测点上电测深法都进行了多种极距的视电阻率测量,如果就其中的一条测线来说,可以把上述资料看成是多种极距的电剖面法测量结果。因此,可根据解释的需要,把某些极距的测量结果整理成视电阻率剖面图或等值线平面图。显然,由测深资料所绘制的上述图件应当与相同极距的对称四极剖面法的测量结果相同,或者说它是复合四极剖面图或平面图。所以,就这个意义上说,电测深法较电剖面法提供了更为丰富的关于地层结构的实际资料。

图2-34为某岩溶区$AB/2 = 100$ m的ρ_s等值线平面图,由图可见,地表的岩溶塌陷部分正好位于低阻等值线的圈闭范围内。据此可以推测,深部岩溶发育范围较地表塌陷区大,而

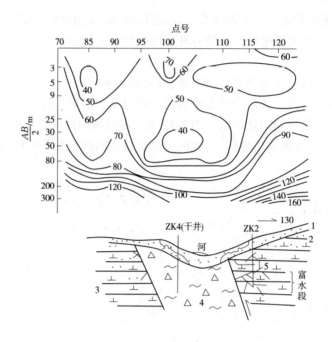

1—坡积层;2—安山质玄武岩(有层理);3—含断层泥破碎带;4—压性构造岩带;5—断层旁张扭性裂隙带。

图 2-33　辽河 15 线电测深等 ρ_s 断面图

且深部溶洞的地表投影基本与 ρ_s 低阻等值线形状一致。

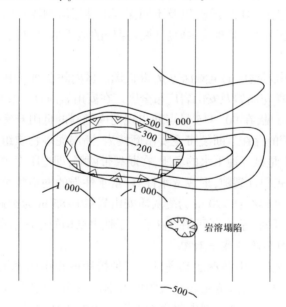

图 2-34　某岩溶区视电阻率等值线平面图　（单位:$\Omega \cdot m$)

4.纵向电导图

除以上几种定性图件外,根据测区的实际情况和解释的需要,还可以绘制纵向电导平面图及剖面图。大家知道,当测区有分布广泛的高阻基岩标准层时,电测深曲线尾支将出现45°渐近线,由此便可根据尾支渐近线与坐标横轴的交点求出纵向电导 S 值。根据各点的 S

值,勾绘 S 等值线平面图或 S 剖面图。当上覆盖层的电阻率在水平方向较为稳定时,纵向电导 S 值的大小便反映出基岩顶面埋深的变化,如图 2-35 所示。

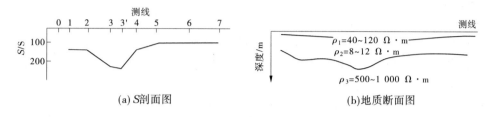

(a) S 剖面图　　　　　　　　　　(b) 地质断面图

图 2-35　纵向电导图

(三)电测深曲线的解释

对某一工区的电测深资料经过充分的定性分析,初步掌握了区内地层结构与曲线类型的对应关系后,便可开始对测深曲线进行定量解释。定量解释的目的是确定区内各电性层的埋深、厚度及其电阻率。对于水平层状地电断面且电性层数目有限的情况,定量解释可以取得比较满意的结果。在地电结构复杂且曲线受到严重畸变的地区,一般只做定性解释,定量解释的结果只有参考意义。

电测深曲线的定量解释方法主要有:基于理论曲线与实测曲线进行对比的量板法,计算机数字解释方法,以及在某些特定条件下所采用的各种经验方法等。随着计算机在地质领域中的广泛应用,现已开发和研制了各类电测深曲线的数字处理软件,从而使电测深曲线的定量解释由量板法过渡到以计算机数字解释为主的阶段。

三、其他类型的电测深法

(一)三极测深法

在水文及工程地质调查中,电测深是一种经常被采用的方法,然而对称四极测深有时会遇到地表障碍物(如河流、冲沟、峡谷等)而无法加大极距的情况,这时便可采用三极测深法。三极测深法只通过加大 AO 极距来达到测深的目的,另一个供电电极 B 被置于无穷远处。

显然,在电性层水平且均匀的情况下,采用三极或对称四极装置的测量结果是完全相同的。大家知道,对称四极装置视电阻率的计算公式为

$$\rho_s^{AB} = K_{AB} \frac{\Delta U_{MN}}{I} = K_{AB} \left(\frac{\Delta U_{MN}^A}{I} + \frac{\Delta U_{MN}^B}{I} \right)$$

由于 $K_A = K_B = 2K_{AB}$,$\Delta U_{MN}^A = \Delta U_{MN}^B$,所以

$$\rho_s^{AB} = K_{AB} \frac{\Delta U_{MN}}{I} = K_A \frac{\Delta U_{MN}^A}{I} = \rho_s^A \tag{2-22}$$

式(2-22)表明,对于水平均匀地层,无论地电断面为几层,也无论极距多大,对称四极测深和三极测深所得到的 ρ_s 曲线完全相同。因此,资料的整理和解释方法也完全相同。但当地层不是水平层或布极方向不平行于岩层走向时,两种方法的 ρ_s 曲线形态就大不相同了,这在定性解释及定量解释过程中应加以注意。

(二)环形测深法

环形测深是在地表某点利用对称四极装置所进行的多方位测量,相邻方位之间的夹角一般为 45°。在地下岩层具有各向异性的情况下,根据不同方位的测量结果,再综合利用地

质及其他物探资料,便可确定覆盖层下地层的层理、裂隙及破碎带的方向。环形测深的观测结果用ρ_s极形图来表示(见图2-36)。

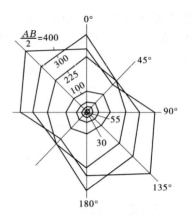

该图的做法是:在图纸上先画出四条通过测深点的表示布极方位的直线,再按一定的比例尺将某一极距($AB/2$)在各方位上测到的ρ_s值标在对应的方位线上,然后用折线将不同方位ρ_s值依次连接成闭合曲线。对所有极距不同方位的ρ_s值均绘出闭合曲线,便获得了由一系列闭合曲线所组成的极形图。当$AB/2$较小时,极形图的长短轴相差很小,近于圆形,如图中$AB/2$为30 m、55 m的极形图。表示地下岩层在浅部是均匀的、各向同性的。加大$AB/2$,若极形图拉长,则短轴指向破碎带、接触带或

图 2-36　环形测深极形图

岩层的走向,如图中$AB/2$为100 m的极形图,但当$AB/2$远大于覆盖层的厚度时,极形图的长轴转而指向低阻带的走向,如图中$AB/2$=225 m、300 m及400 m的极形图。利用极形图解决上述地质问题,应当特别注意以上变化规律。

模块二　电阻率测深法应用及案例

一、在水文地质工作中的应用

平原区第四系沉积物一般由黏土、亚黏土、砂土、亚砂土以及砂砾石组成,其中砂层和砾石层透水性较好,赋存着丰富的地表水和大气降水,是第四纪沉积层中主要的含水层,由于它和围岩间有明显电性差异,所以为开展电测深工作提供了地球物理前提。

图2-37是北西—东南向横切成都平原的物探、地质综合剖面图。由图可见,平原区内电测深曲线类型主要是KQ型,在ρ_s断面图的上部,ρ_s为20~80 Ω·m,反映了砂质黏土及黏土的分布;在断面图中部,ρ_s为150~300 Ω·m,等值线呈闭合状,异常反映了高阻的砂、砾层,为本区主要的含水层;在断面图的底部,ρ_s在100 Ω·m以下,主要反映了基底的电性,断面图中ρ_s曲线分布密集或有明显扭曲的部位可能反映了隐伏断裂的存在。在成都以东,电测深曲线类型由K型及KQ型变成H型,ρ_s断面上出现高阻闭合圈,说明成都以东没有砂、砾石含水层存在。

二、在工程地质工作中的应用

图2-38是某水利工程建设中应用电测深法探测水下岩层分布的成果图。电测深观测在水上进行,由于水浅,最大极距为150 m。图2-40(a)上等值线断面图的低阻封闭圈反映该处水下存在低阻的含泥质条带灰岩和页岩互层。这种岩石质地松散,不适于作为工程基底。为了解其分布,在低阻中心处做了四个不同方位的环形电测深,图2-40(b)为所取得的ρ_s极形图,图中$AB/2$为20 m和40 m的曲线明确指示出低阻带延伸方向,为极形图的短轴方向,从而为选择坝址提供了宝贵资料。

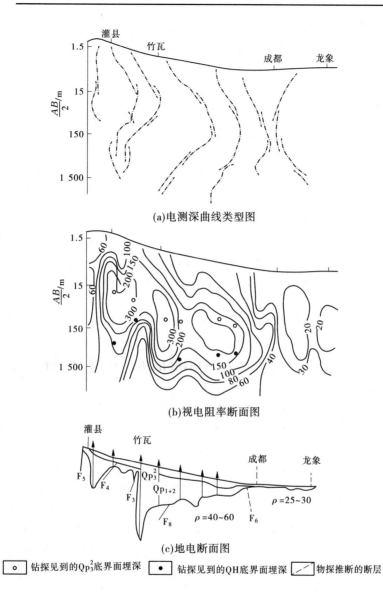

(a)电测深曲线类型图

(b)视电阻率断面图

(c)地电断面图

⊙ 钻探见到的Qp_3^2底界面埋深　　● 钻探见到的QH底界面埋深　　／ 物探推断的断层

图 2-37　横穿成都平原物探、地质综合剖面图

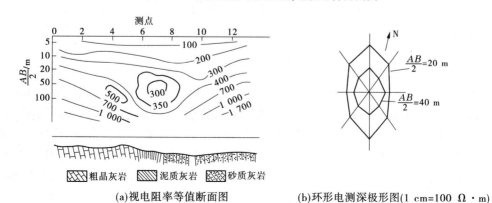

(a)视电阻率等值断面图　　　　(b)环形电测深极形图(1 cm=100 Ω·m)

图 2-38　某水利工程区电测深成果图

模块三 技能训练

一、野外技术

电测深测网的选择,取决于测区勘探要求的详细程度及测区的地质条件。测线的方向应与地质构造方向垂直,测线的长度应大于寻找的地质构造的宽度。详查要有 3~5 条测线通过有意义的构造带,每条测线要有 3~5 个测点位于构造带上。在普查工作中至少要有一条测线通过最小的有意义的构造带,构造带上至少应有 2~3 个测点。

(一)极距选择

1. 供电电极距 AB 的选择

供电电极距大小的标准以使电测深曲线首尾两端出现渐近线为原则,所以要求:

$$(AB/2)_小 << h_1 \ 及 \ (AB/2)_大 >> h_1 + h_2 + \cdots + h_{n-1}$$

2. 测量电极 MN 的选择

供电电极距 AB 由小到大不断地扩大,会使 MN 间电位差逐渐减小。为能获得可靠的电位差,则随 AB 的增大 MN 也应按比例增大,一般可按下式选择:

$$AB/3 \geqslant MN \geqslant AB/30$$

(二)极距变化

在观测时,应先从小的供电电极距开始,然后逐渐增大 AB,当 $AB = 30MN$ 时则应增大 MN 间的距离,以便增大 MN 间的电位差。然后继续增大 AB 间的距离进行观测,在每次变换 MN 时均要重复两个测点,常用的供电电极距及其与 MN 间的关系见表 2-4。

表 2-4 电测深极距   单位:m

$AB/2$	3	4.5	6	9	12	15	25	40	65
$MN/2$	1	1	1	1	1	1 5	1 5	5	5

$AB/2$	100	150	225	325	500	750	1 000	1 500
$MN/2$	5 25	5 25	25	25	25 100	25 100	100	100

从上述极距表可见,最初的供电电极距仅数米,逐步取一系列的递增值,每个数量级距离供电电极距改变 5~6 次,各供电电极距 $AB/2$ 在对数轴上应均匀分布(大致按照相同的倍数增大),每一个供电电极距与前一个供电电极距的比值为 1.2~1.5。选择供电电极距时,要求最小的极距应能反映地表浅层电阻率,最大的极距则能满足勘探深度要求,并保证测深曲线尾支完整,不妨碍解释最后一个电性层。从勘探深度方面考虑,供电电极距 $AB/2$ 应从最小勘探深度的一半变到最大勘探深度的 5 倍左右。测量电极 MN 开始是固定的(如取 1 m),直到(随着供电电极距的加大)电压过小时,才取另一增大值(如 5 m),以此类推,一般 MN 的大小为 AB 的 1/3~1/30。在改变 MN 时一般要求有 2 个供电电极距以 2 组 MN 极距

观测。因为增大测量电极距 MN 会降低勘探深度,因此增大测量电极距 MN 时,ρ_s 曲线通常会出现脱节现象,如图 2-39 所示。

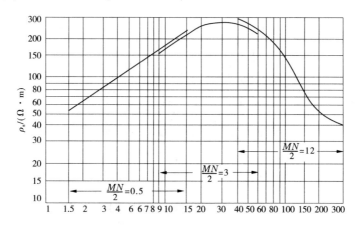

图 2-39 $AB/2$ 电测深曲线

另外,还有一种特殊的对称四极测深装置,它是始终保持 $MN=AB/3$,称为温纳装置。最早西方国家用得较多,近些年国内工程物探方面用得也比较多。实际上取 $MN=AB/5$ 或者 $MN=AB/7$ 也都是可以的。这种装置的 ρ_s 曲线是光滑的,没有脱节问题。

二、电测深图件及解释

(一)电测深实测曲线图的绘制

它是在模数为 6.25 cm 的双对数坐标纸上,以 $AB/2$ 为横轴,ρ_s 为纵轴,将同一测点上不同 $AB/2$ 极距所对应的若干 ρ_s 值标在图上,并连成曲线,就构成一条电测深实测曲线,如图 2-39 所示。

(二)电测深曲线类型图

电测深曲线类型图可以是平面图,也可以是剖面图。绘制时将各测点位置按比例尺标在图上,并注明各点的电测深曲线类型(剖面图上为小比例尺给出电测深曲线)。这种图用来对地下电性层的层次和变化做出初步判断。

操作训练:针对电测深曲线类型图 2-40、图 2-41 简要分析电性层的层次和变化。

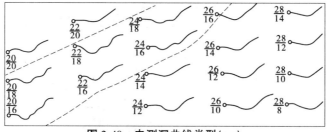

图 2-40 电测深曲线类型(一)

(三)等视电阻率断面图

该图作法是:以测线为横轴,标明各测深点的位置及编号,垂直向下以 $AB/2$ 为纵轴,采用对数坐标或算术坐标,依次将各测深点处各种极距的 ρ_s 值标在图上的相应位置,然后按

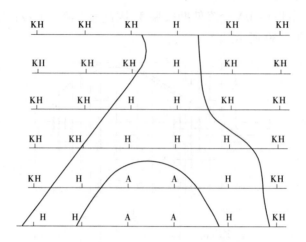

图 2-41　电测深曲线类型(二)

一定的 ρ_s 值间隔,用内插法绘出若干条等值线。

从这种图上可以看出基岩起伏、确定断裂构造及电性层沿断面的分布情况。

(四) 等 $AB/2$ 视电阻率等值线平面图

图件作法:按比例尺将同一极距测定的 ρ_s 值标在平面图的相应测点上,然后按一定的数值间隔勾绘等值线,即得此图。利用此图可以定性分析某一深度电性层在平面分布情况。根据工作需要还可作出多幅不同 $AB/2$ 的 ρ_s 等值线平面图。

操作训练:图 2-42 为华北平原某边缘地带某断层电测深成果图件,请说出图 2-42(a)、(b)两个图件的名称,并通过图件分析断层的位置,试着绘制地质断面图。

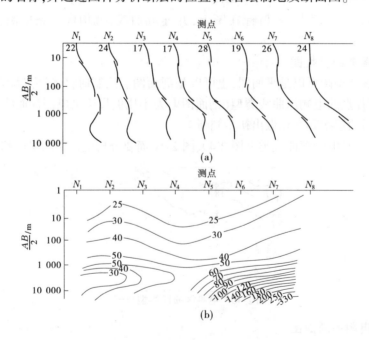

图 2-42　华北平原某边缘地带某断层电测深成果图件

【小提示】

图 2-42(a) 为曲线类型图,8 条电测深曲线,其中 $N_1 \sim N_4$ 为四层 KH 型曲线, $N_5 \sim N_8$ 为二层 G 型曲线,后者较前者缺失两层,显然在 N_4 与 N_5 点间有一断层;图 2-42(b)所示为 ρ_s 断面等值线图,当 $AB/2 > 1\,000$ m 时,便见在 N_4 与 N_5 点之间 ρ_s 等值线的形态和密度相异, $N_1 \sim N_4$ 一侧, ρ_s 等值线呈低阻稀疏分布,且背向界面而弯曲, $N_5 \sim N_8$ 一侧, ρ_s 等值线呈高阻密集分布。可见, N_4 与 N_5 点之间两侧岩性不同,推断有一断层在此通过。上述几种图件综合分析的结果是一致的。经钻探证明,断层确实存在于 $N_1 \sim N_4$ 一侧,上侧为第四系 100 m 厚的黄土和砂土,中部为砂卵石层,下部为砂页岩夹层,最底部是奥陶系灰岩;在 $N_5 \sim N_8$ 一侧,上部为黄土和砂土,下部为奥陶系灰岩。前者是四层结构,后者为两层结构的地电断面。地电断面如图 2-43 所示。

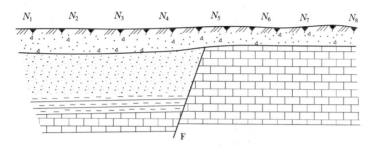

图 2-43　华北平原某边缘地带某断层推断地质断面

模块四　任务小结

直流电阻率测深法是工程勘探中最常用的方法之一,是电法勘测中普遍应用的一种方法。它以地下探测介质电阻率为基础,根据电场在不同电阻率介质中的分布规律,来研究探测对象在不同深度上的地质构造情况。由于其适用范围广、探测成本低,工作效率高、装备轻便等特点,因而在地质构造探测、地下水、能源石油、天然气、地热、煤田及矿产资源勘探等领域得到广泛的应用,近年来其应用又扩展到考古、环境监测等领域。本任务主要针对电测深法的工作原理、野外技术特点、电测深图件及相关应用进行了介绍,对三极测深、环形测深的方法进行了概略介绍。

■ 任务四　高密度电阻率法

【任务描述】

高密度电阻率法可进行二维地电断面测量,具有测点密度大、信息量大、工作效率高等特点,兼具断面法和测深法的功能,是工程物探中最重要的方法之一。本任务主要针对高密度电阻率法的工作原理、仪器发展、电极排列系统、技术要求等做了介绍,对高密度的应用进行了充分的案例分析。

码 2-4　高密度电阻率法

模块一　知识入门

一、高密度电阻率探测方法的基本原理

高密度电阻率探测法是在直流电阻率测深与电阻率剖面法两个基本原理的基础上,通过高密度电法测量系统中的软件,控制着在同一条多芯电缆上布置联结的多个(60~120)电极,使其自动组成多个垂向测深点或多个不同深度的探测剖面;根据控制系统中选择的探测装置类型,对电极进行相应的排列组合;按照测深点位置的排列顺序或探测剖面的深度顺序,逐点或逐层探测,实现供电和测量电极的自动布点、自动跑极、自动供电、自动观测、自动记录、自动计算、自动存储。通过数据传输软件把探测系统中存储的探测数据调入计算机中,经软件对数据处理后,可自动生成各测深点曲线及各剖面层或整体剖面的图像。

如图 2-44 所示,布置在地面的由编码器或转换开关控制的 N 个电极,根据软件指令不断转换为供电电极 AB 和测量电极 MN。例如,在第一次供电测量中,从左至右第一个电极和第四个电极作为供电电极 AB,第二个电极和第三个电极作为测量电极 MN,此时计算的地下电阻率是在层次 $n=1$ 的第一个点上;在第二次供电测量中,从左至右第一个电极和第七个电极作为供电电极 AB,第三个电极和第五个电极作为测量电极 MN,此时计算的地下电阻率是在层次 $n=2$ 的第一个点上;以此类推,供电电极 AB 和测量电极 MN 不断扩大,计算的电阻率值点位不断加深。

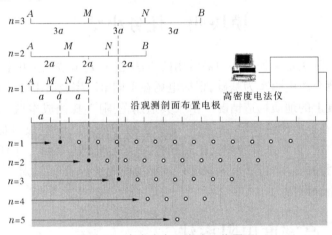

图 2-44　高密度电阻率法工作原理

二、仪器设备

高密度电法仪主要由主机、供电及测量电路、软件系统等组成。由软件控制的、作为数据采集的主机是高密度电法仪的主要部分,它决定高密度电法仪的精度、功能、抗干扰性和稳定性。高密度电法仪实质上是一个多电极测量系统,所以高密度电法仪的核心是普通的电测仪+ 电极转换开关,也是业内人士将其称为“超级万用表”的原因。

三、高密度电阻率法采集系统

新一代高密度电法仪多采用分布式设计(见图 2-45)。所谓分布式,是相对于集中式而

言的,是指将电极转换功能放在电极上。分布式智能电极器串联在多芯电缆上,地址随机分配,在任何位置都可以测量;实现滚动测量和多道、长剖面的连续测量。

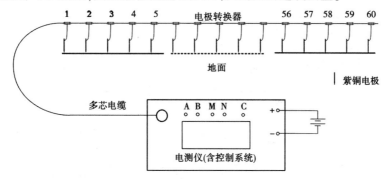

图 2-45　高密度电阻率法测量系统结构示意图(分布式)

系统可以做高密度电阻率测量,又可以同时做高密度极化率测量(见图 2-46),应用范围宽。

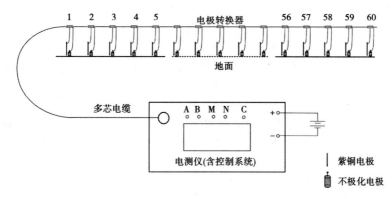

图 2-46　高密度极化率测量

下面介绍几种比较常见的装置形式。

(一)三电位观测系统

所谓三电位电极系,就是将温纳装置、偶极装置和微分装置按一定方式组合后构成的一种测量系统。这是由于电极转换需要时间,因此当连接好等距的 A、M、N、B 四个电极后,可以作三次组合,依次构成温纳装置、偶极装置和微分装置,或称为温纳 α 装置、温纳 β 装置和温纳 γ 装置(见图 2-47)。这样在某一测点就可以获得三个电极排列的测量参数。

温纳装置对电阻率的垂向变化比较敏感,一般用来探测水平目标体。温纳装置的装置系数是 $2\pi a$,相比于其他装置而言是最小的。因而同样情况下,可观测到较强的信号,可以在地质噪声较大的地方使用。另外,由于它的装置系数小,因此在同样电极布置情况下,它的探测深度也小。此外,温纳装置的边界损失较大。

温纳 α 装置、温纳 β 装置和温纳 γ 装置三种排列形式视电阻率参数及计算公式为

$$\rho_s^{\alpha} = k^{\alpha}\frac{\Delta U^{\alpha}}{I}, k^{\alpha} = 2\pi a \qquad (2\text{-}23)$$

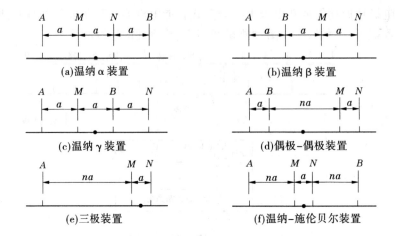

图 2-47　高密度电阻率法常用装置示意图

$$\rho_s^\beta = k^\beta \frac{\Delta U^\beta}{I}, k^\beta = 6\pi a \tag{2-24}$$

$$\rho_s^\gamma = k^\gamma \frac{\Delta U^\gamma}{I}, k^\gamma = 3\pi a \tag{2-25}$$

根据三种电极排列的电场分布,三者之间的视电阻率关系为

$$\rho_s^\alpha = \frac{1}{3}\rho_s^\beta + \frac{2}{3}\rho_s^\gamma \tag{2-26}$$

对高密度电阻率法而言,由于一条剖面地表电极总数是固定的,因此当极距扩大时,反映不同勘探深度的测点数将依次减少。图 2-48 显示了温纳 α 装置测点分布。

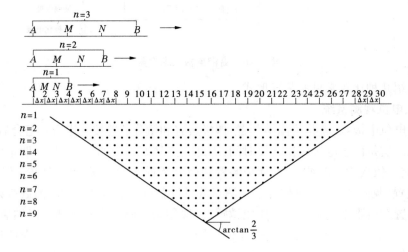

Δx—最小电极距;n—间隔系数。

图 2-48　温纳 α 装置测点分布示意图

由图可 2-48 见,剖面上的测点数随剖面号增加而减小,断面上测点呈倒梯形分布,任意剖面上测点数可由下式确定:

$$D_n = P_{\text{sum}} - (P_a - 1) \cdot n \tag{2-27}$$

式中　　n——间隔系数；

　　　　D_n——剖面上测点数；

　　　　P_{sum}——实接电极数；

　　　　P_a——装置电极数，对三电位电极系而言，$P_a = 4$，对三极装置，$P_a = 3$。

如对温纳装置而言，设有 30 路电极，则 $D_n = 30 - 3n$。当 $n = 1$ 时，第一条剖面上的测点数 $D_1 = 57$。令 $D_n \geq 1$，可求出最大间隔系数 $n_{max} = 9$。总测点数剖面数而言，总测点数 N 为

$$N = \sum_{n=1}^{9} (30 - 3n) \tag{2-28}$$

(二)偶极-偶极装置

偶极-偶极装置高灵敏度区域出现在发射偶极和接收偶极下方，这意味着本装置对每对偶极下方电阻率变化的分辨能力是比较好的。同时，灵敏度等值线几乎垂直，因此偶极-偶极装置水平分辨率比较好，一般用来探测向下有一定延伸的目标体。相对于温纳装置，偶极-偶极装置观测的信号要小一些。

(三)三极装置

三极装置有更高的灵敏度和分辨率。同时，三极装置的两个电位电极在网格内，因此受电噪声干扰也相对小一些。与偶极-偶极装置相比，三极装置所测信号要强一些。另外，三极装置可以进行"正向"(单极-偶极)和"反向"(偶极-单极)测量，因此边界损失小。

(四)温纳-施伦贝尔装置

温纳-施伦贝尔是一个变种，其高灵敏度值出现在测量电极之间的正下方，有适当的水平和纵向分辨率，但探测深度小，在三维电法难以单一使用。

可以联合使用这些装置，有的程序可联合反演。

四、数据处理

(一)统计处理

统计处理包括以下内容：

(1)利用滑动平均计算视电阻率的有效值，如三点平均：

$$\rho_x(i) = \left[(\rho_s(i - 1) + \rho_s(i) + \rho_s(i + 1)) \right]/3 \tag{2-29}$$

式中　　$\rho_x(i)$——i 点的视电阻率有效值，$i = 1, 2, 3, \cdots, D_n$。

(2)计算整个测区或某一断面的统计参数。

平均值：

$$\overline{\rho_x} = \frac{1}{N} \sum_{i=1}^{N} \rho_x(i) \tag{2-30}$$

式中　　N——某一测区或某一断面上的测点数。

标准差：

$$\sigma_A = \sqrt{\left[\sum_{i=1}^{N} \rho_s^2(i) - n\overline{\rho_x^2} \right]/n} \tag{2-31}$$

(3)计算电极调整系数：

$$K(L) = \overline{\rho_x}(i)/\overline{\rho_s}(L) \tag{2-32}$$

式中　$\bar{\rho}_s(L)$——电极距为 L 时全部视电阻率观测数据平均值。

（4）计算相对电阻率：

$$\rho_y(i) = K(L) \cdot \rho_x(i) = \bar{\rho}_x \cdot \bar{\rho}_x(i)/\bar{\rho}_s(L) \tag{2-33}$$

通过计算相对电阻率，可以在一定程度上消除地电断面由上到下水平地层的相对变化。因此，相对电阻率断面图更能反映地电体沿剖面的横向变化。

（5）对视参数分级。

为了对视参数进行分级，首先必须按平均值和标准差关系确定视参数的分级间隔。间隔太小，等级过密；间隔太大，等级过稀等都不利于反映地电体的分布。一般情况下，以采用五级制为宜，即根据平均值和标准差的关系划分四个界限：

$$D_1 = \bar{\rho}_x - \sigma_A;\ D_2 = \bar{\rho}_x - \sigma_A/3;\ D_3 = \bar{\rho}_x + \sigma_A/3;\ D_4 = \bar{\rho}_x + \sigma_A \tag{2-34}$$

利用上述视参数的分级间隔，可将断面上各点的 $\rho_s(i)$ 或 $\rho_y(i)$ 划分成不同的等级用不同的符号或灰阶（灰度）表示时，便得到视参数异常灰度图，如 $\rho_s(i) < D_1$，低阻；$\rho_s(i) = D_1 \sim D_2$，较低阻；$\rho_s(i) = D_2 \sim D_3$，中等；$\rho_s(i) = D_3 \sim D_4$，较高阻；$\rho_s(i) > D_4$，高阻；视参数的等级断面图在一定条件下能比较直观和形象地反映地电断面的分布特征。

统计处理原则上适应于三电位电极系中各种电极排列的测量结果，只是在考虑视电阻率参数图示时，由于偶极和微分两种排列的异常和地电体之间具有复杂的对应关系，因此一般只对温纳 α 装置的测量结果进行统计处理。当然，随着现代高密度电法仪装置的增加，温纳-施伦贝尔装置的测量结果也可进行统计处理。

（二）比值参数

高密度电阻率法的野外观测结果除了可以绘制相应装置的视参数断面图，根据需要还可绘制两种比值参数图。考虑到三电位电极系中三种视参数异常的分布规律，选择了温纳 β 装置和温纳 γ 装置两种装置的测量结果为基础的一类比值参数。该比值参数的计算公式为

$$T(i) = \rho_s^\beta(i)/\rho_s^\gamma(i) \tag{2-35}$$

由于温纳 β 和温纳 γ 这两种装置在同一地电体上所获得的视参数总是具有相反的变化规律，因此用该参数绘制的比值断面图，在反映地电结构的分布形态方面，远比相应装置的视电阻率断面图清晰和明确得多。

图 2-49 是对地下石林模型的正演模拟结果。模型的电性分布如图 2-49 所示，其中温纳 α 装置的 ρ_s^α 拟断面图几乎没有反映，而 T 比值断面图则清楚地反映了上述模型的电性分布。

另一类比值参数是利用联合三极装置的测量结果为基础组合而成的，其表达式为

$$\lambda(i, i+1) = \frac{\rho_s^A(i)/\rho_s^B(i)}{\rho_s^A(i+1)/\rho_s^B(i+1)} \tag{2-36}$$

式中　$\rho_s(i)$、$\rho_s(i+1)$——剖面上相邻两点视电阻率值，计算结果在 i 和 $i+1$ 点之间。

比值参数 λ 反映了联合三极装置歧离带曲线沿剖面水二乘向的变化率。图 2-49 表征比值参数 λ 在反映地电结构能力方面所做的模拟试验，视电阻率 ρ_s^α 断面图只反映了基底的起伏变化，而 λ 比值断面图却同时反映了基底起伏中的低阻构造。

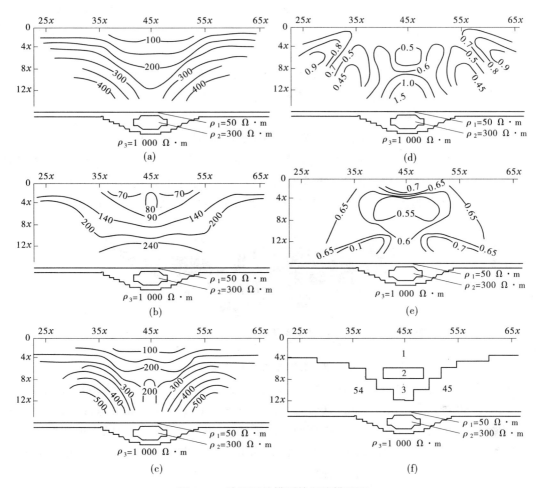

图 2-49 地下石林模型的正演模拟图

模块二 高密度电阻率法应用及案例

近年来,高密度电阻率法在岩溶勘察、公路及铁路隧道选线、坝基及桥墩选址、采空区及地裂缝调查、尾矿坝稳定性,以及水库渗漏研究等领域得到广泛应用,取得了明显的地质效果和显著的经济效益。下面用几个高密度电阻率法的实例来说明该方法的应用。

一、安徽某地公路改造桥梁基础勘察中的应用

安徽某地公路改造中,在河流上游附近拟建一座桥梁贯通整个公路网,在桥梁基础前期粗勘过程中,发现岩溶发育并进行注浆处理,在注浆过程中,出现砂浆下漏、四周岩土体崩塌的现象,为了确保桥基础稳定,须查明桩基周围及底部岩溶发育情况及空间分布状态,为后期桩基设计与施工提供科学的依据。

(一)勘察区地质概况

查区地层主要由第四系坡积层黏土、砂卵砾石及下伏基岩奥陶系下统仑山组块状致密灰岩组成;前期工程钻孔揭露浅部灰岩风化裂隙发育,沿节理面有铁质氧化物,钻探提取物

为柱状、短柱状,岩体较完整。根据区域地质资料,本区处于隐伏的断裂构造的西侧,灰岩的岩溶裂隙相对较为发育。

(二)高密度电法剖面布设

结合测区地质构造特征和本工程的目的任务,在桥梁基础处布设 2 条平行剖面,线距 20 m,测点间距 5 m,每条剖面长度均为 300 m。

(三)异常特征及解释

图 2-50 为 L_2 线高密度反演剖面图,L_2 线长度 300 m,剖面方位 0°。由图 2-50 可以看出,在剖面的 130~140、145~165、170~230 点段的 8~20 m 深度呈低阻闭合圈状异常,解释为岩溶发育,产状由南向北倾斜,深度由南向北逐渐增加,并且岩溶发育地段均被后期低阻物充填;在 140 号点存在明显的低阻下凹状异常,推测为 F_1 断层的反映,走向近似东西,向北陡倾。

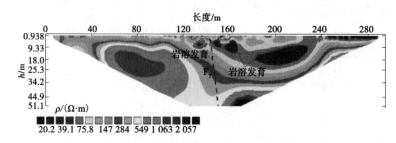

图 2-50　安徽某地公路改造 L_2 线高密度反演剖面图

图 2-51 为 L_4 线高密度反演剖面图,L_4 线与 L_2 线平行布置,剖面长度 300 m,剖面方位 0°。由图 2-50 可以看出,在剖面的 165~225 点段的 6~21 m 深度呈低阻闭合圈状异常,解释为岩溶发育,异常规模较大,深度由南向北逐渐增加,并且岩溶发育地段均被后期低阻物充填;在 145 号点存在明显的低阻下凹状异常,与 L_2 线 F_1 断层异常类型一致,推测为同一断层 F_1 的反映,走向近似东,向北陡倾。

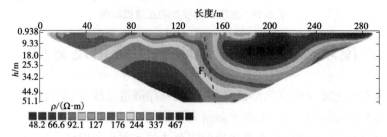

图 2-51　安徽某地公路改造 L_4 线高密度反演剖面图

(四)钻孔验证

为了验证物探解释的准确性,在 L_2 高密度电法剖面上布设 4 个钻孔进行验证(见图 2-52),钻孔揭示与物探推测基本吻合,L_2 线岩溶发育产状由南向北倾斜,深度由南向北逐渐增加,溶洞被流塑淤泥充填。

二、在煤气管道探测中的应用

场地地形有微小的起伏,测线左侧是水田,右侧是沙石公路。水田一侧地势较低,公路一侧地势较高。实测时,最小电极距为 0.3 m,电极数为 30,$N=9$。

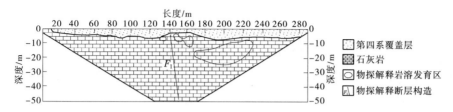

图 2-52　安徽某地公路改造 L_2 线地质剖面

图 2-53(a)是温纳 α 装置视电阻率等值线断面图。从图中可以看出,地下介质视电阻率在 $30\sim80\ \Omega\cdot m$ 范围内,反映了地下耕植土及其下部亚黏土的电阻率;在 16~24 号电极之间,浅部出现 $100\sim120\ \Omega\cdot m$ 相对高阻电阻率值,是由沙石公路引起的;在 16~17 号电极之间,见明显的视电阻率等值线封闭圈,指示了煤气管道的位置。其上部视电阻率等值线局部密集,这是采用明挖埋设煤气管后填埋性质不同的渣料所致。

图 2-53(b)是 T_s 视参数等值线断面图。在煤气管道位置,出现了 T_s 高值等值线圈,其异常较 ρ_s 异常明显。

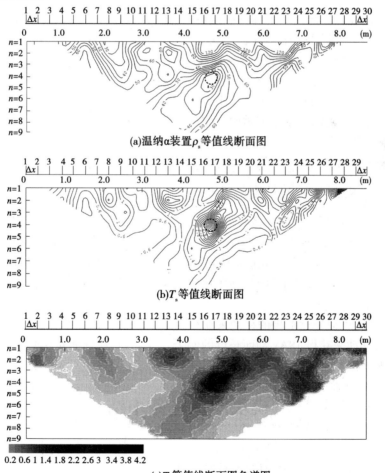

(a)温纳α装置 ρ_s 等值线断面图

(b) T_s 等值线断面图

(c) T_s 等值线断面图色谱图

图 2-53　煤气管道上温纳装置视参数等值线断面图

煤气管道中心位置埋深对应 $N=4$,此时装置极距为 1.8 m,估算埋深为 0.6 m 左右,这一结果也为雷达探测和实地调查结果所证实。

模块三　技能训练

一、测网布置

地球物理工作的测区一般是由地质任务确定的。对主要应用于工程及环境地质调查中的高密度电法而言，按工程地质任务所给出的测区往往是非常有限的，我们只能在需要解决工程问题的有限范围内布设测线、测网，可供选择的余地往往很少，这是一般工程物探经常遇到的情况。测网布设除建立测区的坐标系统外，还包含了技术人员试图以多大的网度和怎样的工作模式去解决所给出的工程地质问题。在这里，经验和技巧非常重要。特殊情况下，高密度电阻率法可布设不规则的测线和测网，尽可能在有限的测区内获得更多的测量数据。

二、装置选择

通常使用的装置如温纳装置、偶极-偶极、三极测深和温纳-施伦贝尔装置等各有特点，有的高密度电阻率仪提供了十多种装置以供选择。不同装置可联合使用，也可根据需要单独使用。选择一个合适的工作装置应考虑以下几点：

(1)探测目标的特性。

(2)仪器灵敏度及场地噪声本底水平。

(3)装置对地下电阻率水平或垂向变化的分辨能力。

(4)探测深度。

(5)有效探测范围及信号强度。

三、最小电极距和排列长度的选择

最小电极距和排列长度的选择取决于地质对象的大小和埋藏深度。要保证有足够的横向分辨率，探测目标体横向上至少要有 2~3 根电极通过。同时，由于高密度电阻率法实际上是一种二维探测方法，所以在保证最大极距能够探测到主要地质对象的前提下，还要考虑围岩背景也能在二维断面图中得到充分的反映。如对小而深的探测目标体，要求较小的电极间距和较多的电极数。

对于长剖面，可以通过电极的移动来获得连续的断面数据。图 2-59 是温纳-施伦贝尔装置通过两次移动来获得 $18\Delta x$ 剖面长度的例子。一般地，在剖面对接时要重叠三个点，重叠点的数据取两次测量的平均值。

模块四　任务小结

高密度电阻率探测剖面在覆盖层及盖层下，对基岩起伏形态、不同地质体的界线、构造发育情况及分布特征等工程地质勘探方面的应用十分有效。该方法既可以指导勘察工程的布局设计，又可以与钻探等其他勘察手段互相验证，具有直观性和快速经济等优点。本任务主要介绍了高密度电阻率法的工作原理、国内常见的高密度采集仪器、数据采集系统、野外技术要求及数据处理的内容，对高密度的应用进行了介绍。

▌ 任务五　充电法

模块一　知识(技术)入门

一、充电法的基本原理

如图 2-54 所示,当对具有天然或人工露头的良导地质体进行充电时,实际上整个地质体就相当于一个大电极,若良导地质体的电阻率远小于围岩电阻率,我们便可以近似地把它看成是理想导体。理想导体充电后,在导体内部并不产生电压降,导体的表面实际上就是一个等位面,电流垂直于导体表面流出后,便形成了围岩中的充电电场。显然,当不考虑地面对电场分布的影响时,则离导体越近,等位面的形状与导体表面的形状越相似;在距导体较远的地方,等位面的形状便逐渐趋于球形。可见,理想充电电场的空间分布将主要取决于导体的形状、大小、产状及埋深,而与充电点的位置无关。

当地质体不能被视为理想导体(不等位体)时,充电电场的空间分布将随充电点位置的不同而有较大的变化。所以,充电法也是以地质对象与围岩间导电性的差异为基础(并且要求这种差异必须足够大),通过研究充电电场的空间分布来解决有关地质问题的一类电法勘探方法。

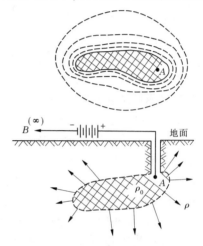

图 2-54　充电法原理示意图

下面,我们以三轴椭球状理想导体为例来分析一下充电电场的空间分布。设椭球体的三个半轴长度分别为 a、b、c,显然,当 $a \gg b$ 和 c 时,可近似看成柱状;当 a 和 $b \gg c$ 时,可近似看成脉状体;当 $a = b = c$ 时,则为球体。图 2-55 为充电椭球体上沿不同方位剖面所计算的电位及电位梯度剖面曲线。图 2-55(a)表示在直立薄脉上主横剖面充电电场的空间分布,在脉顶正上方对应着电位的极大值,电位曲线左、右对称。电位梯度曲线反对称于原点,在模型左侧出现极大值,右侧出现极小值,充电模型上方出现电位梯度曲线零值点。图 2-55(b)表示在水平薄脉上主纵剖面充电电场的空间分布,模型上方出现平缓的电位极大值,模型两侧电位曲线急剧下降,曲线形态依然呈左、右对称。电位梯度曲线在模型上方出现零值,左端为极大值,右端为极小值。图 2-55(c)表示倾斜薄脉上电位梯度曲线的零值点均向模型倾斜方向位移。在模型倾向一侧电位曲线变缓,电位梯度曲线的极值幅度较小;在反倾向一侧,电位曲线变陡,电位梯度曲线的极值较大。

不难理解,当充电模型为理想充电球体时,则主剖面上的电位及电位梯度曲线的形态将不再随剖面的方位而改变。这时,电位等值线的平面分布将为一簇同心圆,可见球形导体的充电场和点电流源的电场极为相似,尤其当球体规模不大或埋藏较深时,单凭电位或电位梯度曲线的异常特征,很难将它与点电流源的异常特征区分开来。从这个意义上来说,充电法用来追踪或圈定有明显走向的良导体更为有利。

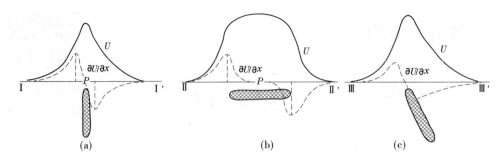

图 2-55   充电椭球体上的电位及电位梯度曲线

二、充电法野外工作方法

为了观测充电电场的空间分布，充电法野外工作一般采用两种测量方法：一种是电位法，另一种是电位梯度法。

电位法是把一个测量电极 N 置于无穷远处，并把该点作为电位的相对零点；另一个测量电极 M 沿测线逐点移动，观测各点相对于"无穷远"电极间的电位差。为了消除供电电流的变化对测量结果的影响，一般将测量结果用供电（充电）电流进行归一，即把电位法的测量结果用 U/I 来表示。

电位梯度法是使测量电极 MN 的大小保持一定（通常为 $1\sim2$ 个测点距），沿测线移动，逐点观测电极间的电位差 ΔU_{MN}，同时记录供电电流，其结果用 $\Delta U_{MN}/I_{MN}$ 来表示。电位梯度法的测量结果一般记录在 MN 的中点，由于电位梯度值可正可负，故野外观测中必须注意到符号 ΔU_{MN} 的变化。

此外，在某些情况下，充电法的野外观测还可以采用追索等位线的方法。以充电点在地表的投影点为中心，布设夹角为 45°的辐射状测线，然后距充电点由远至近，以一定的间隔追索等位线，根据等位线的形态和分布，便可了解充电体的产状特征。

模块二   充电法应用及案例

充电法在水文、工程及环境地质调查中，主要用来确定地下水的流速、流向，追索岩溶区的地下暗河分布等。

一、测定地下水的流速、流向

应用追索等位线的方法来确定地下水的流速、流向，一般只限于在含水层埋深较浅、水力坡度较大及围岩均匀等条件下进行。

具体做法是：首先把食盐作为指示剂投入井中，盐被地下水溶解后便形成一个良导的，并随地下水移动的盐水体。然后对良导盐水体进行充电，在地表布设夹角为 45°的辐射状测线，并按一定的时间间隔来追索等位线，如图 2-56 所示。为便于比较，一般在投盐前应进行正常场测量，若围岩为均匀各向同性介质，正常场等位线应近似为一个圆，投盐后测量异常等位线，由于含盐水溶液沿地下水流动方向缓慢移动，因而等位线沿水流方向具有拉长的形态。设经过 t 时间后，盐溶液移动的距离为 L，则地下水的流速便可按下式求出：

$$v = \frac{L}{\Delta t}$$

(2-37)

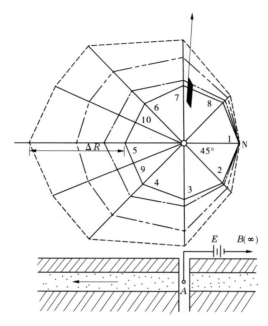

图 2-56　充电法测定地下水的流速、流向

同时,根据正常等位线中心与异常等位线中心的连线可确定地下水的流向。

当含水层埋深较小、地下水流速较大、围岩均匀且电阻率较高时,用该方法测定地下水的流速、流向能得到较好的效果。

二、追索岩溶区的地下暗河

岩溶区灰岩电阻率高达 $n×10^3 \; \Omega \cdot m$,而溶洞水的电阻率只有 $n×10 \; \Omega \cdot m$,二者电性差异明显。在地形及地质条件有利的情况下,利用充电法可以追踪地下暗河的分布及其延伸情况。

图 2-57 为应用充电法追索地下暗河的应用实例。进行充电法工作时,首先把充电点选在地下暗河的出露处,然后在垂直于地下暗河的可能走向方向上布设测线,并沿测线依次进行电位或电位梯度测量。图 2-57 中给出了横穿某地下暗河剖面的电位及电位梯度曲线。将全部测量剖面上电位曲线的极大点及电位梯度曲线的零值点连接起来,这个异常轴就是地下暗河在地表的投影。

图 2-58 为某铁路工区在进行工程地质调查时利用充电法了解岩溶区地下暗河分布的例子。电位梯度曲线异常在平

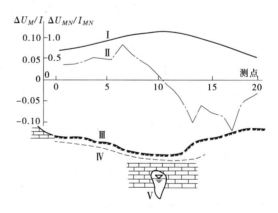

Ⅰ—电位曲线;Ⅱ—电位梯度曲线;
Ⅲ—地表;Ⅳ—潜水面;Ⅴ—暗河图。

图 2-57　充电法追索地下暗河

面上呈规律分布,零值点的连线就是地下暗河在地表的投影。根据上述推断成果,在异常带 a 处布置两个验证钻孔,均发现了地下暗河,在推断为支流或充水裂隙带的 c 处也布设了钻

孔,但只见到溶蚀现象。

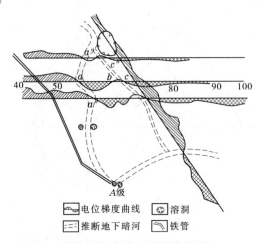

图 2-58　某铁路工区用充电法探测地下暗河

模块三　任务小结

　　充电法在工程勘测中主要应用于地下水的跟踪及地下暗河的探测,通过理解本方法的工作原理,了解野外工作方式和图件,可以在相关工程中选用本方法。

任务六　自然电场法

模块一　知识入门

码 2-6　自然电场法

　　自然电场法是指通过观测地下介质的电化学作用、地下水中微粒子的过滤作用、岩体水中盐的扩散和吸附作用等产生的自然电场规律和特点,了解水文工程地质问题的一种电法勘探方法。

　　自然电场法是电法勘探中应用最早的一种方法,由于它不需要人工施加电场,所以在仪器、设备及野外工作方法方面都较任何一种其他电法勘探方法简单。

一、岩石和矿石的自然极化特性

(一)电子导体的自然极化

　　当电子导体和溶液接触时,由于热运动,导体的金属离子或电子可能具有足够大的能量,以致克服晶格间的结合力越出金属进入溶液中,从而破坏了导体与溶液的电中性,使金属带负电,溶液带正电。金属上的负电荷吸引溶液中过剩的阳离子,使之分布于界面附近,形成双电层,产生一定的电位差。此电位差产生一反向电场,阻碍金属离子或电子继续进入溶液。当进入溶液的金属离子达到一定数量后,便达到平衡,此时,双电层的电位差为该金属在该溶液中的平衡电极电位。它与导体和溶液的性质有关。若导体和溶液都是均匀的,则界面上的双电层也是均匀的。这种均匀、封闭的双电层不产生外电场。如果导体或溶液是不均匀的,则界面上的双电层呈不均匀分布,产生极化,并在导体内、外产生电场,引起自然电流。这种极化所引起电流的趋势是减少造成极化的导体或溶液的不均匀性。所以,如果不能继续保持原有的导体或溶液的不均匀性,则因极化引起的自然电流会随时间逐渐减小,以至最终消失。因此,电子导体周围产生稳定电流场的条件必须是:导体或溶液的不均匀性,并有某种外界作用保持这种不均匀性,使之不因极化放电而减弱。

如图 2-59 所示,赋存于地下的电子导电矿体,当其被地下潜水面切过时,往往在其周围形成稳定的自然电流场。我们知道,潜水面以上为渗透带,由于靠近地表而富含氧气,使潜水面以上的溶液氧化性较强;相反,潜水面以下含氧较少,那里的水溶液相对来说是还原性的。潜水面上、下水溶液化学性质的差异通过自然界大气降水的循环总能长期保持。这样,电子导体的上、下部分总是分别处于性质不同的溶液之中的,在导体和溶液之间形成了不均匀的双电层,产生自然极化,并形成自然极化电流场,简称自然电场。

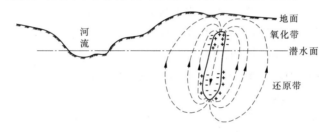

图 2-59　电子导电矿体的自然极化及自然电场

在上述特定自然条件下,导体上部处于氧化性质的溶液中,其电极电位较高,导体带正电;其周围溶液带负电,导体下部处于还原性质溶液中,电极电位较低,导体带负电,周围溶液带正电。这种因极化形成的电流,在导体内部自上而下,而在导体外部是自下而上,如图 2-59 中的电流线。从地平面看,自然电流是从四面八方流向导体,因此沿剖面观测自然电位时,离矿体愈近,电位愈低,在导体正上方电位最低,称为自然电位负心。

通常,在硫化金属矿上可观测到几十毫伏到几百毫伏的自然电位负异常。

(二)离子导体的自然极化

在离子导电的岩石上所观测到的自然电场,主要是由动电效应所产生的流动电位引起的。

1.过滤电场

当地下水流过多孔岩石时,在地表就可以观测到过滤电场。过滤电场产生的过程如图 2-60 所示。

孔壁 1(特别是由黏土组成的孔壁)吸附孔隙水中的负离子,形成负离子层。该层负离子吸附孔壁附近的正离子,形成正离子层。这样,正、负离子层共同构成厚度为 $8 \sim 10$ m 的紧密层。孔隙内部是水溶液的分散区,厚度为 $10^{-7} \sim 10^{-8}$ m,紧密层和分散区构成了岩石孔隙的双电层。位于扩散区溶液的正离子受孔隙负离子层的吸引较弱,因此溶液能平行于孔壁自由流动,而把正离子带走,于是在水流的上游负离子过多,而在水流下游正离子过多,形成了过滤电场。

地壳中自然形成的过滤电场主要包括裂隙电场、上升泉电场、山地电场和河流电场等。例如地下的喀斯特溶洞、断层、破碎带或其他岩石裂隙带,常成为地下水的通道。当地下水向下渗漏时,上部岩石吸附负离子,下部岩石出现多余的正离子,这就形成裂隙电场,如

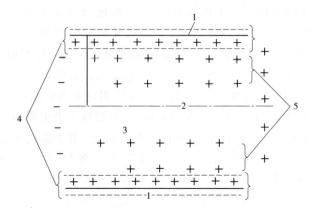

1—孔壁;2—孔隙中心线;3—孔隙水;4—紧密层;5—分散区。

图 2-60　岩石孔隙的双电层结构

图 2-61(a)所示。与以上的情况相反,当地下水通过裂隙带向上涌出形成上升泉时,由于过滤作用,在泉水出露处呈现过剩的正电荷,而在地下水深处留下过多的负电荷,于是形成上升泉电场,如图 2-61(b)所示。此外,由于河水和地下水之间的相互补给形成的地下水流产生的过滤电场为河流电场,如图 2-62 所示。

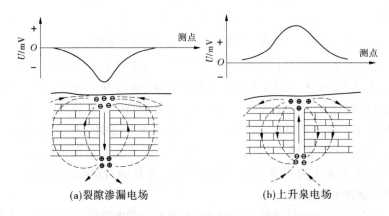

(a)裂隙渗漏电场　　　　　　　　(b)上升泉电场

图 2-61　裂隙渗漏电场及上升泉电场

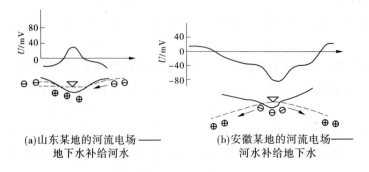

(a)山东某地的河流电场——　　　　　(b)安徽某地的河流电场——
　　地下水补给河水　　　　　　　　　　河水补给地下水

图 2-62　河流电场

2. 扩散-吸附电场

两种浓度不同的溶液相接触时,会产生扩散现象。溶质由浓度大的溶液移向浓度小的溶液里,以达到浓度平衡。正、负离子将随着溶质移动,但因岩石颗粒的吸附作用,正、负离子的扩散速度不同,使两种不同离子浓度的岩石分界面上分别含有过量的正离子或负离子,形成电位差,这种电场称为扩散-吸附电场。

扩散-吸附电场强度较小。例如,在地面观测到的河水与地下水接触处由于离子浓度差别形成的扩散-吸附电场,一般为 10~20 mV。

扩散-吸附电场更多的是应用在电测井工作中。

以上各种原因产生的自然电场不是孤立存在的。应用自然电场找矿时,主要研究电子导体周围的电化学电场,而把河流电场、裂隙电场视为找矿的干扰。应用自然电场解决水文地质问题时,将矿体周围的电场视为干扰。

二、野外工作

自然电场法观测的是天然电场,不需要电源和供电电极,因此仪器设备比较简单。自然电场法所用的仪器与电阻率法相同,但测量电极不是铜棒,而是不极化电极,其目的是减小两电极间的极差对测量结果的影响。

自然电场法的野外工作也需首先布设测线测网,测网比例尺应视勘探对象的大小及研究工作的详细程度而定,基线应平行地质对象的走向,测线应垂直地质对象的走向。野外观测方法分为电位法及电位梯度法两种:电位法是观测所有测点相对于总基点(即正常场、电位为相对零值)的电位差值,而电位梯度法则测量测线上相邻两点间的电位差。观测结果可绘成剖面平面图和等值线平面图。

模块二　自然电场法应用及案例

在水文地质调查中,利用自然电场法对离子导电岩石过滤电场的研究,可以寻找含水破碎带、上升泉,了解地下水与河水的补给关系,确定水库及河床堤坝渗漏点等。图 2-63 是利用自然电场法确定地下水和地表水的补给关系的实例,当地下水补给地表水时,在地面上能观测到自然电位的正异常,图 2-63(a)为灰岩和花岗接触带上的上升泉,有明显的自然电位正异常显示;相反,当地表水补给地下水时,则观测到自然电位负异常。图 2-63(b)为水库渗漏地点上出现的自然电位负异常。

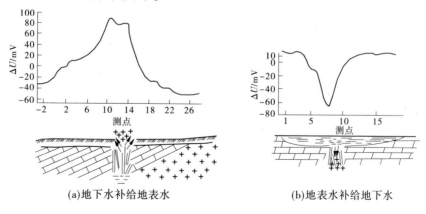

(a)地下水补给地表水　　　　　(b)地表水补给地下水

图 2-63　用自然电场法确定地下水与地表水的补给关系

自然电场法还可以用来了解区域地下水的流向,这时,观测应在事先选择好的水文观测点上进行,这些观测点应均匀分布于全区。

　　如图2-64(a)所示,以测点位为中心,布置夹角为15°~45°的等角度辐射测网,分别测量等距的 M_1N_1、M_2N_2、M_3N_3、M_4N_4 间的自然电位差 ΔU_{MN},测量极距 MN 的大小取决于地下水的深度,一般为埋深的2倍。然后按一定的比例尺将各 ΔU_{MN} 值表示在所测方位的测线上,用折线或圆滑曲线连接各方位的数据点,便可得到八字形的环形图,其长轴方向即是地下水的轴向,如图2-64(b)所示。根据该方向上所测电位差的符号,即水流方向为高电位,背水流方向为低电位,可确定地下水的流向。综合分析各点环形图的分布规律,便可了解区域地下潜水的流向。

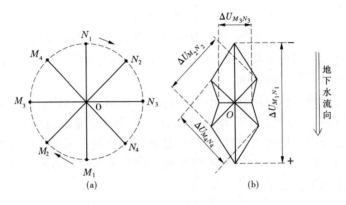

图 2-64　自然电位辐射测网及环形图

　　图2-65是我国黄河某段附近自然电场法的实测结果。自然电位环形图的长轴方向指示出该区域地下水流的总方向为北东向。在黄河附近,由于地下水补给河水,故自然电位环形图的长轴指向西北。

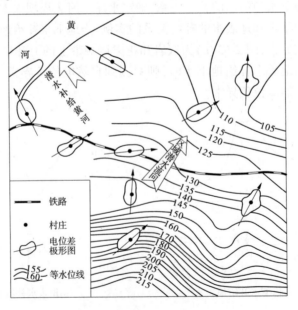

图 2-65　我国某区域潜水流向图

模块三　任务小结

自然电场法是直流电法中唯——种天然场源的方法,具有施工便捷、成本低、效率高的优势,在工程中主要应用于地下水调查方面,在本项目中作为了解内容学习。

■ 任务七　激发极化法

模块一　知识(技术)入门

码 2-7　激发极化法

一、激发极化效应及其成因

(一)电子导体激电场的成因

在电场的作用下,发生在电子导体和围岩溶液间的激发极化效应是一个复杂的电化学过程,这一过程所产生的过电位(或超电)是引起激发极化效应的基本原因。

前已述及,处于同一种电化学溶液中的电子导体,在其表面将形成双电层,双电层间形成一个稳定的电极电位,对外并不形成电场。这种在自然状态下的双电层电位差是电子导体与围岩溶液接触时的电极电位,称为平衡电极电位。

在电场作用下,当电流通过电子导体与围岩溶液的界面时,导体内部的电荷将重新分布,自由电子逆电场方向移向电流流入端,使其等效于电解电池的“阴极”;在电流流出端则呈现出相对增多的正电荷,使其等效于电解电池的“阳极”。与此同时,围岩中的带电离子也将在电场作用下产生相对运动,并分别在“阴极”及“阳极”附近形成正离子和负离子的堆积,从而使双电层发生变化,如图 2-66 所示。在电流的作用下,导体的“阴极”和“阳极”处双电层电位差相对于平衡电极电位的变化称为超电压。显然,超电压的形成过程就是电极极化过程,在供电过程中,超电压随供电时间的增加而增大,最后趋于饱和值;当切断供电电流后,堆积在界面两侧的异性电荷将通过导体和围岩放电,超电压也将随时间的增加而逐渐减小,最后完全消失。这时,导体和围岩溶液间又恢复到供电之前的均匀双电层状态。

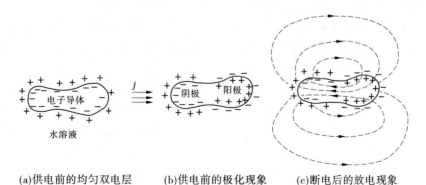

(a)供电前的均匀双电层　　(b)供电前的极化现象　　(c)断电后的放电现象

图 2-66　电子导体的激发极化反应

对于致密块状导体而言,它和围岩溶液间所产生的激发极化现象发生在固相和液相介质的界面上,我们称其为"面极化"。而对浸染状结构的矿体而言,虽然激发极化现象仍然发生在无数导电颗粒与围岩溶液的界面上,就单个导电颗粒来说,这也是一种面极化现象,但从宏观角度来看,激发极化效应分布于整个极化体中,是无数小极化单元激发极化效应的总和,我们把它称为"体极化"。

(二)离子导体激电场的成因

实践表明,一般岩石(即离子导体)也能产生比较明显的激电效应。离子导体的激发极化效应与岩石—溶液界面上的双电层结构有关。自然界中大多数造岩矿物,其表面总呈现出负的剩余电价力,因而吸附周围溶液中的正离子,并在和溶液的接触面上形成了具有分散结构的双电层,如图 2-67(a)所示。

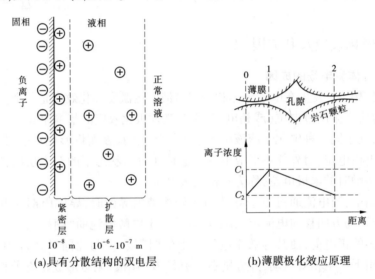

(a)具有分散结构的双电层　　　　　　(b)薄膜极化效应原理

图 2-67　离子导体激电场的成因

双电层的固相岩石表面一侧为占有固定位置的负离子,它们吸引溶液中的正离子,使液相一侧靠近界面处的正离子不能自由活动,构成了双电层的紧密区。离界面稍远处的正离子,由于受到的吸引力较弱,可以在平行界面方向自由移动,构成了双电层的扩散区。

薄膜极化效应是离子导体激发极化的主要原因。当岩石颗粒间的孔隙直径和双电层扩散区的厚度相当时,则整个孔隙皆处于双电层扩散区内,其中过剩的阳离子吸引负离子而排斥阳离子。故在外电场作用下,扩散区的阳离子移动较快,迁移率较大;阴离子移动较慢,迁移率较小。我们称这样的岩石孔隙为阳离子选择带或薄膜。

当电流通过宽窄不同而彼此相连的岩石孔隙时,由于窄孔隙(即薄膜)中阳离子的迁移率大于阴离子的迁移率;而宽孔隙中阴、阳离子的迁移率几乎相等,于是窄孔隙里的载流子大都为阳离子。电流将大量阳离子带走,结果在窄孔隙的电流流出端形成阳离子的堆积;在电流流入端形成阳离子的不足。由于窄孔隙对阴离子有一定的阻挡作用,因此在阳离子堆积和不足的两端,同样造成阴离子的堆积与不足。这样,沿孔隙方向便形成了离子浓度梯度,它将阻碍离子的运动,直至达到平衡。

当断去外电流之后,由于离子的扩散作用,离子浓度梯度将逐渐消失,并恢复到原来状态。与此同时,形成扩散电位,这便是一般岩石(或离子导体)上形成的激发极化现象。

二、激发极化特性及测量参数

(一)激发极化场的时间特性

激发极化场的时间特性与极化体及围岩溶液的性质有关。下面,我们以体极化为例来讨论岩、矿石在直流电场作用下的激发极化特性。图 2-68 表示体极化岩、矿石在充、放电过程中电位差与时间的关系曲线。在开始供电的瞬间,只观测到不随时间变化的一次场电位差 ΔU_1,随着供电时间的增长,激发极化电场(即二次场)电位差 ΔU_2 先是迅速增大,然后变慢,经过 2~3 min 后逐渐达到饱和。这是因为在充电过程中,极化体与围岩溶液间的超电压是随充电时间的增加而逐渐形成的。显然,在供电过程中,二次场叠加在一次场上,我们把它称为总场或极化场,总场电位差用 ΔU 来表示。当断去供电电流后,一次场立即消失,二次场电位差开始衰减很快,然后逐渐变慢,数分钟后衰减到零。

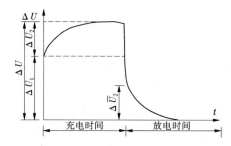

图 2-68　岩、矿石充、放电曲线

(二)激发极化法的测量参数

1. 视极化率(η_s)

视极化率是直流(时间域)激发极化法的一种基本测量参数。当地下岩、矿石的极化率分布不均匀时,用某一电极装置测量得到的视极化率,实际上就是电流作用范围内地形及各种极化体激发极化效应的综合反映。其表达式为

$$\eta_s(T,t) = \frac{\Delta U_2(t)}{\Delta U(T)} \times 100\% \tag{2-38}$$

式中　$\Delta U(T)$——供电时间 T 时测得的极化场电位差;

　　　$\Delta U_2(t)$——断电后 t 时刻测得的二次场电位差。

η_s 用百分数表示,它的大小和分布反映了地下一定深度范围内极化体的存在和赋存状况。

由式(2-38)可见,视极化率与供电时间 T 和测量延迟时间 t 有关,因此当提到极化率时,必须指出其对应的供电时间 T 和测量时间 t。为简单起见,我们将视极化率定义为长时间供电($T\to\infty$)和无延迟($t\to0$)时的测量结果,即

$$\eta_s = \frac{\Delta U_2}{\Delta U} \times 100\% \tag{2-39}$$

2. 衰减度(D)

衰减度是反映激发极化场衰减快慢的一种测量参数,用百分数来表示。二次场衰减越快,其衰减度就越小。其表达式为

$$D = \frac{\Delta \bar{U}_2}{\Delta U_2} \times 100\% \tag{2-40}$$

式中　$\Delta \bar{U}_2$——供电 30 s、断电后 0.25 s 时的二次场电位差;

ΔU_2——断电后 0.25~5.25 s 内二次电位差的平均值,即

$$\Delta \bar{U}_2 = \frac{\int_{0.25}^{5.25} \Delta U_2(t)\,dt}{5} \tag{2-41}$$

3. 激发比(J)

由视极化率与衰减度组合的一个综合参数 J 称为激发比。该参数在激电找水工作中得到广泛应用。其表达式为

$$J = \eta_s D = \eta_s \frac{\Delta \bar{U}_2}{\Delta U_2} \times 100\% \tag{2-42}$$

在含水层上,一般 η_s 和 D 均为高值反映,取二者乘积,可使异常放大,反映更为明显。

4. 偏离度(r)

偏离度是中国地质大学(李金铭,1994)通过大量样品观测总结提出的一个激电找水新参数。试验结果表明,含水岩石放电曲线的数学模型,可用对数直线方程进行描述。

所谓偏离度,是指实测结果与直线方程的偏离程度。其测算式为

$$r = \frac{1}{\bar{\eta}_i} \sqrt{\frac{\sum_{i=1}^{n}(\eta_i + k \lg t_i - B)^2}{n}} \tag{2-43}$$

式中　$\bar{\eta}_i$——第 i 取样点的极化率值,$\bar{\eta}_i = \frac{1}{n} \sum_{i=1}^{n} \eta_i$;

n——取样点数;

k——直线斜率;

B——直线在纵轴上的截距。

r 值小,说明衰减曲线的"直线性"强;r 值大,说明"直线性"差,故称 r 为偏离度。由于计算偏离度参数时利用了放电二次场曲线的全部数据,故其抗干扰能力较强。

试验证明,偏离度 r 与含水量 Q 有负相关关系,即含水量大时,偏离度小。因此,在含水层上 r 表现为低值。

模块二　激发极化法应用及案例

从前面讨论可知,不同岩、矿石的激发极化特性主要表现在二次场的大小及其随时间的变化上。在水文地质调查中,我们既使用视极化率参数,也重视表征二次场衰减特性的参数,如衰减度、激发比、衰减时、偏离度等。

一、野外工作技术

激发极化法的野外工作方法和其他物探方法类似,是在事先布置好的测网上逐点进行观测。时间域激电法所用的装置和电阻率法完全一样,有中间梯度装置、联合剖面装置、对称四极装置和测深装置。

二、应用案例

理论和实践都表明,激发极化法不受地形起伏和围岩电性不均匀的影响,因此获得了广泛的应用。在水文地质调查中,激发极化法主要应用在两个方面:一是区分含碳质的岩层与含水岩层所引起的异常;二是寻找地下水,划分出富水地段。

(一)用视极化率判别水异常

激发极化法在岩溶区找水时,由于低阻碳质夹层的存在,常会引起明显的电阻率法低阻异常,这些异常与岩溶裂隙水或基岩裂隙水引起的异常特征类似,给区分水异常带来困难。由于碳质岩层不仅能引起视电阻率的低阻异常,还能引起高视极化率异常。而水则无明显的视极化率异常。因此,借助于激发极化法可识别碳质岩层对水异常的干扰。图 2-69 为广东某地利用电阻率法和激发极化法在灰岩地区寻找地下水的工作结果。在剖面的 77 号点附近,有一个 ρ_s^A 和 ρ_s^B 同步下降的"V"字形低阻异常;测深曲线为 KH 型,曲线未产生畸变;视极化率 η_s 很小,仅为 1%。可见这是一个低阻极化率异常。推断此异常和碳质岩层无关,为岩溶裂隙所引起。后经验证,在 27~75 m 处见地下水。

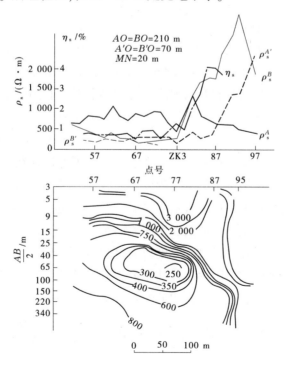

图 2-69　广东某地电法找水综合剖面图

(二)衰减时法找水

在激电法找水中,近年来还成功地应用了衰减时法。所谓衰减时,是指二次场衰减到某一百分数时所需的时间。也就是说,若将断电瞬间二次场的最大值记为100%的话,则当放电曲线衰减到某一百分数,如50%时所需的时间即为半衰时。这是一种直接寻找地下水的方法,对寻找第四系的含水层和基岩孔隙水具有较好的应用效果。

研究表明,离子导体上二次场的衰减过程是多种因素所产生的衰减特性的综合,衰减曲线中段与离子导体有密切关系。实际工作中,利用衰减时法找水一般均采用测深装置,并取每一极距所测得的半衰时绘成衰减时 $S(t)$ 曲线,如图2-70所示。在不含地下水的地段测得的衰减时曲线称为衰减时的背景值,如图2-79中 Ⅱ-17 所示。衰减时的增高则表明该极距所对应的深度可能含有地下水,如图2-79中 Ⅱ-29 所示。因此,对衰减时曲线的研究,一方面可以区分有水区和无水区,另一方面可以圈定含水区的位置。

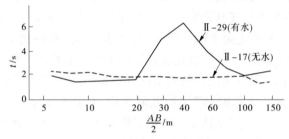

图2-70 衰减时法找水实例

(三)在黄土分布区寻找地下水

黄土多分布在干旱、半干旱地区,大气降水量较小,故地下水补给较差。另外,由于黄土本身孔隙较小,透水性和给水性能极弱,加之黄土分布区地形切割破碎,不利于地下水富集,所以黄土区多为贫水区,但在相对有利的地段仍可找到能开发利用的地下淡水。黄土区的地下水特征与地貌条件、节理发育程度及地下水埋深等因素有关。在黄土塬上往往形成中间厚、四周薄的透镜状含水层。在面积较大、切割微弱的黄土塬凹地,地下水埋藏浅,富水性较好;反之,地下水埋藏较深,水量亦较小。在某些黄土塬下部还存在第四纪早期的砂砾石承压含水层。在黄土丘陵区,地下水的富集程度与地形、地貌有关。在地表水系上游分支较多,下游宽而长且江水面积较大的川地含水层厚度较大,水量也较丰富。

在黄土地区,物探找水的主要方向是在大面积的黄土层中寻找含淡水的透镜体及砂砾石含水层。但由于黄土层的电阻率较低,厚度较大,而相对高阻的含水层规模较小,电阻率异常反映不明显,所以单纯使用电阻率法往往不能很好地反映含水层的存在。故在黄土区找水多采用激电法配合。目前,激电法常用的参数有极化率(η)、充电率(m)、衰减时(S)、激发比(J)、减度(D)等。

图2-71为灵宝市 V 号剖面电探成果图。在47~48点附近 D、J、η 的等值线均由浅至深有规律地增加,并在深部出现高值半封闭圈。47点的 ρ_s 测深曲线为 D 型,对含水层反映不明显。J、η、D 铺线在 $AB/2=150\sim200$ m 处均出现明显的上升,表明该处存在良好的砂砾石含水层;在 $AB/2=100$ m 处,三曲线略有起伏变化,反映为弱含水特征。经钻孔验证,该处含

水层顶板埋深 110 m,含水层总厚度大于 50 m,单井出水量为 60 t/h。

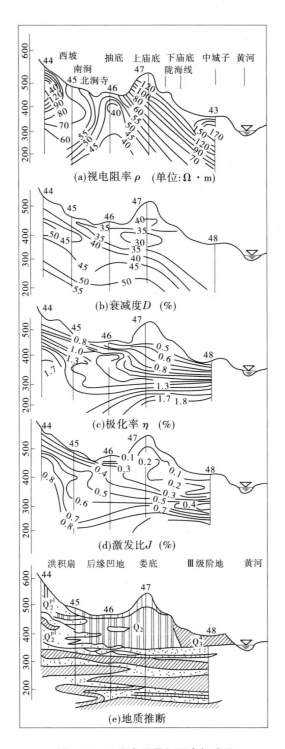

图 2-71　灵宝市 V 号剖面电探成果

模块三　技能训练

(1)图 2-72 是梅河口市某地基岩区激发极化法找水的一个实例。该区岩性以华力西期中粗粒黑云母斜长花岗岩为主上覆第四系。在河床相沉积上部以粉质为主,下部为砾石与细砂互层;在山上部为黄土状亚黏土和亚砂土,下部为砂砾石互层。由于区内沟谷纵横,地形低洼,有利于地下水汇集和赋存,可形成良好的孔隙风化裂隙含水层。为了圈定富水地段,确定井位位置,投入了激发极化法测量。图 2-72 是其中 105 线激电参数的等值线断面图。

【小提示】

由图 2-72 可见,视电阻率等值线呈两侧高、中间低的"U"字形,其值自上而下逐渐增高,异常中心位于 74 号点附近。半衰时、激发比、视极化率三个参数也均在 74 号点附近有高值异常反映。说明该处第四系砂、砂砾石层和花岗岩风化带较厚,基岩裂隙发育。经钻孔验证,该处单井涌水量为 1 000 t/d。

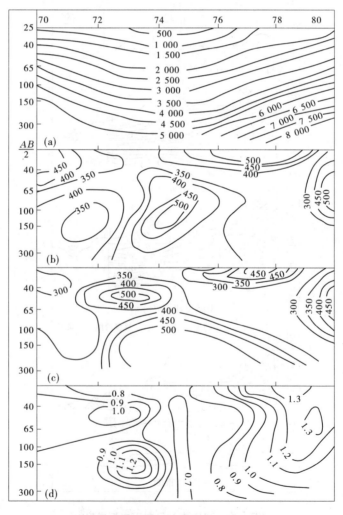

(a)视电祖率;(b)衰减时;(c)激发比;(d)视极化率

图 2-72　梅口河 105 线等值线断面图

（2）图 2-73 是在吉林省通化大泉源乡综合应用偏离度 r 与其他物探资料划分含水层的一个实例。请根据图件确定含水有利部位。

【小提示】

在该激电测深曲线上，$AB/2=25$ m 时 S_t、r_s、η_s 均有明显的单点异常，且处于视电阻率曲线的低阻段上。而对应的 r_s 曲线，在 $AB/2$ 为 5 m、32 m 时两个极距上都出现低值异常，增加了异常的可信度。

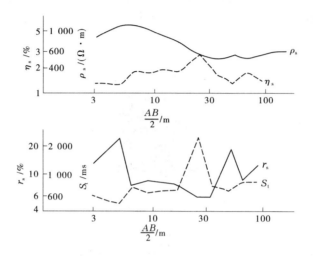

图 2-73　吉林省通化大泉源乡综合激电参数电测深曲线

（3）图 2-74 是肇庆市某单位选定生产井位的激电测深曲线，试着分析该测深曲线。

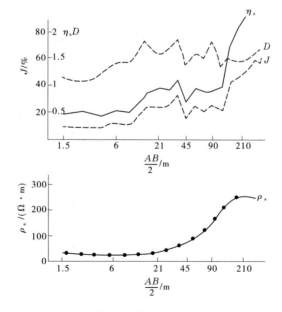

图 2-74　肇庆市某单位激电测深曲线

模块四   任务小结

　　时间域激发极化法在实践中在地下水方面应用效果突出,由于和电阻率法一样地可以使用各种剖面和测深装置进行测量,因此在实践中常常和电阻率法同时使用,多种参数结合找水效果非常理想。本任务通过介绍时间域激发极化效应的产生机制及激发极化效应的时间过程曲线,学生可以理解时间域激发极化法的工作原理;重点介绍了时间域激发极化法的几个参数和含水特征,并通过案例分析让学生熟悉本方法的使用。

■ 习题演练

单选题

项目三 电磁法勘探技术

码 3-1 知识基础

知识目标

1. 掌握电磁法的基本原理和基本知识。
2. 掌握可控源音频大地电磁法的原理、装备和技术方法。
3. 掌握瞬变电磁法的原理、装备和技术方法。
4. 掌握瞬变电磁法的原理、装备和技术方法。
5. 掌握地下管线探测的常用方法和原理技术。

能力目标

1. 能根据实际问题选用合理的电磁法。
2. 能看懂各种电磁法的图件,并能够进行初步分析解译。
3. 能根据管线探测的需要选择方法并对数据进行初步分析。

素质目标

1. 培养学生甘于寂寞、吃苦耐劳、勇于坚守的"工程人"精神。
2. 培养学生善于沟通、团队协作的职业意识。
3. 培养学生精益求精的工匠精神。

思政目标

引导同学们聚焦矿产勘查、绿色发展、科技攻关,努力为国家找大矿、找好矿,为保障国家能源资源安全尽心竭力。

【导入】

电磁法是以地壳中岩石和矿石的导电性、导磁性和介电性差异为基础,根据电磁感应原理观测和研究人工或天然交变电磁场的分布规律,从而寻找地下良岩矿体或解决水工环境及其他地质问题的一类电法勘探方法。

■ 任务一 可控源音频大地电磁法

模块一 知识入门

可控源音频大地电磁法(CSAMT)利用人工场源激发地下岩石,接收不同供电频率形成的一次场电位,由于不同频率的场在地层中的传播深度不同,所反映深度也就与频率构成一个数学关系,不同电导率的岩石在电流流过时所产生的电位和磁场是不同的。CSAMT 就是利用不同岩石的电导率差异观测一次场电位和磁场强度变化的一种电磁勘探方法。CSAMT 采用可控制人工场源。测量由电偶极源传送到地下的电磁场分量,两个电极电源的距离为 1~2 km。测量是在距离场源 5~10 km 以外的范畴进行的,此时场源可以近似为一个平面波。

码 3-2　可控源音频
大地电磁法

一、方法原理

CSAMT 属于人工源频率测深,是通过人工接地场源(电偶源)向地下发送不同频率(范围 1~20 kHz)的交变电流,在地面一定区域内测量正交的电磁场分量,计算卡尼亚电阻率及阻抗相位,达到探测不同埋深的地质目标体的一种频率域电磁测深方法。

AB 接地长导线为发射源,在 $r>3\delta$(趋肤深度)的扇形范围内布置测网,通过在接收点同时测量电场和磁场两个互相垂直的水平分量的振幅和相位,计算阻抗视电阻率和相位差。装置如图 3-1 所示。

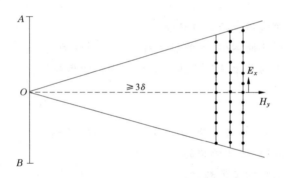

图 3-1　可控源音频大地电磁装置

通过沿一定方向布置的接地导线 AB 向地下供入某一音频的电流,在其一侧或两侧 60°张角的扇形区域内,沿 AB 方向布置测线,逐个测点观测沿测线方向相应频率的电场分量和与之正交的磁场分量,进而计算卡尼亚视电阻率和阻抗相位。在音频段内逐次改变供电和测量频率,便可测出卡尼亚视电阻率和阻抗相位随频率的变化,完成频率测深观测。

确定 r 距(发射源到测量点的距离)的原则是确保勘探深度和分辨率能力的条件下宜小不宜大。r 距大小可通过正演模拟和实地试验来选择,一般要求如下:

$$r \geqslant 3H(H \text{ 为目标物埋深}),AB \leqslant \frac{1}{2}r,MN < \frac{1}{10}r。$$

r 方向应尽量和地层、构造走向一致,在未知区进行测量时,可等构造位置大致确定后再进行二次布置。

测区基本收发距离应统一,并应有 3% 的坐标点做 r 距观测,布置在主测线、已知地段和典型的地电断面上。记录点应选在接收中心。

移动发射点位置时,至少有两个接收点衔接。若衔接差异大,则要增加衔接点。发射点相对接收点位置,全区要统一。

(1)发射极距。发射偶极距 AB 长度应保证足够的信噪比,尽量满足电偶极子的条件,通常按 $AB \approx (1/8 \sim 1/3)r$ 选择,一般为 $1 \sim 3$ km。在探测较深的地质目标体时,AB 可选择大些;在探测较浅的地质目标体时,AB 可选择小些。

(2)接收极距。接收偶极距 MN 长度根据所勘察的地质目标体的规模和电信号的强弱确定,通常为 $20 \sim 500$ m。在探测较深、较大的地质目标体时,MN 可选择大些;在探测较浅较小的地质目标体时,MN 可选择小些。MN 过大会降低分辨率,MN 过小会降低观测质量。

在 CSAMT 中,增大供电电极距 AB 和电流 I,可使待测电磁场信号足够强,达到必要的信噪比。所以,野外观测较易进行,一般完成一套频率的测量只需要 1 h 左右。

二、工作方法和技术

根据地质任务选择测区时,应组织力量进行踏勘,踏勘的目的在于了解测区的地质特点和地球物理前提,以及接地条件、干扰水平、生活驻地、交通运输等情况。

新的工作测区,在编写设计时应在典型的地质剖面上或具有代表性的地段,做一定数量的试验工作,具体试验工作量以能对测区的地球物理特征有一定的了解为宜。

大面积普查时,工作方法的选择以偶极法或近场源法(AMBN)为宜。就某一具体测区而言,应根据地质任务,通过分析所掌握的地质及以往的物化探测资料或通过试验,确定一个适当的极距进行面积性的工作,以迅速得到面积性的资料,达到发现异常的目的。

在普查所发现异常的基础上,开展 1:10 000 ~ 1:2 000 的详查工作,这时可用中间梯度装置扫面。建议采用一线供电、多线测量的工作方式,以便在短时间内圈出异常的形态、做出成果的解释推断,以及对异常进行轻型山地工程揭露。

对精测剖面,可采用偶极装置,根据不同极距(一般为 $4 \sim 6$ 个)的观测结果勾绘出断面图,以判断矿体的埋深、倾向和形态。

(一)测网布置原则

(1)测线要尽可能垂直于勘察对象的总体走向,并尽可能与已知点相接。

(2)勘探网度要与地质任务、勘探程度、最终成果平面图比例尺相适应。要求对勘探区的最小勘察对象至少有两条测线,每条测线不少于两个相邻测点予以控制。在构造复杂地区,测网可适当加密。

(3)测线及测点的编号按自西向东、自南向北的顺序编录。

(4)在完成任务的前提下,测线距离宜选择与发送接收距离 r 一致。

(二)测地工作

(1)测点的平面位置在其电位误差工作比例尺的成果图上应不大于 2 mm。高程误差应满足:当勘察对象的最小埋深超过 50 m 时,其高程误差不得超过最小埋深的 2%;当勘察对象的最小埋深不足 50 m 时,其高程误差应小于 1 m。

(2)测网基线或重要剖面端点,均应埋设固定标志并与测区附近的三角点或物探测网控制点联测。

(三)装置的敷设

(1)每个测站(发、收)在布设时都要校对测量桩号。发送接收距离误差应不超过 $\pm 0.5\%$,AB、MN 距离误差应不超过 $\pm 1\%$(仅利用比值参数 ρ^{E_x/H_y} 参数时,对 r、AB 距离误差不做要求)。

(2)接收站应避免布置在强磁场、强干扰场的地方,测量电极 M、N 及磁传感器所处的接地条件尽量一致。

（3）AB、MN 方向误差不得大于 3°,磁传感器与接收机的距离应不小于 10 m,其水平误差和方向误差不得超过 3°,风天要挖坑埋设于地下。

（4）AB、MN 应尽量垂直高压线、暗埋管道和电杆,实现最小耦合,并限制噪声。

（5）A、B 电极应埋设牢固,接触良好,接地电阻一般应为 50～200 Ω,M、N 接地电阻应不大于 10 kΩ。

（四）野外数据采集

（1）野外观测应满足信噪比大于 5 倍的要求。在 3～5 倍时可作参考,曲线用虚线连接并记录仪器底数。瞬间干扰大时,应暂停观测。

（2）曲线出现畸变点时(指超过曲线圆滑值±5%),应先查明原因,然后进行重复观测,若仍不能消除,应重测相邻频点。

（3）曲线上极值点、转折点等均应重复观测。重复观测视电阻率值的相对误差电场不应超过 5%,磁场不应超过 8%,比值不应超过 10%,相位测量不应超过±2°(35 毫弧度),否则要继续重测,直到超过半数观测值符合要求。

（4）观测曲线的近场渐近线应有三个频点控制,否则应观测到仪器的最低频点。

（5）野外草图应注明线点号、曲线首尾频点的观测值、r、AB、MN、观测日期,以及操作员、记录责任人姓名。野外记录应统一格式、数据正确、项目完整、字迹清晰,记错数据可划掉改正并注明原因,严禁擦改、撕掉、重抄。每个测点观测完毕后,操作员应对数据和曲线全面检查,合格后方可搬站。

模块二　应用及案例

随着城市化进程的推进,对地下水质的要求越来越高、量的需求越来越大,供需矛盾以及由此引发的各种生态环境问题也日趋严重,某地区为了实现现代农业建设的快速发展,促进地方经济可持续发展、水资源的可持续利用,开展了找水项目。

一、地质概况

勘察区是相对稳定的区域构造部位。区内地层走向近于南北,为一套向西微偏北缓倾的岩层;在这一层缓倾的岩层内,只发育有零星且规模很小的以压性及压扭性为主的错断,尚未发现较大的断层和褶皱。

（1）地层情况。区内第四纪以来主要做振荡性上升运动,其特点是以整体上升、下降运动为主,在上升阶段全区遭受侵蚀剥蚀,下降阶段沉积作用主要发生在前期侵蚀沟槽中,而地形较高的梁岗等部位仍然遭受剥蚀侵蚀。

（2）区内出露地层主要有白垩系及第四系。在工作区西部的低缓梁岗区,主要由白垩系环河组(K_1^h)砂泥岩组成,地表多被薄层全新统坡残积(Q_4^{2dl+el})粉土、粉砂覆盖。在工作区东部平原地区及其他剩余地区,上部为第四系全新统湖积(Q_4^{ll})粉土、粉细砂,中部为上更新统冲湖积萨拉乌苏组(Q_3^{lal+l})细砂、粉细砂,下部为白垩系环河组(K_1^h)砂泥岩。白垩系洛河组埋藏在 400 m 以下。

（3）水文地质概况。勘察区地下水主要赋存在上部第四系萨拉乌苏组砂层以及下部白垩系环河组、洛河组砂岩中,按含水介质分为第四系松散岩类孔隙潜水及中生界碎屑岩类裂隙孔隙、裂隙水与承压水。

(4)地球物理特征。测区内各岩层电参数值的确定主要根据孔旁测深曲线与钻孔剖面及普通电测深曲线求特征标志层综合得出。

(5)区内实测孔旁测深点 8 个,较准确地确定了岩层的电参数值。

(6)区内第四系基底为三叠系砂泥岩,广泛存在,具有一定规模,电性稳定。其电阻率为 40~120 Ω·m,为区内基岩电性标志层。

(7)区内第四系与白垩系之间具有明显的电性差异。通过分析研究实测曲线,结合对比已知钻孔资料,能够较准确地确定第四系地层的厚度。本区适宜运用可控源音频大地电磁测深法工作。

二、工作任务

本项目物探设计工作方法采用可控源音频大地测深法,具体任务是:

(1)基本查明测区内第四系覆盖层的岩性、结构、厚度、含水层分布特征和富水性。

(2)探索测区内含水地段矿化度的电性分布特征,分析测区内含水矿化度的分布情况。

(3)在相对富水地段,依据其矿化度分布特点,选定取水最佳供水井位。

三、工作布置

(一)测网布设

可控源音频大地测深共布置测线 14 条,点距 200 m,以已知井或拟井点为中点布设一条长 800 m 的剖面,每条剖面布设测点 5 个。

(二)电极距选择

测量电极 MN 为 200 m,收发距 r 为 3.5~5 km,场源电极距 AB 为 1.5~2 km。采用标量测量,观测电场 E_x 分量和磁场 H_y 分量,计算不同频率卡尼亚电阻率。根据试验情况,确定观测频率范围为 1~7 680 Hz,探测有效深度 6~1 000 m,观测频点 40 个,每个测点观测时间 40 min。纵向分辨率随着深度的加大而减小,浅部最大分辨率 1 m,深部最小分辨率 77 m,见表 3-1。

(三)技术措施

(1)场源电极(A、B)根据实际地形选择了合适的场地布设,AB 间距为 1.5~2 km,AB 方位误差小于 3°。

(2)供电电极采用多块铝箔,选择潮湿处挖坑埋设,并在坑内浇上盐水,保证接地良好,AB 场源接地电阻 50~80 Ω。

(3)测量电极采用不极化电极,并浇盐水压实,与土壤接触良好,接地电阻小于 1 kΩ。

(4)水平磁棒的方位(H_y)采用罗盘定位,误差小于 1°。

(5)测点观测在场源 AB 垂直平分线两侧 30°角扇形范围内进行。

(6)采用沿观测线多道同时观测(共用一个磁探头),即排列测量。

(7)在观测每个频点时,在屏幕上显示曲线,从曲线的整体形态上判断是否有频点数据畸变,并及时检查观测。

(8)在视电阻率曲线的关键部位(如极值点处)进行重复观测,确保数据精度。

表 3-1　CSAMT 频率—深度对应表

序号	频率/Hz	深度/m	序号	频率/Hz	深度/m
1	7 680.00	6.64	21	85.33	182.91
2	6 400.00	7.85	22	64.00	201.02
3	5 120.00	9.87	23	53.33	225.75
4	3 840.00	12.67	24	42.67	247.52
5	3 200.00	16.09	25	32.00	272.25
6	2 560.00	20.12	26	26.67	301.60
7	1 920.00	24.94	27	21.33	328.01
8	1 600.00	30.82	28	16.00	358.19
9	1 280.00	37.19	29	13.33	396.35
10	1 024.00	44.34	30	10.67	430.01
11	853.33	52.89	31	8.00	470.00
12	640.00	60.97	32	6.67	517.65
13	512.00	71.06	33	5.33	558.84
14	426.67	81.07	34	4.00	607.99
15	341.33	92.53	35	3.33	660.51
16	256.00	104.13	36	2.67	722.46
17	213.33	118.90	37	2.00	781.48
18	170.67	132.48	38	1.67	859.24
19	128.00	147.84	39	1.33	923.18
20	106.67	166.79	40	1.00	1 000.00

(四)使用仪器

仪器采用加拿大凤凰地球物理公司生产的 V8 网络化多功能电法仪,包括 V8 网络化多功能接收机、RXU-3ER 电道采集站及 TXU-30 大功率发射机。其最大发射功率为 30 kW。

四、资料整理

对 CSAMT 资料主要进行了以下处理:

(1)对测点中偏离大、明显畸变的数据进行平滑处理,主要采用多点圆滑滤波处理。

(2)进行了近场影响分析,对有近场附加效应的曲线进行了近场校正。

(3)静态位移校正。由于测量在非水平地层的不均匀介质地表上进行,近地表地层的电阻率较高;由于天然电磁场的作用,在近地表高阻不均匀体的分界面上产生积累电荷,这些积累电荷在高阻围岩中不能及时逃逸,将产生畸变电场,影响 CSAMT 的实测结果。因此,根据已知地质资料和视电阻率、相位断面图及地形起伏情况,进行了静态位移校正。

(4)结合地质资料对二维反演结果进行了解释推断。

可控源音频大地电磁测深数据处理及资料解释流程见图3-2。

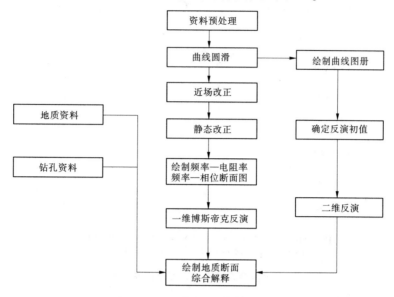

图 3-2　可控源音频大地电磁测深数据处理及资料解释流程

五、CSAMT剖面成果解释

本次完成可控源音频大地电磁测深法测线14条,剖面总长度3 340 m,测点70个,质量检查点三个。其工作量统计见表3-2,剖面布置见图3-3。

表 3-2　可控源音频大地电磁测深工作量统计

序号	剖面编号	剖面长度/km	测量点/个
1	L1	0.8	5
2	L2	0.8	5
3	L3	0.8	5
4	L4	0.8	5
5	L5	0.8	5
6	L6	0.8	5
7	L7	0.8	5
8	L8	0.8	5
9	L9	0.8	5
10	L10	0.8	5
11	L11	0.8	5
12	L12	0.8	5
13	L13	0.8	5
14	L14	0.8	5
合计	14 条	11.2	70

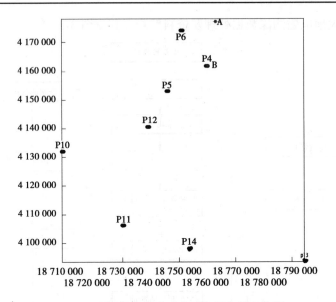

图 3-3　可控源音频大地电磁剖面布置示意图

对本区 CSAMT 剖面推断解释,以某剖面为例进行(见图 3-4)。

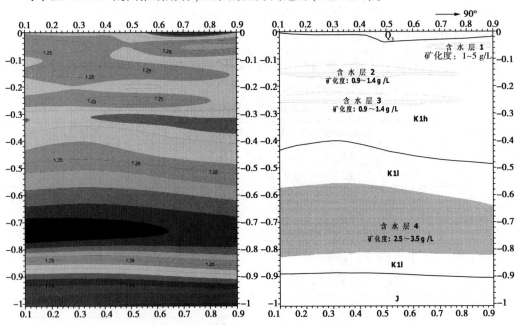

图 3-4　某剖面 CSAMT 二维反演电阻率剖面图和解释剖面图

某剖面位于拟井点附近,剖面走向 90°,拟井点位于剖面中段。图 3-4 为该剖面 CSAMT 二维反演电阻率剖面图和解释剖面图。该剖面 CSAMT 二维反演电阻率等值线显示,Q_3 为相对高阻层,电阻率为 25~50 Ω·m;白垩系高低阻相间分布,低阻层为含水层,电阻率为 11~18 Ω·m;侏罗系为相对高阻层,电阻率为 40~70 Ω·m。Q_3 厚度为 5~30 m,推断可见四个含水层。

模块三　技能训练

一、仪器设备基本要求

（1）所有仪器设备如发射机、接收机、磁传感器、发电机组、电台等都应指定专人负责，严格按说明书的规定使用、维护和管理。

（2）仪器设备必须存放在阴凉、通风、干燥、无腐蚀气味、无强磁场的地方。使用中要保持仪器清洁、干燥、防潮、防震、防尘、防暴晒。

（3）仪器设备在搬运中必须轻拿轻放，长途运输时应放入垫有海绵的包装箱内，并由专人负责运送。每年开工前和收工后，对所有仪器设备必须进行一次全面检查、维护和校准。仪器设备发生故障要及时检修。

（4）所有仪器设备在正常工作期间，除日常维护保养外，必须按期进行下列检查：

①每天施工前后，必须进行自检，并取得合格的自检打印记录。

②每天施工前必须将接收机和发射机控制器单位晶振电源预热 1 h 后，再进行同步校准。仪器各系统电源应每天充电。

③仪器每月应置于基点进行校验，其相对误差不得大于设计指导书的要求。每月检查一次接收机的测程误差，不得大于 3%。

④非生产期间，须每月进行一次通电检查，检查打印记录应存入档案。电瓶应按说明书要求定期充电。

（5）发射系统。工作前应检查发射机、电源、控制器等各部分连线是否正确，有无短路、断路现象，在确保无误的情况下，方可通电工作。发射机控制器开机前先置于低压挡（注意极性），预热 1 min 后，选择中低频点试验开机，变压开关不得连续扳动，其间隔时间至少要 3 min，关机时必须先关高压挡。发射机的最大供电电压、最大供电电流、最大输出功率及供电时间，严禁大于说明书上相应频段的额定值。发射机在使用中，要随时注意温度和润滑油的检查，严防发电机输出端、接收机输入端断路和油门失控现象。发电员不得离开岗位，遇有异常应立即停机检查，排除故障后方可使用。发电机启动后，应低速运转 5 min，同时检查各仪表的工作情况，在电压稳定后方可加载。

（6）接收系统。在接收机、磁带打印机的各自电源都接通后，才允许两机用电缆连接，观测完毕后，必须先断开连接电缆，再关电源。接收机的增益选择必须适当，其峰值电压不得超过模数转换器的动态范围。野外观测时应使用示波器监视干扰情况，当干扰大时不得强行观测。使用磁传感器工作时，务必与接收机连接正确后再打开磁传感器的电源。观测完毕后，应先关断磁传感器的电源，后断开连接接收机的电缆。

二、野外工作基本要求

CSAMT 工作基本任务是按照设计和规范要求，保证安全施工，取全准基础资料。野外使用各类仪器设备必须工作正常，性能稳定，各项指标均在限差之内。

发射线（点）要全仪器定向量距，闭合于控制点之内，其实际位置要展于工作布置图上。当用扇形装置工作时，图上还应绘出扇形接收范围。模拟仪器基点站应布设在地形平坦、干扰小、接地电阻相对稳定的位置。

（1）采用小 r（约 100 m）观测。

（2）磁传感器、各电极位置均应有固定标志，每次仪器校验时应保持装置、接地条件的同一性。

（3）建站时，应进行两天以上观测，使用对误差小于 3%各频点的平均值作为基点站的标准值。

（4）每月校验时，与标准值的平均偏差不得小于设计指导书的要求。

（5）当磁场校验值超限时可采用每匝 1 m×1 m 的正方形线框观测磁场垂直分量的方法来校验传感器常数的可靠性。

观测相位参数时，发射机的 AB 极性、接收机的 MN 极性、磁传感器的接线方向和相对发射机的放置方向在全测区应保持一致。

三、安全操作规定

野外工作人员必须具备一般安全知识，熟悉掌握本岗位的操作技术。供电接地附近要有专人看管，靠近输电线的地段应注意铺放导线的安全，严防触电和各种事故发生。野外工作中仪器、电源都应有防雨、防晒设施，严禁雷电天气作业。

任务二 瞬变电磁法

模块一 知识入门

码 3-3 瞬变电磁法

一、瞬变电磁法探测原理

瞬变电磁法又称时间域电磁法，简称 TEM 或 TDEM。它是一种无损高分辨率电磁探测技术，而且不同于探地雷达，它利用探测的电导率数据成图，可解释出地下埋藏的金属物体及相关信息。

瞬变电磁测量是利用不接地线圈（或称回线）向地下发射一次瞬变磁场，通常是在发射线圈上供一个电流方波，可在地下产生稳定的磁场分布，当电流方波关断后，地球介质将产生涡流，其大小取决于地球介质的导电程度。该涡流不能立即消失，它将有一个过渡过程，过渡过程产生的磁场向地表传播，在地表接收线圈把磁场的变化转化为感应电压的变化。

瞬变电磁法的测深原理如图 3-5 所示，地表接收的二次电磁场是地下感应涡流产生的，其涡流以等效电流环向下并向外扩散，随着时间的推移，等效电流环的传播与分布将受到地下介质的影响，从图 3-6 中可以看出早期瞬变电磁场是近地表感应电流产生的，反映浅部电性分布；晚期瞬变电磁场主要是由深部的感应电流产生的，反映深部的电性分布。因此，观测和研究大地瞬变电磁场随时间的变化规律，可以探测大地电性的垂向变化。

瞬变电磁法工作过程可以划分为发射、电磁感应和接收三部分。当发射回线中的稳定电流突然切断后，根

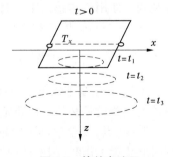
图 3-5 等效电流环

据电磁感应理论,发射回线中电流突然变化必将在其周围产生磁场,该磁场称为一次磁场。一次磁场在周围传播过程中,如遇到地下良导地质体,将在其内部激发产生感应电流,又称涡流或二次电流,如图3-6所示。由于二次电流随时间变化,因而在其周围又产生新的磁场,称为二次磁场。由于良导电矿体内感应电流的热损耗,二次磁场大致按指数规律随时间衰减。二次磁场主要来源于良导电矿体内的感应电流,因此它包含着与矿体有关的地质信息。二次磁场通过接收回线来观测,并对所观测的数据进行分析和处理,进而来解释地下矿体及相关物理参数。

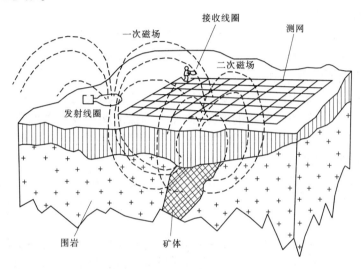

图 3-6 瞬变电磁法工作原理示意图

二、瞬变电磁法的特点及应用领域

瞬变电磁法与频率域电磁法相比具有以下特点:断电后观测二次场,可以近区观测,减少旁侧影响,增强电性分辨能力;可用加大功率的方法增强二次场信号,提高信噪比,从而加大勘探深度;在高阻围岩地区不会产生地形起伏影响的假异常;在低阻围岩区,由于是多道观测,早期道的地形影响也较易分辨;可以采用同点组合(重叠回线、中心回线)进行观测,使与探测目标的耦合最紧,取得的异常响应强,形态简单,分层能力强;线圈形状、方位或接发距要求相对不严格,测地工作简单,工效高;有穿透低阻覆盖的能力,探测深度大;由于测磁场,受静态位移影响小;通过多次脉冲激发,响应信号的重复观测叠加和空间域多次覆盖技术的应用,提高信噪比和观测精度;剖面测量与测深工作同时完成,提供了更多有用信息,减少了多解性。

由于以上这些特点,瞬变电磁法近几年在国内外得到迅速发展。随着仪器的数字化和智能化、功率的增大、数学模型计算正反演的应用、解释水平的提高,能够解决的地质问题范围变大,包括矿产资源勘探、构造探测、工程地质调查、环境调查与监测以及考古等。近年来,在找水、市政工程、土壤盐碱化和污染调查及浅层石油构造填图方面都有良好的效果。

三、地球物理前提

由于瞬变电磁法是观测断电后由一次脉冲激励出的二次涡流场随时间的变化规律,二

次涡流场随时间的衰减快慢和强弱与被探测介质(道砟、混凝土、岩石等)及介质状态(含水与干燥、完整与破裂)有关,TEM衰减曲线的变化过程反映了检测点由高频到低频、由浅层到深层的地质信息变化过程。检测的参数是各层的电阻率,对实测的衰减曲线进行反演拟合,绘制地下电性分层及分层的电阻率柱状图,进而以反演拟合曲线为基础,绘制成曲线断面图、等值线断面图及电性分级断面图。

四、瞬变电磁法的野外工作方法

(一)回线组合选择

瞬变电磁野外工作有动源回线组合(包括重叠回线、中心回线等)、定源回线组合(包括大回线等)两种方式。一般来说,在给定的条件下,选择最佳的野外工作回线受许多因素的影响,主要有目标体的特性、地质环境、电磁噪声干扰。

动源回线组合的灵敏度随位置的变动是均匀的,定源回线组合的灵敏度随离开发射线圈的距离而降低。在不知道目的物的埋深,或要求勘探深度较浅及做地质普查时采用动源回线组合,而大固定源回线组合可以提供高磁矩,为了深部找矿,应采用大固定源回线组合。

(二)发射电流的选择

激发场的磁场强度与发射电流成正比,而不是与发射功率成正比,可以通过提高发射电流形成较强的激发场。

1. 勘探深度的影响

勘探深度不仅与发射电流有着直接的关系,而且与使用的测量系统的性能、地电断面的复杂程度等都有关。在理想的地质环境下,勘探深度可以是扩散深度的几倍,而在地质环境复杂或噪声地区,可能远远小于一个扩散深度。

2. 对发射波形前沿的影响

发射机一般不采用特殊的电路来调整或控制前沿的波形,所以它仅取决于发射回线自身电路特性,呈指数规律上升。

3. 对发射波形后沿的影响

关断时间与发射回线尺寸、发射电流大小之间都是相互关联的,可以用公式计算。野外数据采集时,瞬变电磁法应多次数据叠加,取平均值。野外工作由于发射和接收线圈不接地,作业方便、工作效率高。

五、瞬变电磁探测的数据处理及应用

对于野外的数据,除了要进行必要的处理,还要对野外的噪声进行调查和分析,评定衰减曲线的可信程度和对数据的可靠性进行判别,从而确定仪器的稳定性、可靠性和整体探测能力。从衰减曲线和剖面曲线分析质量,局部导体的响应在单对数坐标上,晚延时呈直线下降,均匀大地和层状大地的晚延时响应,在双对数坐标上直线下降,这是分析基本根据。为此,供分析的曲线延时需要足够晚和需要有重复观测数据。

大规模的瞬变电磁普查测量的目的是圈定有异常的面积。在分析中,去掉假异常及干扰。在异常地带测量的衰减曲线的时间常数 τ 可当作有意义异常的指示标志,它们与有价值的矿床有关的概率最高。

普查的目的在于发现有远景的异常区,可作为详查的根据,但是普查中不可避免地会发

现很多非矿异常,而远景异常的价值也不相等,所以要绘制较多的基础图件。有选择地绘制测点衰减曲线,测线响应剖面图,选择有代表性的早、中、晚取样道的响应绘制剖面平面图、视电阻率断面图。

模块二　应用及案例

一、瞬变电磁法应用

(一)瞬变电磁法在某山坑口找矿勘察中的应用

根据已有地质资料,测区内铅锌多金属矿体赋存于石炭纪灰岩和花岗岩接触带的硅卡岩中,因而圈定灰岩和花岗岩接触带是这次工作的重点。测区花岗岩电阻率较高(600~2 000 Ω·m),灰岩电阻率较低(100~500 Ω·m),含铅锌多金属矿的硅卡岩电阻率相对花岗岩较低,因而本次勘察具有物性前提。要求勘探深度达600~700 m,一般物探方法难度很大,而瞬变电磁法在高阻地区具有勘探深度大的特点,因此本次工作选择该方法。在某山坑口外围三个区(北区、西南区、南区)进行了瞬变电磁法勘探工作。

观测装置为边长200 m的重叠回线,发送脉冲频率为25 Hz,点距100 m,异常部位加密到50 m。

从视电阻率拟断面图中发现(见图3-7),小号点视电阻率值很高,而大号点视电阻率值很低。反映出不同岩层接触带的存在。而且在标高300~400 m处视电阻率等值线发生扭曲,推断是接触带凹凸部位的含矿硅卡岩的电性显示。据2号点钻孔资料,在距地表300 m左右有近70 m厚的铅锌多金属含矿层,这一结果与物探推断相吻合。

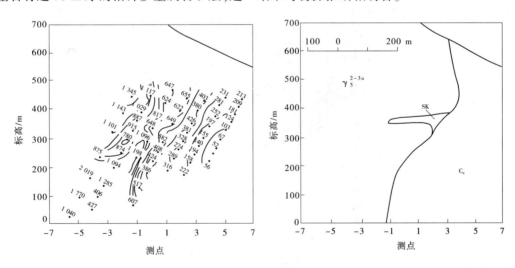

图3-7　某线瞬变电磁法视电阻率拟断面图和推断地质断面图

(二)瞬变电磁法在塌陷成因及危害性评价工程中的应用

地下洞体是比较特殊的地质现象,一般分为两种类型:一类是由人类活动造成的,如地道、隧道、老窑等;另一类是天然形成的,如岩溶、暗河、陷落柱等。地下洞体分布多呈孤立状,赋存规律性不强,体积较小,难以探测,是可能造成较大地质灾害的隐患。

地下各种洞体可近似看成是球体和圆柱体或它们的组合,因此可用球体或圆柱体作为洞体的模型。地下洞体的电性由其中的充填物而定,可分为低阻体与高阻体。当洞体充气时,电导率趋近于 0,电阻率趋近于 ∞,在实际探测中表现为有限的高阻体,故作为高阻模型分析。

塌陷发生在一个建筑工地上,塌陷基本呈圆形,直径近 5 m。通常这种孤立的、规模不大的塌陷是由地下的溶洞及溶蚀通道造成的,但是溶洞的规模、性质及溶洞间的连通性必须查清楚,才能保证建筑物的安全。该工地曾用直流电法进行勘察,没有取得理想的效果,从而使用瞬变电磁法。

探测结果证实,塌陷所处区域为强岩溶发育区,塌陷部位及其下部共探明开口溶洞或溶蚀鹰嘴等构造 7 处,深度小于 50 m、直径大于 1 m 的溶洞 19 个,并且部分通过裂隙连通。图 3-8 和图 3-9 是其中一个开口溶洞的视电阻率异常响应剖面图和与其对应的解释地质断面图,解释结果与对应测线上钻井所揭示的地层情况一致,经局部开挖证实了解释结果是正确的。这种溶洞,在裂隙通道存在的情况下,对上部的危害是相当严重的。当水文地质条件发生改变(如暴雨、洪水、人为大量抽水等)时,裂隙通道疏通,岩溶空隙(洞)中的充填物和上层部分土质被水带走,随之形成覆盖土层的地表塌陷。由此得出结论,这样的工地不能用土层作为持力层,必须采用端承桩基结构,直接用基岩作为持力层,以防新的塌陷(或沉降)造成对建筑物的危害。

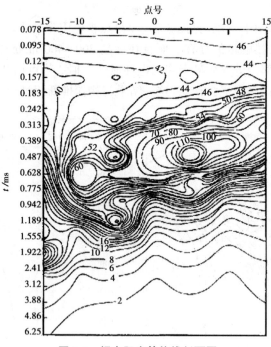

图 3-8　视电阻率等值线剖面图

从以上实例可见,瞬变电磁法的应用不只局限于深部找矿,在寻找地下水等其他领域也能有所作为。瞬变电磁法相对于常规地球物理方法具有以下特点:

(1)在高阻地区其探测深度大,因而常用于深部勘察。

(2)重叠回线装置与探测目标体耦合良好,异常幅值大,形态简单,横向分辨率较高,适合于构造填图和岩体接触带圈定。

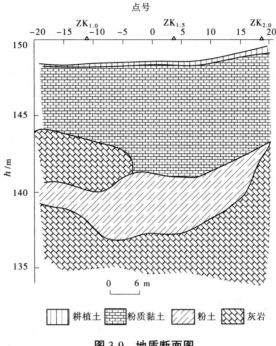

图 3-9　地质断面图

（3）施工工效高，在大范围普查扫面和水上施工时比较优越。

（4）地形影响相对其他电法要求较低。当然，要取得好的效果，必须根据实际地质条件和需要解决的地质问题，选测好观测参数，并把握施工质量，才能达到预期目的。

模块三　技能训练

一、装置类型

本次探测采用重叠回线装置（见图 3-10），即发射线框和接收线框规格相同。该装置与目的物耦合最紧，发射线圈逐测点移动，不会有激发盲区，发射磁矩和接收磁矩较大，异常形态简单，横向分辨率高，易于分析。R_x 接收回线观测参数为用发射电流归一的感应电动势。

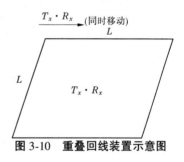

图 3-10　重叠回线装置示意图

二、瞬变电磁野外工作方法及技术要求

（一）参数设置
根据工作区实际地质情况和任务要求设置。

（二）精测剖面布设
根据地质任务、综合研究和推断解释的需要，合理布设专门剖面和精测剖面。

在所有正式面积性工作中，应布设典型剖面。剖面布置在能反映测区不同地层、岩体、构造和矿产的地方，最好与已知地质剖面重合。

对异常做定量或半定量解释时,应布设精测剖面。

(1)剖面应垂直于异常走向。

(2)通过异常中心,或尽可能与勘探线重合。

(3)剖面长度要超出所研究的异常范围。

(4)点距和观测精度要求应能够保证清晰完整地反映异常细节。

(三)野外工作方法及技术要求

(1)野外工作前对仪器进行检查和调试,仪器正常方可投入生产。仪器设备严格按照操作规程执行。

(2)接收站布置在远离强干扰源及金属干扰物的地方。

(3)不得在上万伏高压线下布设发送站及接收站,有必要时允许弃点。

(4)发送站、接收站应配备测伞。阴雨湿度很大及雷雨天气不宜开展工作。

(5)敷设线框时,剩余导线将其呈"S"形铺于地面。布线时导线在方向线上摆动幅度不得大于回线边长的 5%,并适时检查导线的绝缘性。

(6)导线连接处接触良好,不得漏电。

(7)当导线通过水田、池塘、河沟时,应予架空,防止漏电;当导线横过公路时,应架空或埋于地下以防绊断压坏。导线架空处拉紧,防止随风摆动。

(8)对瞬间干扰可暂停观测,待机再测。

(9)曲线出现畸变时,应查明原因,重复观测。

(10)遇异常点、突变点时,重复观测。

三、工作精度

应根据仪器的技术性能合理设计,其总精度不应超过现有仪器设备所能达到的精度。地面瞬变电磁法工作的总精度以均方相对误差来衡量,分级列于表 3-3 中。

表 3-3　瞬变电磁法精度级别

级别	V/I 或 B/I 总均方相对误差/%	
	有位差	无位差
A	10	5
B	15	10

工作精度可根据工作任务及工作装置的特点,以取得较好的地质效果和经济效益,可选择某一观测精度或 A、B 之间的中等精度。

四、质量评价

为了对成果的可靠性做出比较客观的评价,系统的质量检查量不应低于总工作量的 3%~5%,检查点应在全测区分布均匀,对异常地段、可疑点、突变点重点检查。

系统质量检查结果,应绘制质量检查对比曲线和误差分布曲线。系统的质量检查应在不同日期重新布线,独立观测。

五、应用条件及注意事项

确定瞬变电磁测深法的地质任务或施工项目,在考虑勘察工作需要的前提下,首先要分析是否具有一定的地电条件,勘察目标与围岩之间是否存在明显的电性差异。对于方法的有效性分析,正演模拟法是论证方法有效性和开展野外试验工作的依据,正演所选取的地电断面类型及参数要以已知地段及不同工作区的实际断面为参考,一般可由正演模拟求得最佳工作装置及其尺寸。

<h2 align="center">模块四　任务小结</h2>

瞬变电磁法(TEM)是近年来电法勘探领域发展较快的一种重要方法。利用瞬变电磁法寻找矿体始于20世纪50年代,80年代后得到迅速发展。我国20世纪70年代开始对其技术和仪器开展了研究,80年代投入生产。相对于其他地球物理方法而言,TEM具有探测深度大、分辨率高、信息丰富等优点,在找寻深部隐伏矿的应用中业已收到了较为显著的成效。瞬变电磁法的工作效率高,但也不能取代其他电法勘探手段,当遇到周边有大的金属结构时地面或空间的金属结构时,所测的数据不可使用,此时应补充直流电法或其他物探方法。同时,在地层表面遇到大量的低阻层矿化带时,瞬变电磁法也不能可靠地测量,因此在选择测量时要考虑地质结构。在测量过程中,要随时记录地表可见的岩石特征、装置的倾角及高程,以便在后续的解释中准确地划分地层构造。同时,在一个工区工作之前,要做试验,选择合理的装置及供电电流,一经确定,不能在测量中变更装置和供电电流,否则将对解释造成影响。

▌ 任务三　探地雷达法

<h2 align="center">模块一　知识入门</h2>

码3-4　探地雷达

雷达的基本原理是利用天线发射高频宽带电磁波,同时接收来自外界的反射波。通过电磁波的传播时间、路径、电磁场强度与波形等来探测目标。

雷达技术简称GPR,中文称探地雷达,也称地质雷达。探地雷达技术已经在许多领域中获得越来越多的应用,如地质构造填图、管线探测、地基和道路下空洞及裂缝调查、检测公路路面层厚度、埋设物探测、隧道、古墓遗迹探查、工程勘察、工程质量检测、地质灾害调查等。

一、基本原理

高频电磁波通过发射天线发射,经目标体反射或透射,被接收天线所接收。高频电磁波在介质中传播时,其路径、电磁场强度和波形将随介质的电性质及集合形态而变化,由此通过对时域波形的采集、处理和分析,可确定地下界面或目标体的空间位置或结构状态。探地雷达的探测原理类似于地震勘探中的反射波法,它是靠天线发射和接收高频电磁波的,其反射界面是电性分界面。反射波旅行的行程如图3-11所示,反射波的旅行时间由下式计算:

$$t = \sqrt{\frac{S^2 + 4d^2}{v}} \qquad (3-1)$$

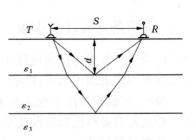

式中　t——反射波走时,ns;

　　　v——波在地层中的传播速度,m/ns;

　　　S——发射天线至接收天线的距离;

　　　d——反射界面埋深。

T—发射天线;R—接收天线。

图 3-11　雷达反射波的行程

地层波速度可由沿岩层表面的直达波走时方程式 $t=S/v$ 确定。雷达记录剖面示意图见图 3-12。

目前,常用的探地雷达采用发射天线和接收天线的分离系统,目的在于最大限度地抑制杂波和假回波的干扰。

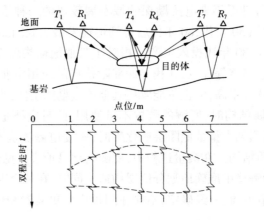

图 3-12　雷达记录剖面示意图

二、探地雷达的工作方法

探地雷达可用于地面,如进行地基调查、洞穴探测等,也可用于矿井下探测巷道底板以下的隔水层厚度、石灰岩岩溶,以及在巷道前方进行超前探测水患或小断层等地质异常。探地雷达测量方法有剖面法[见图 3-13(a)]、宽角法[见图 3-13(b)]、环形法、多天线法等。

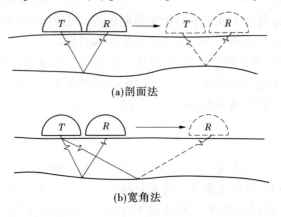

(a)剖面法

(b)宽角法

图 3-13　探地雷达测量方法

(一) 剖面法

剖面法测量方式是发射天线 T 和接收天线 R 以固定间距沿测线同步移动进行观测,其记录资料经处理后是一张时间剖面图,这种测量可反映地下介质同一深度内的反射信号。

(二) 宽角法

宽角法测量方式是发射天线固定在地表某点,接收天线沿测线逐点移动,此时记录的是电磁波通过地下不同路径的传播时间,从而反映了不同层介质的速度分布。

(三) 多次覆盖法

如图 3-14 所示,用不同天线距的发射—接收天线,在同一测线上进行重复测量,然后把所测的测量记录中测点位置相同(共深点)记录进行叠加的一种测量方法。这种方法的主要目的是增强地下界面反射信号,以便在解释时识别。

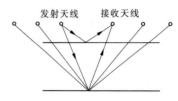

图 3-14 多次覆盖示意图

三、测网的布置

进行探测前应先建立测区坐标,以便确定测线的平面位置。探测对象分布方向已知时,测线应垂直于检测对象长轴方向。如果方向未知,则应布置成方格网;探测对象体积有限时,只用大网格小比例尺初查以确定目标体的范围,然后用小网格大比例尺测网进行详查。网格大小等于检测体尺寸;进行基岩面等二维体调查时,测区应垂直二维体的走向,线距取决于探测对象沿走向方向的变化程度。探地雷达探测的基本要求为:探测对象的深度、几何形态、电性,围岩的不均匀性态,测区工作环境。

四、数据处理和资料解释

(一) 数据处理

数据处理的目的是压制干扰,以最大可能的分辨率在图像剖面上显示反射波,提取反射波的各种有用参数,包括电磁波速度、振幅、波形、频率等,以帮助解释检测成果。通常以地震处理方法为其主要处理手段,例如数字滤波技术和偏移绕射处理等。

(二) 资料解释方法

通过对地下介质的电性分布推断出地质体分布的情况。

1. 反射层的拾取

只要地下介质中存在电性差异,就可以在雷达图像剖面中找到相应的反射波与之对应。同一地层的电性特征接近,其反射波组的波形、振幅、周期等有一定特征。确定具有一定特征的反射波组是反射层识别的基础,而反射波组的同相性与相似性为反射层的追踪提供了依据。

相关概念包括波组、同相轴、同相性、相似性。

(1)波组:比较靠近的若干个反射界面产生的反射波的组合。

(2)同相轴:不同道上同一反射波相同相位的连接线。

(3)同相性:同一波组有一组光滑平行的同相轴与之对应。

(4)相似性:相邻记录道上同一反射波组的特征相同。

2. 时间剖面的解释

在充分掌握区域地质资料、了解测区所处构造背景的基础上,充分利用时间剖面的直观性和覆盖范围大的特点,统观整条测线,研究重要波组的特征及其相互关系,掌握重要波组的地质构造特征,特别重视特征波的同相轴变化。通过特征波分析,可以研究获得剖面的主要地质构造特点。

特征波指强振幅、能长距离连续追踪、波形稳定的反射波。一般均为重要岩性分界面的有效波,特征明显,易于识别。

模块二　应用及案例

探地雷达是一种高分辨率探测技术,可以对浅层地质剖面进行较详细的勘察,还可对地下的埋藏物进行无损探测。近年来,探地雷达在水文地质、工程地质调查中,如地基调查、岩溶裂隙溶洞、地下空洞探测,以及考古研究、地下管线探测或土木建筑维护的有关调查等方面均取得了较广泛的应用。

一、大坝防渗墙施工质量检测

防渗墙的施工质量检测主要包括空洞、不密实、渗水等缺陷。工程技术人员使用俄罗斯OKO-2型探地雷达对某地的防渗墙进行了完工前的检测。该工程主要包括防洪工程、生态修复工程、滨河景观工程三部分。其中,防洪工程包括堤防整治 6.015 km、河道疏浚 1.5 km;生态修复工程分为河道岸缘和堤防边坡生态修复;滨河景观工程包括滨江湿地园、防洪堤顶外侧景观绿地工程等。

通过对雷达图像(见图 3-15~图 3-17)进行数据处理,并结合现场情况进行分析得出结论:混凝土与基岩结合良好,满足设计要求;混凝土均匀性良好,但局部有微小空洞和渗水。

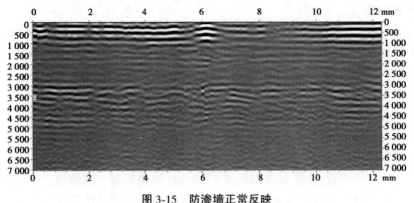

图 3-15　防渗墙正常反映

二、检测公路面层厚度

目前,公路部门检测面层厚度的标准方法是按一定频度随机取芯,一般为每千米每车道5个,这样的取芯频度将严重破坏路面,探地雷达的连续无损检测能很好地解决这个问题。

探地雷达检测面层厚度的关键在于精度。而提高精度的关键在于高精度的自动层位拾取和准确的波速提取。检测结果以直观的图形方式显示。在公路建设中,高精度、高密度的厚度数据不但能准确计算工程用料,杜绝偷工减料行为,而且能为技术人员适时调整上覆层

的设计厚度提供可靠依据,以保证总厚度达到设计要求。

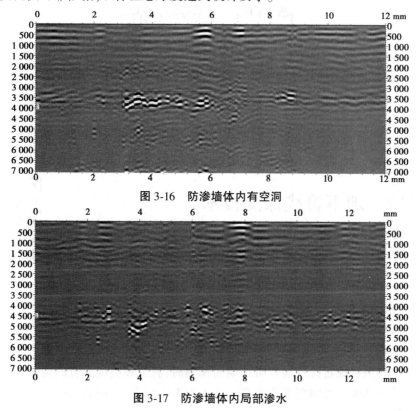

图 3-16　防渗墙体内有空洞

图 3-17　防渗墙体内局部渗水

模块三　技能训练

雷达的使用特性包括以下几项:

(1)无损、连续探测,不破坏原有母体,避免了后期修补工作,可节约大量的时间和费用。

(2)操作简便,使用者经过 2~3 天培训就能掌握。探测时,主机显示器实时成像,操作人员可直接从屏幕上判读探测结果,现场打印成图,为及时掌握施工质量提供资料,提高了检测速度和科学水平,并且通过数据分析,还可以了解道路的结构情况,发现道路路基的变化和隐性灾害,使日常管理和维护更加简单。

(3)测量精度高,测试速度快。在车载工作方式下,测试速度大大提高,当车速达 80 km/h 时,系统仍能正常工作。

(4)收发天线离地面的探测高度可以针对不同的埋地目标进行调整,以达到最佳的探测能力和探测分辨率。同时,还可以调节收发天线之间的距离,寻找系统工作的最好效果。

(5)测点密度不受限制,便于点测和普查。工作方式的灵活使得用户可以连续普查某一段工程的质量,也可随时对异常区域进行重点探测和分析。

(6)便于维护与保养。本系统采用了结构化设计,对于使用不当或其他原因造成的质量问题,简单地更换接插件即可保证雷达的正常工作。

(7)可扩充配置。通过选择相应的发射源和收发天线,再配上相应的处理软件,就可以在中、深层探测范围,如地下管线、地基空洞、钢筋分布、堤坝密实程度等方面扩大应用。

模块四　任务小结

随着仪器信噪比的大大提高和数据处理技术的应用,探地雷达的技术已具备许多优点:探地雷达是一种非破坏性的地球物理探测技术,可以安全地用于城市和正在建设中的工程现场。对于轻便类的探地雷达,工作场地条件任意,适应性和抗电磁干扰强,可在城市中各种噪声环境下工作;具有工程地质勘测方面较满意的探测深度和分辨率,一些设备还为现场提供带有二维坐标的实时剖面记录显示和图件,图像清晰直观;轻便类仪器系全数字化现场原始数据采集记录,以通用便携微机全部控制数字采集、记录、存储、处理、显示和成图。

任务四　地下管线探测技术

模块一　知识入门

码 3-5　地下管线
探测技术

地下管线探测基本工作原理是:由发射机产生电磁信号,通过不同的发射连接方式将信号传送到地下被测电缆上,地下电缆感应到电磁信号后,在电缆上产生感应电流,感应电流沿着电缆向远处传播,在电流的传播过程中,通过该地下电缆向地面辐射出电磁波,这样当管线定位仪接收机在地面探测时,就会在电缆上方的地面上接收到电磁波信号,通过接收到的信号强弱变化来判别地下电缆的位置、走向和故障。

一、地下管线的种类及探测方法

(一)地下管线的种类

1. 给水管线

给水管线分为源水管、输水管和配电管,其管材以铸铁为主,也有铜管和混凝土预应力管。各种闸井、泄水井、排气井、测流井、水表井等是给水管线分布的明显标志。但应注意,这些井并不都与管线的中心位置相一致。此类管线可通过打开井盖直接量取其埋深,实际工作中往往须探明隐蔽特征点,如转折点、分支点等。

2. 排水管

排水管包括雨水、污水的排放管,其管材以混凝土或钢筋混凝土为主,也有用陶瓷管的。排水管的检查井较密,且检查井中心位置一般与管线中心位置一致。因此,通常情况下管线平面位置可以通过检查井的中心位置加以确定。

3. 燃气管线

燃气管线分为天然气、煤气和石油液化气管道,按压力分为高压、中压和低压等。管材以钢管为主,也有用铸铁管的,小管径的燃气管也有用塑料管的。

4. 电力电缆和路灯电缆

电力电缆以直埋为主,一般在人行道下面埋设,当横穿道路时一般都有保护套管,埋设电缆的地面有的埋设了标志。路灯的地下电缆一般沿隔离带或人行道边平行埋设,通常可根据电杆处电缆出口方向确定电缆在电杆连线的哪一侧。

5.通信电缆

通信电缆以管道埋设为主,有少量采用直埋。根据管道的管材分为混凝土预制管、陶瓷管、塑料管等。转弯和分支处通常有检修井,但是管线中心位置并不一定与井的中心位置一致,在实地探测时应予注意。

6.供热管线

供热管线通常均为直埋,其管材为钢管,外加聚氯酯保温层和高密度聚乙烯外套。

(二)探测方法

1.地下管线探测特点

(1)地下管线埋设的环境复杂。地下管线属隐蔽工程,管线探测区域多数在城区的繁华街道或厂矿的复杂地段,地面、地下以及空中干扰较大,不利于常规物探方法的开展。

(2)地下管线种类繁多,铺设方式(管线间的连接形式)、管材和型号各异,由管线所形成的物理场的种类和变化较大,增加了管线探测的难度。

(3)地下管线探测要求仪器具有连续追踪、快速定向、定点和定深的功能,同时要求能在工作现场做出准确的解释。

(4)仪器应具有足够的探测深度(3~5 m),有较高的分辨率和较强的抗干扰性能。

针对地下管线探测的上述特点,目前国内外的有关仪器大多数具有梯度测量的功能,并且一般可测量电磁场总场的水平分量和垂直分量,这在很大程度上满足了管线探测对仪器的要求。

2.地下管线探测方法

地下管线按其物理性质可大致分为三类:

(1)由铸铁、钢材构成的金属管线,如给水、燃气、供热等工业管道。

(2)由铜、铝材料构成的电缆(其外用钢铠、铝或塑料包装),如动力电缆、通信电缆和有线电视电缆等。

(3)由水泥、陶瓷和塑料材料构成的非金属管道,如排水、工业管道或某些给水管等。

上述管线与周围介质在电性、磁性、密度、波阻抗和导热性等方面均存在物性差异,因此人们可以利用电导率、磁导率、介电常数和密度等物理参数,选择不同的地球物理方法进行地下管线探测。

地下管线探测方法一般分为两种:一种是井中调查与开挖样洞或简易触探相结合的方法,目前在某些管线复杂地段和检查验收中仍需采用;另一种是仪器探测与井中调查相结合的方法,这是目前应用最为广泛的方法。在各种物探方法中,就其应用效果和适用范围来看,依次为频率域电磁法、磁测、地震、探地雷达、直流电法和红外辐射法等。其中,电磁法具有探测精度高、抗干扰能力强、应用范围广、工作方式灵活、成本低、效率高等优点,是目前最常用的方法。

二、用频率域电磁法探测地下管线

(一)基本原理

应用电磁法探测地下管线,通常是先使导电性好的地下管线带电,然后在地面上测量由此电流产生的电磁异常,从而达到探测地下管线的目的。其前提是必须满足以下地电条件:①地下管线与周围介质之间有明显的电性差异;②管线长度远大于管线埋深。

在此前提下,无论是采用充电法还是感应法,都会探测到地下管线所引起的异常。从原理上讲,在感应激发条件下,管线本身及导电介质均会产生涡流。对于那些直径与埋深可比拟的管道而言,在地表所引起的异常既取决于管线本身所产生的涡流,也取决于大地—管线—大地这个回路中的电流以及管线所聚集的、存在于导电介质中的感应电流。由于金属管线的导电性远大于周围介质的导电性,所以管线内及其附近的电流密度就比周围介质的电流密度大。这就好像在管线处存在一条单独的线电流。对一般平直的长管线,可近似将其看成由无限长直导线产生的磁异常,所以无限长直线电流在 P 点产生的磁场强度为

$$H = \frac{I}{2\pi r_0}\qquad\qquad(3-2)$$

式中　I——电流强度;

　　　r_0——管线至 P 点的垂直距离。

电流在自由空间产生的磁力线,在垂直于导线走向的断面上是一组以导线为圆心的同心圆。由于地下管线大多数为直线,通过某种方式使其带电,便可根据直线电流磁场的空间分布规律,确定地下管线的位置和埋深。

(二)建立电磁场的方法

1. 直接充电法

地下金属管线一般都有出露在地表的部分,如消防栓、自来水表井、管道节门、水龙头等,以及由于施工开挖而暴露出的管线。直接充电法是将低频交流电源的一端接到这些出露点上,另一端接在离开管线较远的地面上,或接在同一管线的另一个出露点上。此时被充电的地下管线相当于一个大电极,沿金属管线便有传导电流通过,在其周围将产生交变电磁场(见图 3-18)。直接充电法就是通过观测磁场来达到探测地下管线的目的。对地下金属管线充电时,其空间磁场可以近似看成是由走向很长的水平线状载流导体而引起的。若设充电谐变电流 $I = I_0 e^{-\omega t}$, I_0 为电流幅值,ω 为角频率,则空间磁场可表示为

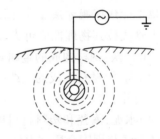

图 3-18　直接充电法示意图

$$H = \frac{I}{2\pi r}\qquad\qquad(3-3)$$

式中　r——充电管线至观测点 P 的距离。

2. 感应法

用磁偶极源在地面上建立一个交变电磁场,如图 3-19 所示。地下金属管线在一次场的作用下,便会产生感应电流,电流在管线中流动,产生二次磁场。在地面上探测二次电磁异常,便可确定地下管线的空间分布。

设发射线圈中的谐变电流为 $I_1 = I_{10} e^{-\omega t}$,其中 I_{10} 为电流的幅值,其大小取决于仪器的发射功率。通常管线仪的发射频率为几千赫兹至几十千赫兹,

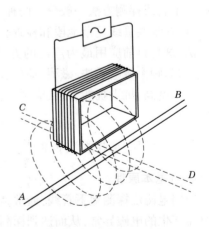

图 3-19　感应法示意图

一次场对地下管线作用的结果所引起的传导电流远大于位移电流。假定发射线圈中某一线元 dl 中载有发射电流为 I_1（单位为 A），那么，它在线元外任一点 P 处所产生的磁感应强度可由毕奥·沙伐尔定理给出：

$$dB_1 = \frac{\mu}{4\pi} \frac{I_1 dlr}{r^3} \tag{3-4}$$

式中　r——电流元至 P 点的距离，m；

　　　μ——磁导率，H/m，对于非磁性介质，μ 近似等于真空中的磁导率 μ_0（$\mu_0 = 4\pi \times 10^{-7}$ H/m）。

将式（3-4）沿发射线圈回路 L 进行积分，得

$$B_1 = \frac{\mu I_1}{4\pi} \int_L \frac{dlr}{r^3} \tag{3-5}$$

瞬变磁场必伴随着有一瞬变电场，两者存在如下关系：

$$\nabla \times E = -\frac{\partial E}{\partial t} \tag{3-6}$$

在实际应用中，最常用的发射方式有两种：一种是水平发射线圈，另一种是垂直发射线圈。对于水平发射线圈，其位于管线正上方时，管线中产生的感应电流 I_2 最大，随着其远离管线正上方，I_2 迅速减小。对于垂直发射线圈，当其位于管线正上方时，管线中无感应电流，随着线圈离开管线，I_2 增大很快。当离开的距离 x 等于管线埋深 h 时，I_2 达到最大值；随着 x 的继续增大，I_2 又逐渐降低。利用这个特点，我们可以有选择地压制干扰管线的信号，突出要探测管线的信号，可用于分辨靠得很近的平行管线。

3. 示踪法

对于非金属管道，由于导电性极差，不能用通常的直接充电法或感应法来探测。这时，可在其中放入一个微型信号发生器（放射头），其实质相当于一个水平磁偶极子。不断改变信号源在管中的位置，在地面上追踪其发出的电磁信号，便可探测到非金属管道的位置和深度，如图 3-20 所示。

4. 夹钳法

夹钳法是利用夹钳内的环形磁芯，把管线夹在中间，信号发生器输出的交流信号流过磁芯的初级绕组，使磁环形成磁场，这个磁场就能有效地耦合到管线上，从而在管线上产生感应电流。这种方法通常用于不允许中断运行的电力电缆或通信电缆，对多条电缆进行逐条分辨时，该方法有明显的优点。

（三）最佳工作频率的选择

应用电磁法进行管线探测时，其应用效果取决于管线的具体情况及环境条件。为取得最好的探测效果，对每个工区都应通过试验选取最佳工作频率。目前，常用的管线探测仪的频率范围一般从数百赫兹至 80 kHz 以上。其频率的选择原则如下：

（1）1 kHz 以下：有利于长距离追踪，以及对大直径与深埋管道的探测。由于频率低，故不可采用感应法工作，并有时较易受到工频干扰。

（2）10 kHz：是目前国内外各类仪器采用较多的频率。可以用于感应法，对 50 Hz 有一定抗干扰能力。应用感应法时，在小直径管线上较难产生较大的信号电流。

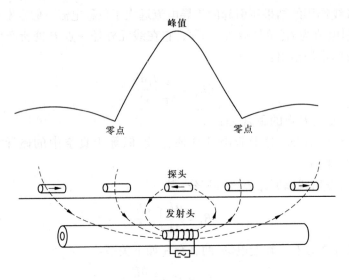

图 3-20　示踪法

（3）30 kHz：此频率比较容易将信号感应到大部分管线上，是一种较常用的频率。但追踪距离较采用低频时小，对地下水位较高的地区，其探测深度也较小。

（4）80 kHz 以上：该频率较容易感应耦合到邻近平行管线，探测距离小，因此在管线复杂地区的应用受到限制。在干燥地区，可应用感应法探测小直径电缆及短距高电笼，同样在地下水位较高的低阻地区，其应用效果较差。

（四）管线位置及埋深的确定

1. 平面位置的确定

管线探测的最终目标是确定管线的平面分布及埋深，对各类金属管线而言，当采用频率域电磁法时，其平面位置可根据磁场的水平分量与垂直分量的空间分布来确定。

如前所述，由于地下管线所产生的磁场的水平分量在其正上方为最大。所以，我们可以通过测量其水平分量，并根据其极大值来确定管线的位置，如图 3-21（a）所示。同样，由于地下管线所产生的磁场的垂直分量在其正上方为最小，所以我们可以通过测量其垂直分量并根据其极小值来确定管线的位置，如图 3-21（b）所示。

2. 埋深的确定

1）水平分量垂向差分法

这种方法又称为梯度测量，其原理是用一对性能一致的接收线圈 t、b 以一定间隔 D 水平放置在同一垂线上，以测量管线正上方水平分量场强。设管线埋深为 h，管线中的交变电路或感应电流为 I，则在管线正上方（$x=0$）地面上，t 线圈取得磁场水平分量的极大值。

只要在 H_x 取得最大值的点上，用两个传感器分别测得地面和地面以上某一高度的 H_x 极大值，由于两个传感器间距 D 已知，就可计算管线埋深 h。

2）45°测量法

先用所测磁场垂直分量最小值法定位（$H_z=0$，这时 $x=0$）后，将接收线圈（轴线）设置为与地面呈 45°状态（见图 3-22），再沿垂直管线方向移动，这时当 $H^{45°}=0$ 时，$x=h$，即管线埋深等于磁场最小值点与定位点间的距离 x。

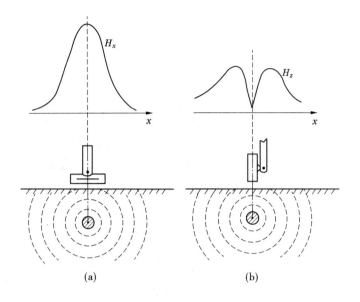

图 3-21 管线定位

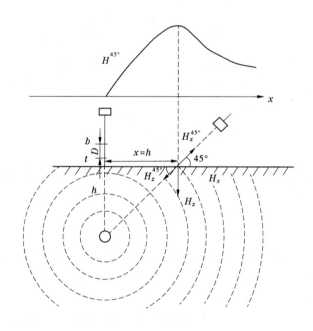

图 3-22 45°测量法

3) 极值法

先用磁场最小值定位后,仍保持垂直线圈接收状态。沿垂直管线方向移动,寻找最大值的点,由前述可知,该点与定位点的距离 x 即为埋深 h。

4) 70%法

当在管线上方找到 H_x 极大值后,垂直于管线走向左右移动,并保持线圈面与地面垂直,仪器的读数显示较极大值减小 30% 时,其间的水平距离即为地下管线的埋深。

模块二　应用及案例

一、两平行暖气管线的探测

图 3-23 是对两根并行的、相距为 2 m，埋深为 0.95 m 的暖气管道的探测结果，分别使用了单线圈的 GXJ-2 和双线圈的 RD400 管线探测仪。利用 RD400 的双线圈进行梯度测量。

先将直立发射线圈放在 1#、2# 管线的中间位置，测线距发射线圈 20 m，垂直管道走向布线，点距为 0.25 m。图 3-23 中实线为 RD400 探测的结果，虚线为 GXJ-2 的探测结果。

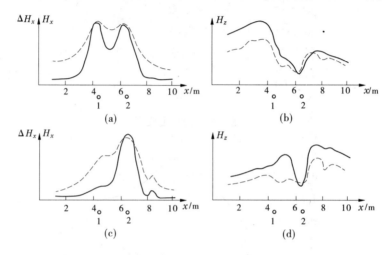

图 3-23　两根平行管道探测结果

图 3-23(a) 是用极大值法与梯度法所测得的结果。图中极大值位置分别与管线相对应，但用 RD400 测得的 ΔH_x 比用 GXJ-2 所测得的 H_x 的峰值明显。

图 3-23(b) 为采用垂直线圈接收磁场的垂直分量的实测结果。其极小值点不在管线的正上方，而是有些偏移。

图 3-23(c)、(d) 是用直立线圈放在 1# 管线的正上方，使之不感应磁场，只剩下 2# 管线的磁场，为采用极大值法、梯度法、极小值法所测得的结果。可以看出，极大值和极小值分别与 2# 管线相对应，1# 管线已经没有信号。

深度探测结果：GXJ-2 为 1.10 m，RD400 直读为 0.90 m，70% 法为 0.97 m，平均为 0.935 m。

从图 3-23 中可以看出，利用梯度法比用极大值法异常清晰得多，精度也较高。

二、探测非金属管道

图 3-24 是对某污水管(水泥)用示踪法探测的实测结果。污水管顶深为 0.74 m，充水，在其中放入频率为 8 kHz 的微型发射头，在发射头正上方平行管道走向布置测线。用 RD400 管线仪接收，结果表明，异常极大值出现在发射头正上方，两个过零点之间的距离为 1.06 m。据此求得实际深度 $h = 1.06 \times 0.7 = 0.74$(m)，与实际埋深非常吻合。

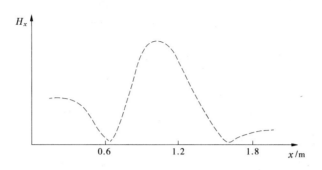

图 3-24　非金属管道探测结果

模块三　技能训练

一、常用仪器

(一)RD 系列

RD 系列管线探测仪是英国 RADIO DETECTION 公司生产的一种仪器,它由一个发射装置和一个接收装置组成,经常用来解决复杂条件下的管线定位问题。目前,主要有两种型号:RD400 与 RD600,其发射频率相应为 8 kHz、33 kHz 与 1 kHz、8 kHz、33 kHz、130 kHz。

(二)GXD-1 型地下管线定位仪

该仪器是机械电子工业部第 50 研究所研制的一种适用于地下金属管线探测的仪器。由于发射功率比较小,宜用于探测埋设较浅的地下金属管线。

(三)GK-1A 与 6405C 型地下管线探测仪

该类探测仪是北京邮电学校实验工厂生产的一种适用于探测各种有源和无源电缆的探测仪器。该仪器在发射机设计中增加了信号断续发射装置,因而能在复杂环境和强干扰背景中准确地捕捉管线感应信号。

(四)METROTECH 810/850 地下管线探测仪

该类仪器是美国 METROTECH 公司生产的一种适用于探测地下金属管道的仪器,该仪器在干扰场不大时,对单根管线的定位及定深都比较准确。

除上述仪器外,近期国外又相继推出了一些更先进的地下管线探测仪器,如美国生产的 HPL-1 型大功率地下金属管道定位仪及 SUB-SITE70 地下管线定位仪。HPL-1 型大功率地下金属管道定位仪发射功率可达 100 W,这使得某些深部的大口径管道的探测问题得以解决。SUB-SITE70 型地下管线定位仪由于增加了数字式液晶显示,使得探测工作更直观,且该机输出频率可调,适用于在各种工作条件下获得最佳接收效果。

二、常用的方法技术

常用的方法有两种:一是主动源法,即利用人工方法把电磁信号施加于地下的金属管线之上,包括直接充电法、感应法、夹钳法及示踪法;二是被动源法,即直接利用金属管线本身所带有的电磁场进行探测。城市地下管线探测与常规的物探方法一样,可将其分为踏勘、仪器及方法技术选择、管线定位、点位测量和室内资料整理及成果图件编制五个阶段,各阶段的主要工作内容如下。

(一)踏勘阶段

该阶段主要工作包括:①了解测区地电条件、场地条件;②收集测区内的地下管线分布资料;③收集测区内地下管线种类、材料、规格等资料;④收集测区地形图。

(二)方法技术的选择

一般情况下,对于直径较小、埋深在 1~2 m 的地下金属管道,探测方法可选择电磁感应法,可选的仪器有 RD 系列、GXD-1 型地下管线定位仪、"810" 地下管线探测仪等。而对于一些口径较大、埋设较深的管道,应选择大功率 RD 系列仪器等。为提高工作效率,对测区内的一些口径较小、导电性良好的金属管线,则可用充电法探测。

测区内的电缆一般分为有源和无源两种。对于有源电缆(见图 3-25),可选用 RD400 管线探测仪搜寻它的某个露头,再在这个露头上应用夹钳直接送入发射机信号。也可用 GK-1A 型地下管线探测仪采用被动源法进行探测(见图 3-26)。对于无源电缆,一般用充电法探测(见图 3-27)。

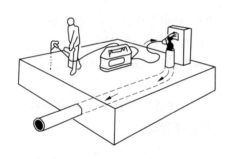 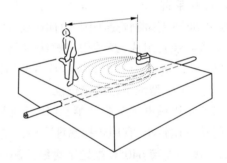

图 3-25　探测有源电缆　　　　　　　图 3-26　被动源法探测

对于非金属管道如下水管道等,可采用示踪法进行探测,但该方法有较大的局限性,如管道淤塞、转弯等限制了它的探测效果,此时只能采用一些其他的探测方法。

三、野外定位技术

根据电磁感应原理设计制造的各种地下管线探测仪器,在不同的现场条件下有不同的应用方法,在野外探测时必须选择最佳方案,使目标管线外的其他管线的感应耦合最小。

(1)单一的地下金属管道。单一的地下金属管道探测较为容易,现场探测时,只需根据目标管线在地面上的某些露头,给目标管线施加发射信号,然后由接收机探测定位,并测定埋深值。现场探测时,只需将夹子直接和目标管线连接,在适当的位置打入接地电极即可进行探测。出露部分较多的管线则可使用夹钳(见图 3-28)。如现场无明显出露点,则可使用感应法探测,根据地下管线的大致走向,使发射机和接收机相距一定距离,沿管线走向的垂线做同步移动,直至发现目标管线。

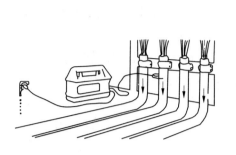

图 3-27　充电法探测示意图

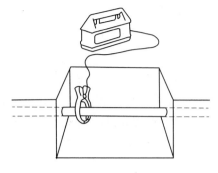

图 3-28　夹钳法探测示意图

（2）并排管道的区分。在管线密集地区，使用感应法探测时，若发射机位置放置不当，则很容易影响探测精度。这时，首先应找出这些管线中的某个露头，对其施加发射机信号，以确定其中某一目标管线。当现场无直接接触点时，则采用感应扫描的办法来确定其中某些目标管线（见图 3-29）。有了上述结果后，再采用感应法探测，并利用零点精确定位（见图 3-30）。其具体方法是：将垂直发射线圈放在目标管线上，在离开发射机 6 m 远的地方手持接收机，在垂直管线走向方向进行连续搜索，此时发射机正下方的管线使接收机响应值最小，而邻近的管线使接收机的响应值较大，依此确定和发射机下方的目标管线并排的其他管线。

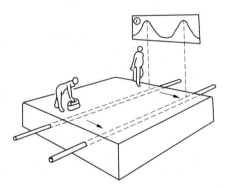

图 3-29　感应扫描示意图

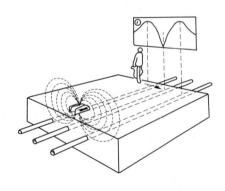

图 3-30　感应零点定位示意图

（3）管道与电缆的区分。区分管道与电缆一般采用如下方法：在同一剖面上做两次观测，即采用主动源和被动源法各观测一次。若被动源探测时有特征值响应，则说明有动力电缆或其他有源电缆存在。在做主动源观测时，通常由电缆引起的信号强度与有一定口径的管道引起的信号强度有一些差别。

（4）钢筋网下的管线探测方法。城市地下管线有些敷设在钢筋网下，这时探测信号通常失去清晰度，这是由于钢筋网受激发而产生感应电磁场的结果。此时，可将接收机提高一个高度，将灵敏度调到最小，便可接收到微弱的管道响应信号。

（5）金属护栏旁管线的探测方法。道路两旁的管线有的处于金属护栏旁，由于受金属护栏的影响，探测工作变得困难，此时可改变接收机的空间位置，使金属护栏的感应信号在接收机上的响应值最小，这样就压制了金属护栏的干扰。

（6）管线拐点及终点的确定（见图3-31）。拐点即为地下管线的转弯点，当手持接收机沿管线走向追踪探测时，在拐点处接收机的探测信号会急剧下降。此时，应重新回到表头信号下降前的位置，将接收机的灵敏度适当提高，并以该点为原点，以2~3 m为半径做环形搜索，这样便可发现管线新的走向。若在其他各方向均无响应信号，则可断定该点为管线终点。

（7）分支点的确定（见图3-32）。对分支管线进行追踪时，分支点附近也会出现信号值急剧下降的情况，也可采用上述方法，以分支点为圆心做环形搜索，从而可确定分支点的位置。

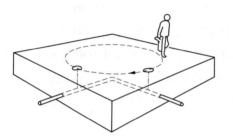

图3-31　确定拐点和终点的方法　　　　　图3-32　确定分支点的方法

（8）上下重叠管线的探测。两根上下重叠的管线，它们投影到地表的平面位置是重合的，用电磁法只能将其确定为一条管线。但一般情况下重叠管线总有一个分叉处，在分叉后继而探测两根管线的埋深，根据不同的埋深情况便可区分两根上下重叠的管线。

（9）变坡点的确定。若无特殊情况，一般管线埋深变化并不大，接收到的信号也相对比较平稳，当发现接收信号明显增大或减小时，则应适当加密测点，并逐一测定其埋深值，以便确定管线坡度的变化。

四、野外点位测量

野外点位测量是指用经纬仪对所确定的管道与电缆的平面位置进行测绘，计算每一个测点的平面坐标及其高程。

五、资料整理及编制成果图件

室内资料整理主要是计算各物理点的坐标值，其中x、y坐标可直接由测量所得，而z坐标则需根据各点地面高程与管线埋深值换算得出。成果图件是根据野外实测草图及各坐标值而编制的，将各测点按其坐标值展绘在地形图上，便形成了测量区域地下管线分布图。

模块四　任务小结

　　地下管线是城市的重要基础设施,它担负着传输信息、输送能量及排放废液的责任。由于历史原因,我国许多城市地下管网分布不清,在施工中打断、挖断地下管线,停水、断电、中断通信等事故时有发生。由于地下管网种类繁多,给地下管网的勘察和测绘带来很大困难。在现今城市改造中,有时也需要了解地下管网,如电力管线、热力管线、上下水管线、输气管线、通信电缆等。因此,地下管网调查不仅需要研制系列化的能够对管线进行快速和有效跟踪的仪器设备,而且需要不断研究和总结管网探测中的一些方法和技术。因此,全面系统地勘察和测绘地下管网的分布,建立城市和企业地下管网数据库,对城市具有十分重要的意义。

■ 习题演练

单选题

项目四　地球物理测井技术

知识目标

1. 掌握地球物理测井的基本知识。
2. 理解地球物理测井的主要类型及基本原理。
3. 掌握地球物理测井的工作曲线特征。
4. 掌握测井曲线对地层信息的判断方法。

能力目标

1. 能够根据测井理论知识,看懂各类测井曲线,并能够进行初步分析。
2. 能够利用测井曲线分析油气水层,并计算地层孔隙度等参数。
3. 能够根据测井曲线分析地层信息,并能应用到实际项目中。

素质目标

1. 培养学生对地球物理测井工作的认知度。
2. 树立学生正确的世界观、人生观和价值观。
3. 构建地质人"三光荣、四特别"的品质。

思政目标

坚定理想信念,勇于创新开拓,传承中华优秀传统文化精华,树立社会主义主流意识形态。以培养"三有"青年为任务,提高青年使命感与责任感,强化青年自身教育能力和社会实践能力。

任务一　知识准备

一、地球物理测井概况

地球物理测井是在钻孔中进行的各种地球物理探测方法的总称。其特点是工作时将激发源与探测器放入井中,或同时将二者放入井中,以缩短它们与探测对象的距离,增大探测异常。

(一) 测井仪器

测井仪器包括井上与井下两大部分(见图 4-1),其中井上部分包括测井仪器车内的测井仪器板,测井绞车内的滚筒、集流环、电缆和地面电极,井下仪器包括测井电极系和重锤,中间用井口滑轮连接。

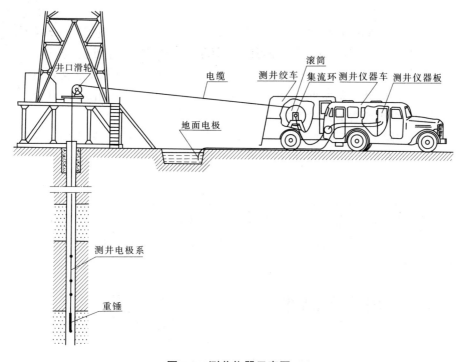

图 4-1　测井仪器示意图

(二)地球物理测井的研究内容及目的

地球物理测井主要用来研究岩层的物理特性,包括电性(电阻率、电导率、介电常数、自然电位、激发极化电位等)、声学特性(声波传播时间、幅度衰减)、核特性(伽马射线强度及能谱分析、电子密度、体积密度、含氢指数等)、热特性和磁特性,而这些物理特性都会随着岩层岩性、物性及所含流体性质不同而变化,因此测井的目的是了解岩层的岩性、物性及所含流体的性质,从而进行基础地质研究和金属及有机矿藏的勘探开发,更深一步进行水文、工程、环境和考古领域的研究。

地球物理测井种类很多,有电法测井、声波测井、核测井、热力学测井等,本项目主要介绍三种常见测井,即电阻率测井、自然电位测井及无线电波透视测井。

二、测井原理

本项目所要介绍的三种测井,即电阻率测井、自然电位测井及无线电波透视测井都是基于岩石导电性的应用测井方法,因此对以上三种测井方法的学习需要掌握岩石的电学性质。

岩石是一种多孔混合介质,其本身是由多种矿物所组成的,而每种矿物都具有不同的导电特性,且岩石孔隙内所含的流体也具有一定的导电特性。测井工作中所涉及的电学性质的参数包括电阻率 R 和电导率 σ。

任何物质导电能力的基本特点是导电能力差的,电导率低,电阻率高;导电能力好的,电导率高,电阻率低。不同岩性的电阻率不同且具有以下特点:

(1)$R_{火成岩} > R_{沉积岩}$。

（2）沉积岩中 $R_{灰岩}>R_{砂岩}>R_{泥岩}$。

（3）矿物类：除金属和石墨外，其他矿物类电阻率都比较高，石油几乎不导电。

（4）岩性不同、含流体不同的岩石，其电阻率也不同。

产生以上特点的原因有很多，首先岩浆岩通常致密坚硬，不含地层水，依靠造岩矿物中极少量的自由电子导电，因此电阻率很高；而沉积岩由于形成机制使得岩石颗粒之间有孔隙，其中充满了地层水，水中所含盐类呈离子状态，在外加电场作用下，这类岩石主要靠离子导电，导电能力强，因此电阻率低；沉积岩电阻率的大小主要取决于组成岩石的颗粒大小、组织结构和岩石孔隙中所含流体的性质。

同时，地层中除去具有各种电性参数不同的矿物颗粒外，在沉积岩当中还存在着一定的孔隙，那么填充在孔隙中物质的导电特性也会引起岩石整体导电性质的变化。岩石电阻率主要受以下影响：

（1）岩性：所含矿物颗粒的种类及数量的不同。

（2）地层水性质：所含盐类化学成分、浓度和温度的不同。

（3）孔隙度：对于饱含水的岩石来说，岩石的孔隙度越高，所含地层水电阻率越低，岩石的电阻率也就越低。

■ 任务二　电阻率测井

模块一　知识入门

一、原理

通过供电电极 A、B 供电，在井内建立电场，然后用测量电极 M、N 进行电位差测量（见图 4-2）。

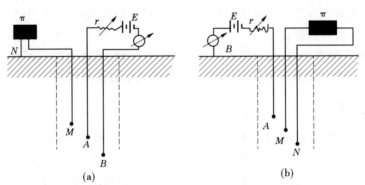

A、B—供电电极；M、N—测量电极；E—电源；r—调节电阻；π—测量仪器；mA—毫安表。

图 4-2　普通电阻率测井原理线路

$$R = K \frac{\Delta U_{MN}}{I} \tag{4-1}$$

式中　R——岩样的视电阻率；

I——通过岩样的电流；

K——取决于岩样形状和测量电极位置的一个常数。

在均匀无限各向同性介质中电场的分布，见图 4-3。

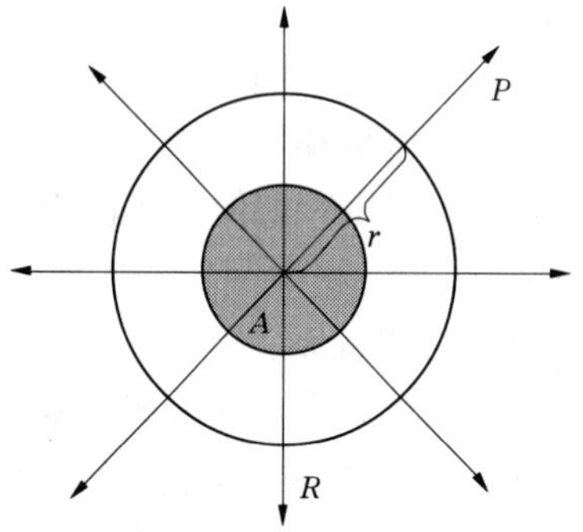

假设供电电极 A 位于坐标原点。因为介质的电性均匀，所以从 A 流出的电流线在各个方向上一样，即对于原点是对称的。

球面上的电流密度：

$$j = \frac{I}{S} = \frac{I}{4\pi r^2} \qquad (4\text{-}2)$$

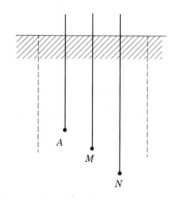

图 4-3　均匀介质中点电源的电场分布

由欧姆定律的微分形式得：

$$E = Rj = \frac{RI}{4\pi r^2} \qquad (4\text{-}3)$$

积分后均匀介质中 r 处的电位为

$$U = \frac{RI}{4\pi r} \qquad (4\text{-}4)$$

对于图 4-4 情形有：

$$U_M = \frac{RI}{4\pi \overline{AM}} - \frac{RI}{4\pi \overline{BM}} \approx \frac{RI}{4\pi \overline{AM}} \qquad (4\text{-}5)$$

$$U_N = \frac{RI}{4\pi \overline{AN}} - \frac{RI}{4\pi \overline{BN}} \approx \frac{RI}{4\pi \overline{AN}} \qquad (4\text{-}6)$$

$$\Delta U_{MN} = U_M - U_N = \frac{RI}{4\pi} \cdot \frac{\overline{MN}}{\overline{AM} \cdot \overline{AN}} \qquad (4\text{-}7)$$

$$R = 4\pi \frac{\overline{AM} \cdot \overline{AN}}{\overline{MN}} \cdot \frac{\Delta U_{MN}}{I} = K \frac{\Delta U_{MN}}{I} \qquad (4\text{-}8)$$

图 4-4　电阻率测井井下电极示意图

均匀介质的电阻率与测量电极的结构、供电电流及测量的电位差有关，当电极系结构和供电电流大小一定时，均匀介质的电阻率与测量的电位差成正比。

在理论分析中，无限厚均匀介质各向同性，且没有井和泥浆影响的电阻率。

而在实际测井中，导电介质大多数是非均匀的，且有井的存在，井内有泥浆，泥浆污染了井壁附近的地层，地层具有有限厚度，使井周围介质的电阻率分布复杂化。

在非均匀介质中，电极系所测的电阻率与井内泥浆、渗透层的侵入，上、下围岩的电阻率都有关系，各部分介质对测量结果的贡献大小很难用简单的方法计算出来，测量的岩层电阻率是各种影响的综合反映，这个电阻率称为视电阻率 R_a。

视电阻率公式与前面的公式一样：

$$R_a = K \frac{\Delta U_{MN}}{I} \qquad (4\text{-}9)$$

二、电极系

电极相对位置不同,会形成不同的电场,也就组成了不同的电极系。

根据成对电极和不成对电极的距离不同,可把电极系分为电位电极系和梯度电极系(成对电极即是同一线路中的电极,如供电线路的两个供电电极就是成对电极)。

(一)电位电极系

不成对电极到靠近它的成对电极之间的距离,小于成对电极间的距离的电极系称为电位电极系(见图4-5)。

电位电极系的电极距是单电极(不成对电极)到靠近它的那个成对电极间的距离,即$L=AM$(见图4-6)。

电位电极系的深度记录点为AM的中点O,它表示电极系在井内的深度位置。

在某一深度位置上测得的R_a,可看作记录点处的R_a。

当$MN \to \infty$时,可认为N电极对测量无影响,只有A、M对测量是有意义的,这种电极系称为理想的电位电极系。

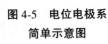

图 4-5　电位电极系
简单示意图

$$R_a = 4\pi \frac{\overline{AM} \cdot \overline{AN}}{\overline{MN}} \cdot \frac{\Delta U_{MN}}{I} \approx 4\pi \overline{AM} \frac{U_M}{I} \qquad (4\text{-}10)$$

从式(4-10)中可看出,视电阻率与测量点M的电位成正比,故该电极系称为电位电极系。

(二)梯度电极系

不成对电极到靠近它的成对电极之间的距离,大于成对电极间的距离的电极系称为梯度电极系(见图4-7)。

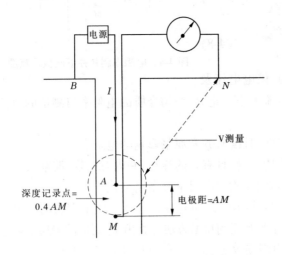

图 4-6　电位电极系原理示意图

图 4-7　梯度电极系
简单示意图

不成对电极到成对电极中点的距离称为梯度电极系的电极距,即$L=AO$,O是MN的中点,称为梯度电极系的深度记录点(见图 4-8)。

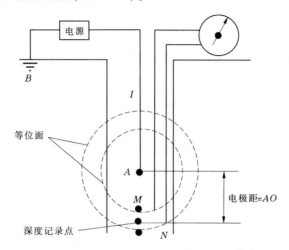

图 4-8　梯度电极系的电极距

$MN \to 0$ 时的电极系称为理想梯度电极系。

$$R_a = 4\pi \overline{AO}^2 \cdot \frac{\Delta U_{MN}}{\overline{MN}} \cdot \frac{1}{I} = 4\pi \overline{AO}^2 \cdot \frac{E}{I} \qquad (4\text{-}11)$$

可见,视电阻率 R_a 与记录点 O 处沿井轴方向的电位梯度成正比,故电极系称为梯度电极系。

根据成对电极与不成对电极的相对位置不同,可把电极系分成两类:成对电极在不成对电极下方的叫正装电极系,由于正装梯度电极系测出的 R_a 曲线在高阻层底界面出现极大值,也称为底部梯度电极系;成对电极在不成对电极上方的称为倒装电极系,也称为顶部梯度电极系。

根据供电电极在井下的个数又可将电极系分成两类:一个电极供电的叫单极供电电极系,井下有两个供电电极的称双极供电电极系。

图 4-6 的电极表示方法:N1.0M0.4A,其中电极距 $L = AM$。

系统命名为:单极供电倒装电位电极。

三、视电阻率曲线特征

(一)梯度电极系电阻率测井曲线特征分析

从图 4-9 中可以看出,无论高阻层的厚度与电极系的电极距是大于(厚层)还是小于(薄层),都能看出曲线中极大值、极小值与高阻层上、下界面的关系,视电阻率值对于地层电阻率相对高低的反映及其不同的曲线形态及特征。梯度电极系结构不同所产生的顶、底部梯度电极系在曲线上也会有相应的变化,如图 4-10 与图 4-11 所示。

从图 4-9~图 4-11 可以看出,梯度电极系的曲线有以下特点:

(1)顶部梯度曲线上的视电阻率极大值、极小值分别出现在高阻层的顶界面和底界面。

(2)底部梯度曲线的极大值和极小值分别出现在高阻层的底界面和顶界面。

(3)地层中部曲线由于地层很厚,其视电阻率的测量不受上、下围岩的影响,出现一个直线段,其幅度为 R_2。

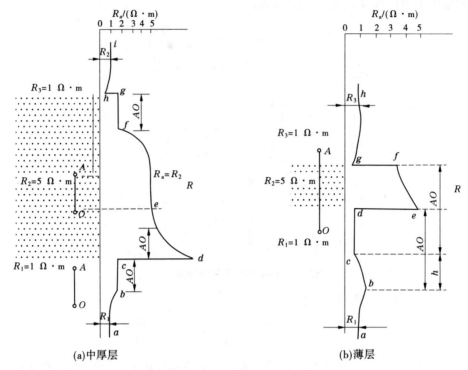

(a)中厚层　　　　　　　　　(b)薄层

R_1、R_3—低阻层电阻率值；R_2—高阻层电阻率值。

图 4-9　理想梯度电极系的视电阻率理论曲线

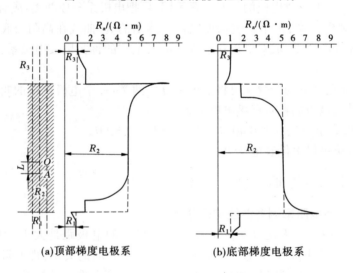

(a)顶部梯度电极系　　　　　(b)底部梯度电极系

R_1、R_3—低阻层电阻率值；R_2—高阻层电阻率值。

图 4-10　顶部梯度电极系与底部梯度电极系曲线(厚层)

　　图 4-9~图 4-11 都为理想梯度电极系所对应的曲线,而在实际工作中由于仪器、环境、地层等多种影响因素存在,曲线会有微小偏差(见图 4-12),但其特点仍旧与理想曲线所对应。

(二)电位电极系电阻率测井曲线特征分析

　　从图 4-13 中可以看出,无论高阻层的厚度与电极系的电极距是大于(厚层)还是小于

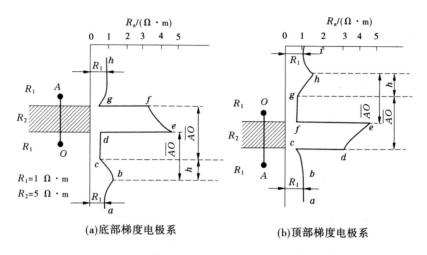

(a)底部梯度电极系　　　　　　　　(b)顶部梯度电极系

R_1、R_3—低阻层电阻率值；R_2—高阻层电阻率值。

图4-11　顶部梯度电极系与底部梯度电极系曲线(薄层)

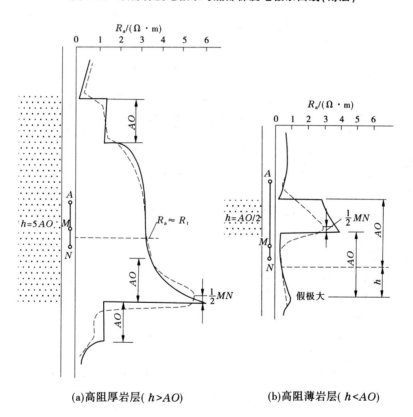

(a)高阻厚岩层($h>AO$)　　　　　　　(b)高阻薄岩层($h<AO$)

图4-12　非理想梯度电极系的视电阻率曲线(虚线)

(薄层)，都能看出曲线中极大值、极小值与高阻层上、下界面的关系，视电阻率值对于地层电阻率相对高低的反映以及其不同的曲线形态及特征。电位电极系结构不同所产生的顶、底部电位电极系在曲线上也会有相应的变化。

从图4-13中可以看出，电位电极系的曲线有以下特点：

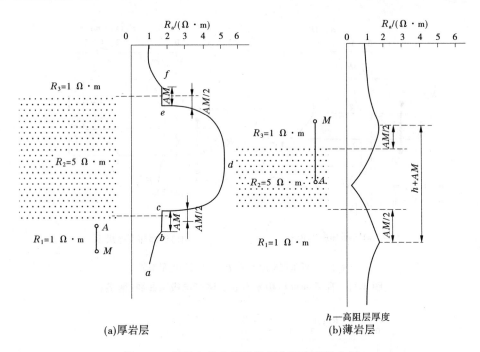

(a)厚岩层   (b)薄岩层

图 4-13　理想电位电极系的视电阻率理论曲线

（1）在厚层、中厚层上，正对高阻岩层，曲线凸起，正对低阻岩层，曲线凹下，因此可以用电位电极系 R_a 曲线来判断岩层电阻率的高低。

（2）在薄层上，正对高阻岩层，曲线凹下，正对低阻岩层，曲线凸起，因此利用电位电极系 R_a 曲线来判断岩层电阻率的高低是不利的，所以要求 $AM \leqslant H$（最小目的层的厚度）。

（3）电位电极系 R_a 曲线以岩层中部对称。

（4）在厚层中部 $R_a = R_t$，在中厚层、薄层中部 $R_a \neq R_t$。

（5）划分地层（高）。厚层：曲线圆滑中部向外延伸 $0.4AM$ 为上、下围岩界限；薄层：曲线最高值转折点向内延伸 $0.4AM$ 为上、下围岩界限。

（三）视电阻率曲线的影响因素

实际情况中，由于多种因素的影响（如电极距的改变、钻井液的变化、侵入、围岩、层厚及底层倾斜或井倾斜等），理想电极系曲线都会发生一定的变化。

1. 电极距的影响

当电极距小时井的影响较大；随着电极距增大，探测深度增大；电极距增大到一定程度后，围岩影响增大（见图 4-14）。

2. 井的影响

改变钻井液电阻率，所测视电阻率曲线见图 4-15。

3. 侵入的影响

生产中为了更加容易辨别地层中所含有的流体成分，一般使用的钻井液的电阻率介于水与油（气）之间且压力大于地层所含流体压力，则钻井液在注入井眼后完井前会逐渐侵入井壁后的地层当中，使得靠近井眼的地层中孔隙中的流体被钻井液向远离井眼的方向排挤出，导致这些区域的地层发生整体电阻率的变化（见图 4-16）。

由于压力差而侵入地层的钻井液随着距离井眼越远会逐渐下降，这样会使得距离井眼

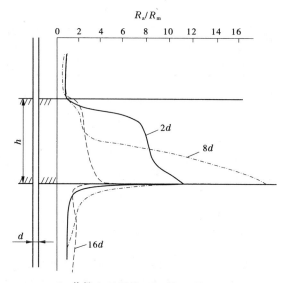

d—井径;$h = 16d$;$R_a = R_m$;$R_t = 10R_m$。

图 4-14 不同电极距的视电阻率实测曲线

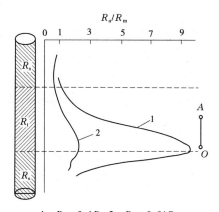

1—$R_m = 0.1R_a$;2—$R_m = 0.01R_a$。

图 4-15 钻井液电阻率对视电阻率的影响

越远地层流体被排挤的比例越小,在原地层存在的流体会越多,钻井液产生的影响越小。相应的,离井眼距离越近被钻井液排挤比例越大,甚至接近于全部,形成了冲洗带。而离井眼距离越远,直到钻井液无法影响的地层,依旧保持原来的流体成分和比例的被称为原状地层。冲洗带与原状地层中间的地层中,孔隙流体一部分为钻井液,一部分为原流体的地层,称为过渡带或侵入带。

由于钻井液侵入地层造成地层电阻率升高的现象,称为泥浆高侵即增阻泥浆侵入,这种情况一般发生在水层。而侵入造成底层电阻率降低的现象,称为泥浆低侵即减阻泥浆侵入,一般发生在油层。利用泥浆高侵与低侵的变化可以判断油(气)水层。

4. 围岩和层厚的影响

围岩和层厚的影响见图 4-17 和图 4-18。

5. 地层倾斜或井斜的影响

地层倾斜或井斜的影响见图 4-19。

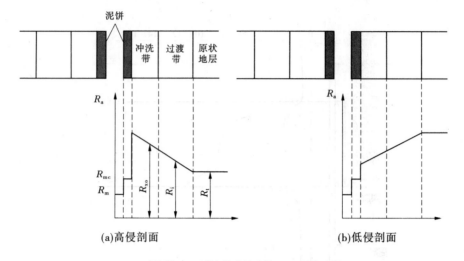

R_{xo}—冲洗带;R_i—过渡带或侵入带;R_t—原状地层。

图 4-16 钻井液侵入地层产生地层电阻率高低变化示意图

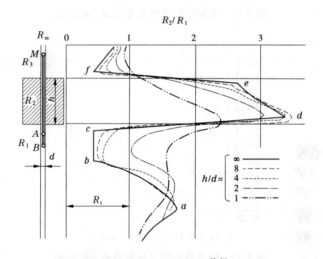

$R_1 = R_3 = R_m$;$R_2 = 10R_m$;$d =$井径。

图 4-17 层厚对视电阻率曲线(薄层)的影响

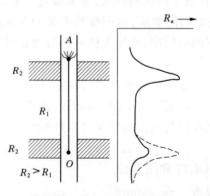

图 4-18 实际测量中厚层到薄层所出现的曲线误差

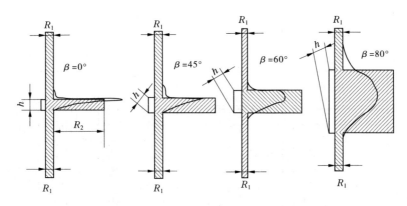

图4-19　岩层倾角不同时所测的顶部梯度视电阻率曲线

模块二　应用及案例

利用电阻率测井的测井曲线,可以做到确定岩层界面、确定地层电阻率 R_t、划分岩性、判断油(气)水层及与其他测井方法组合应用于标准测井。

划分岩性的方法:

(1)在砂泥岩剖面上,利用视电阻率曲线可以确定渗透层。

(2)在油气层,视电阻率表现为高值。

(3)泥岩层的视电阻率值一般较低。

模块三　技能训练

利用测井仪器进行油气水层勘探是测井的一项重要工作,图4-20是某地区综合测井工作的数据结果。请根据深、浅侧向两条曲线的变化判断油气水层。

由图4-20分析可得:上段(2 230~2 246 m),深、浅双侧向呈"正差异",为油气层;中段(2 246~2 268 m),深、浅双侧向也逐渐由"正差异"、无差异、最后过渡到"负差异",为油水过渡带;下段(2 268~2 290 m),深、浅双侧向呈"负差异",为水层。

模块四　任务小结

在对电阻率测井数据进行分析时,首先应找到所分析的目标曲线,其次是刻度大小方向,最后进行曲线数据大小比对、分层及流体种类分析。

在实际测井工作操作中,还需注意:现场探测施工时要求停止动力/交流用电,确保采集信号质量;两巷内禁止行车;测井仪器车不应停在高压线、电线下,仪器车辆距离井口不得小于14 m;电缆提升不可过快,如水文测井仪在测量视电阻率与自然电位时,电缆提速应小于20 m/min,而自然伽马小于10 m/min;根据井口压力情况确定仪器重锤重量;仪器上提距井口300 m之前,绞车滚筒周边及绞车后部区域内严禁站人,以确保人员及仪器设备安全等。

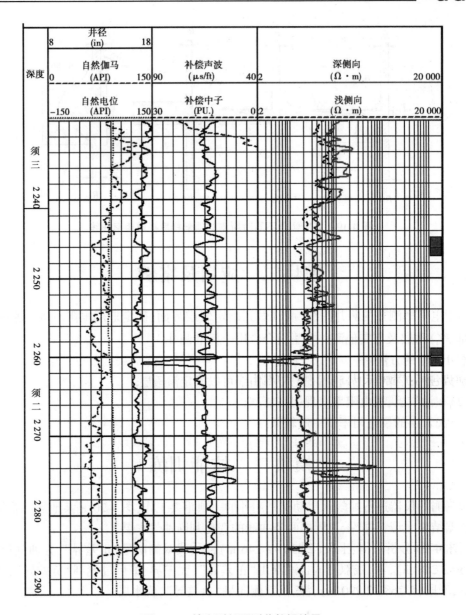

图 4-20　某实测剖面测井数据结果

■ 任务三　自然电位测井

【任务描述】

自然电位测井与电阻率测井都属于电法测井,主要用于砂泥岩剖面。

自然电位测井是利用地层岩石之间存在的电化学差别,在非供电的情况下由地层岩石自发产生的电动势所形成的自然电场来测量岩层的电阻率值。因此,自然电位测井测量的是自然电位随井深变化的曲线,而自然电位是自然电场中产生的电位,与井中岩层的岩性有密切的关系,能以明显异常显示渗透层。

自然电位测井在渗透层处有明显的异常显示,因此它是划分和评价储集层的重要方法

之一。自然电位测井曲线一般以泥岩井段的曲线作为
基线(相对零线)来计算渗透层井段自然电位异常幅度
(mV)。异常偏向负方向叫负异常,相反叫正异常。自
然电位测井测量原理见图4-21。

　　自然电位测井的测量原理是:由于固定在地面的 N
电极的电位 U_N 是一个恒定值,因此当测量电极 M 在井
中移动时,电位差计所测得的电位差 U_{MN} 的变化,就是
井下自然电位的变化,把它记录成随井深变化的曲线,
即自然电位曲线。

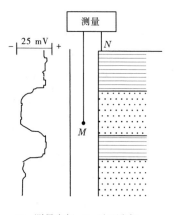

M—测量电极;N—地面电极。

图4-21　自然电位测井测量原理

模块一　知识入门

一、自然电位的成因

　　由于泥浆和地层水的矿化度不同,地层压力和泥浆柱压力不同,在钻开岩层后,井壁附
近两种不同矿化度的溶液接触产生电化学过程,结果产生电动势形成自然电场。产生的自
然电动势包括扩散电动势(E_d)、扩散吸附电动势(E_{da})和过滤电动势(E_φ)。

　　以图4-22 中的砂泥岩剖面为例,假定地层水和泥浆滤液中的盐
类均为 NaCl,且 $C_{mf} \ll C_w$,泥浆未侵入地层。由物理化学知识可知,
当两种不同浓度的溶液相接触时,高浓度溶液中的离子将在渗透压
力的驱使下,由浓度大的一方向浓度小的一方移动,该现象称为扩散
现象[见图4-23(a)]。而离子的扩散运动会在局部产生微弱电流,
从而能在对应层与井壁界面上产生对应正负极[见图4-23(b)]。

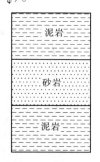

**图4-22　厚层砂泥岩
剖面示意图**

　　浓度大的地层水中的离子有两种路径向浓度小的泥浆中扩
散,如图4-23 所示:①通过砂岩井壁直接向泥浆中扩散,井壁两侧
形成纯砂岩的扩散电动势;②通过砂岩围岩周围的泥岩向泥浆中
扩散,井壁两侧形成纯泥岩的扩散吸附电动势。

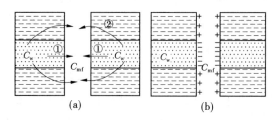

(a)　　　　　　　　　　(b)

图4-23　$C_w > C_{mf}$ 砂泥岩剖面离子扩散路径和电荷分布

(一)纯砂岩的扩散电动势

　　如果砂岩为纯砂岩,不含泥质,地层水中的 Na^+ 和 Cl^- 在渗透压力作用下,沿第一条路径

扩散,且 Na⁺ 移动速度较慢,Cl⁻ 移动速度较快,因此低浓度的泥浆中 Cl⁻ 富集而带负电,高浓度的地层水中 Na⁺ 过剩带正电,在地层水和泥浆滤液的接触面两侧出现电位差,且最终达到动平衡时,电动势保持一定值。

这时渗透性隔板两侧则会出现扩散电动势,且高浓度为正,低浓度为负(见图 4-24)。

自然电动势与温度、迁移率、溶液浓度等之间的相互关系如下:

$$E_d = 2.3 \frac{u-v}{u+v} \frac{RT}{F} \lg \frac{C_w}{C_{mf}} = K_d \lg \frac{C_w}{C_{mf}} \tag{4-12}$$

式中　　C_w、C_{mf}——地层水和泥浆的浓度;

　　　　u、v——Na⁺、Cl⁻ 的迁移率;

　　　　R——摩尔气体常数;

　　　　F——法拉第常数;

　　　　T——绝对温度,K;

　　　　K_d——扩散电动势系数。

从式(4-12)可以看出,在纯砂岩时,$u<v$,K_d 为负值,且与溶液的盐类成分和温度有关。由此,在井内纯砂岩井段所测量的自然电位,即是扩散电动势造成的,那么井内纯泥岩井段所测量的自然电位即是扩散吸附电动势造成的(见图 4-25)。

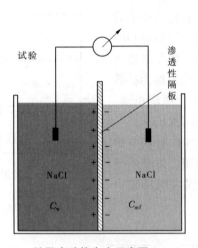

图 4-24　扩散电动势产生示意图($C_w > C_{mf}$)

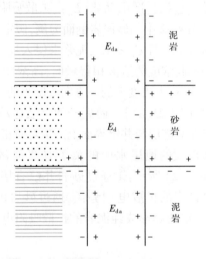

图 4-25　井内自然电位分布图($C_w > C_{mf}$)

(二)纯泥岩的扩散吸附电动势

当地层水中的离子通过第二条路径经泥岩向井中泥浆扩散时,将受到泥岩中黏土颗粒表面偶电层(Na⁺)的影响。根据异性相吸、同性相斥的原理,泥岩表面吸附层的补偿阳离子将吸引 Cl⁻ 而排斥 Na⁺(扩散),Cl⁻ 不能通过泥岩进入泥浆,因此导致泥浆中正离子富集,砂、泥岩交界面 Cl⁻ 多带负电,形成电位差。

由此形成的电动势称扩散吸附电动势,且具有高浓度为负、低浓度为正的特点(见图 4-26)。

假设纯泥岩单位孔隙体积的补偿阳离子浓度→∞,则认为 $V_{Cl^-} = 0$。扩散吸附电动势

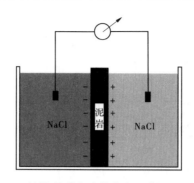

图 4-26 扩散吸附电动势产生示意图($C_w < C_{mf}$)

E_{da} 表达式为

$$E_{da} = K_{da} \cdot \lg \frac{C_w}{C_{mf}} = K_{da} \cdot \lg \frac{R_{mf}}{R_w} \tag{4-13}$$

式中　K_{da}——扩散吸附电动势系数,值为正,与温度有关。

在井内纯泥岩井段所测量的自然电位即是扩散吸附电动势造成的。在相同条件下,不同岩石的扩散吸附电动势差别很大。E_{da} 由高到低依次为:泥质页岩、黏土、含泥砂岩、石灰岩、砂岩、无烟煤、泥灰岩、铝土矿、石英砂、白云岩。因此,在井内纯泥岩井段所测量的自然电位即是扩散吸附电动势造成的。那么在理想的纯泥岩与纯砂岩的地层剖面中就会形成一个闭合回路(见图 4-26)。

(三)泥质砂岩的扩散电动势

Na^+ 和 Cl^- 的迁移率 u、v 随泥质砂岩中 Q_v(补偿阳离子浓度)的大小而变化。当泥质含量少、Q_v 小时,$v>u$,低浓度为负,高浓度为正,具有纯砂岩性质;当泥质含量高、Q_v 大时,$v<u$,低浓度为正,高浓度为负,具有纯泥岩性质。可见,扩散电动势系数 K_d 可正可负,取决于 Q_v 的大小、溶液的盐类成分和温度。那么如果 $C_w < C_{mf}$ 或地层水为淡水,将会是什么情况?

除此以外,还有过滤电动势,它是在压力作用下,泥浆滤液向地层中渗入时产生的,只有在压差很大的情况下才不被忽略,但通常情况下,$P_{泥浆}$ 稍大于 $P_{地}$,此时可以不考虑该电动势。通常情况下是由扩散电动势和扩散吸附电动势产生的。

$$E_{\varphi} = A_{\varphi} \frac{R_{mf}}{\mu} \Delta P \tag{4-14}$$

式中　μ——泥浆滤液的黏度;

　　　ΔP——泥浆柱与地层间的压力差;

　　　A_{φ}——过滤电动势系数,mV,一般为 0.77。

二、自然电位曲线的特点及影响因素

(一)电化学总电动势和自然电流的等效电路

如图 4-27 所示,当 $C_w > C_{mf}$ 时,则在泥浆滤液与地层水接触面两侧产生扩散电动势 E_d,在泥岩与砂岩层面间产生扩散吸附电动势 E_{da}。井下介质都是导电介质,电动势的存在必然会在井下介质中产生自然电流和自然电位场。根据井下介质的电流方向和电位场,可以形成对等的自然电流回路的等效电路。

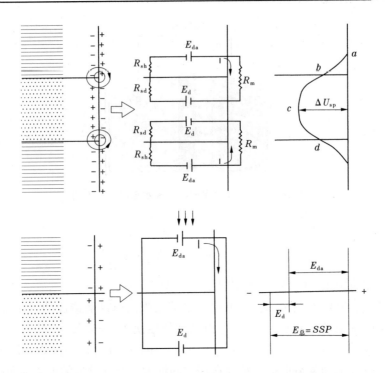

R_{sh}—泥岩等效电阻;R_{sd}—砂岩等效电阻;R_m—井筒内泥浆等效电阻。

图 4-27　自然电流回路的等效电路

　　在井内砂岩和泥岩接触面附近的自然电位等效电路中,E_d 与 E_{da} 是相互叠加的。在相当厚的砂岩和泥岩接触面处的自然电位幅度基本上是产生自然电场的总电动势 SSP,也称静自然电位。表示为

$$E_总 = E_d + E_{da} \quad （代数和） \tag{4-15}$$

为了保证 $E_总 > 0$

$$E_总 = E_{da} - E_d（纯砂岩中 K_d 为负值 \rightarrow E_d < 0） \tag{4-16}$$

所以

$$E_总 = (K_{da} - K_d)\lg(R_{mf}/R_w) = E_s \tag{4-17}$$

令

$$K = K_{da} - K_d \quad （K 为自然电位系数） \tag{4-18}$$

对于纯砂岩或纯泥岩,K 只与溶液盐类成分和温度有关。对于泥质砂岩,K 不但与溶液盐类成分和温度有关,而且与泥质含量或 Q_v 值有关。

$$SSP = E_s = K\lg(R_{mf}/R_w) \tag{4-19}$$

　　实测曲线通常以泥岩为基线,巨厚纯砂岩的自然电位幅度就是静自然电位。SSP 的值从含淡水层的+40 mV 到高矿化度盐水层的−200 mV。当砂岩非纯含泥质时,则会产生泥质砂岩的静自然电位(PSP)。泥质砂岩的静自然电位是指泥质砂岩和纯泥岩的总电动势。PSP 的大小反映泥质的多少,且 PSP < SSP。

(二) 自然电位曲线的特点

　　自然电位测井所测得的自然电位是指自然电流在井中泥浆柱上产生的电压降。自然电位测井测量时,地面电极 N 的 $U_N \neq 0$,导致 SP 曲线没有零刻度,用箭头上标的正负表示电位的相对高低,通常以泥岩的自然电位曲线作为基线,叫泥岩基线。泥岩是比较稳定的,泥

岩的 SP 曲线是一条大致平行于深度坐标的直线。那么当 $C_w>C_{mf}$ 时,SP 数值由泥岩的正电位向砂岩的负电位降低,从而出现曲线向泥岩基线左边偏离的现象,称为曲线负异常[见图 4-28(a)];相反,曲线向泥岩基线右边偏离则是正异常[见图 4-28(b)]。

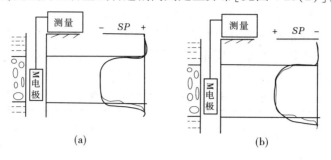

图 4-28　自然电位曲线异常示意图(淡水泥浆)

根据在实际测量工作中理论和实际曲线的分析,SP 曲线有如下特点(见图 4-29):

(1)当泥浆、地层和上、下围岩岩性均匀时,SP 曲线对称于地层中部。

(2)当 $h>4d$ 时曲线半幅点正对地层界面。

(3)当 $C_w>C_{mf}$ 时,渗透性地层出现负异常;当 $C_w<C_{mf}$ 时,渗透性地层出现正异常;当 $C_w=C_{mf}$ 时,渗透性地层无异常。

三、影响自然电位曲线幅度的因素

自然电位曲线的异常幅度 U_{sp} 是指以泥岩曲线为基线,渗透层的 SP 曲线偏移基线的幅度值。不同井眼和地层条件对所测的自然

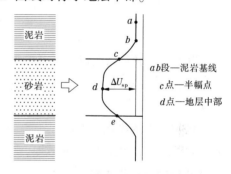

图 4-29　自然电位曲线特征示意图

电位幅度影响很大。因此,在应用其资料时,必须考虑其影响因素,否则将影响解释精度。

自然电位的幅度、特点主要取决于自然电场的静自然电位 SSP 和自然电流 I 的分布。SSP 的大小主要取决于岩性、温度、地层水和泥浆中所含离子成分、泥浆滤液电阻率与地层水电阻率之比。自然电流 I 的分布主要取决于介质的电阻率、地层厚度、井径大小。

(一)地层水和泥浆中含盐量的比值(C_w/C_{mf})的影响

当 $C_w/C_{mf}>1$(淡水泥浆)时,渗透层的 U_{sp} 有负异常;当 $C_w/C_{mf}<1$(盐水泥浆)时,渗透层的 U_{sp} 有正异常;当 $C_w/C_{mf}=1$ 时,渗透层的 U_{sp} 无异常;C_w 与 C_{mf} 的差异越大,则 U_{sp} 有异常幅度也越大。

(二)岩性影响

V_{sh} 增大,Q_v 增大,K_d 向 K_{da} 接近,则 K 减小,E_s 减小,U_{sp} 减小。

由此可知,泥质含量增加,自然电位幅度变小,即有:砂岩的 U_{sp}> 泥质砂岩的 U_{sp}> 砂质泥岩的 U_{sp}>泥岩的 U_{sp},剖面上泥岩性质变化(Q_v 变化)时,自然电位基线会偏移。

(三)温度的影响

$$K_{\mathrm{d}} = 2.3 \frac{u-v}{u+v} \frac{RT}{F} \tag{4-20}$$

由式(4-20)明显可见,E_{d}、E_{da}都与绝对温度T成正比。

(四)泥浆和地层水的化学成分的影响

当泥浆和地层水中的化学成分不同时,其所含不同离子的迁移率不同(见表4-1),这就直接影响扩散吸附电动势系数,最终使得E_{d}和E_{da}变化。

表4-1　18 ℃时几种盐溶液的K_{d}值对比

溶质	NaCl	NaHCO₃	CaCl₂	MgCl₂	Na₂SO₄	KCl
K_{d}/mV	−11.6	2.2	−19.7	−22.4	4	−0.4

(五)地层电阻率的影响

$$U_{\mathrm{sp}} = \frac{\mathrm{SSP}}{1 + \dfrac{R_{\mathrm{sd}} + R_{\mathrm{sh}}}{R_{\mathrm{m}}}} \tag{4-21}$$

从电阻率值与静自然电位关系式可见,由于巨厚纯砂岩的自然电位幅度就是静自然电位,因此对于纯砂岩来讲,$U_{\mathrm{sp}} \approx \mathrm{SSP}$。当地层电阻率增大时,则$U_{\mathrm{sp}} < \mathrm{SSP}$,即地层电阻率增大,$U_{\mathrm{sp}}$减小。

(六)地层厚度的影响

由图4-30可见。地层厚度h越厚,则ΔU_{sp}增大。

(七)井径和侵入带直径的影响

井径扩大,井的截面面积加大,则自然电流在井内的电位降变小,U_{sp}降低;泥浆侵入地层,泥浆滤液与地层水的接触面向地层内推移,其效果相当于井径扩大,则U_{sp}降低。注意:要用自然电位异常幅度U_{sp}计算 SSP 和 PSP,必须对以上因素的影响进行校正。

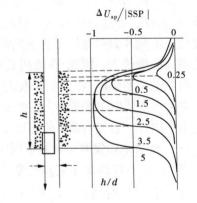

图 4-30　不同厚度地层自然电位理论曲线

四、自然电位测井的应用

地层中泥质含量是影响岩性和渗透性的主要因素,因此自然电位曲线可用来判断岩性、确定渗透层及估计地层泥质含量。估计渗透层厚度即确定渗透层界面,主要使用半幅点法。自然电位曲线与自然伽马曲线配合,划分渗透层的界面非常有效。利用自然电位曲线确定岩层厚度见图4-31。

泥质的含量及其存在状态对砂岩产生的扩散吸附电动势有直接影响,可以利用泥岩自然电位曲线估算泥质含量。估算泥质含量方法主要有直接法与间接法两种。

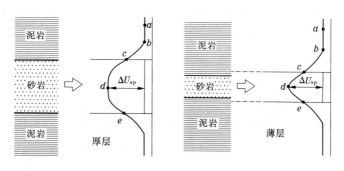

(a)CE连线=砂岩厚度　　　　　　　(b)CE连线＞砂岩厚度

图4-31　利用自然电位曲线确定岩层厚度

（一）直接法

把某地区各种含泥质的砂岩经取样测定,直接建立自然电位幅度 U_{sp} 和相对自然电位 T_{sp} 与泥质含 V_{sh} 的相关关系。

$$T_{sp} = \frac{U_{sp}}{SP_{max}} = f(V_{sh}) \tag{4-22}$$

式中　SP_{max}——本地区标准层(纯砂岩)的自然电位幅度。

（二）间接法——经验公式

$$V_{sh} = 1 - \frac{PSP}{SSP} \tag{4-23}$$

式中　PSP——泥质砂岩静自然电位;

SSP——厚纯水砂岩层的静自然电位。

现场应用:以泥岩的 SP_{sh} 为基线,分别读出(含泥)砂岩的自然电位 SP 和厚的纯水砂岩层的自然电位 SP_{sd},则有 SSP＝SP_{sd}－SP_{sh},PSP＝SP－SP_{sh}。

$$V_{sh} = \frac{SP_{sd} - SP}{SP_{sd} - SP_{sh}} \quad （计算机常用公式） \tag{4-24}$$

需要注意的是,该公式对水层适用,对薄层计算的 V_{sh} 偏高。

模块二　应用案例

判断渗透层,实际案例见图4-32。

砂泥岩剖面中,$R_w<R_{mf}$ 时,以泥岩为基线,渗透层会出现负异常;一般情况下,出现负异常的井段都可以认为是渗透性地层。具体特点有:

(1)纯砂岩井段出现最大的负异常。

(2)含泥质的砂岩负异常幅度变低,且随泥质含量的增多而异常幅度下降。

(3)含水砂岩的自然电位幅度比含油砂岩的自然电位幅度要高。

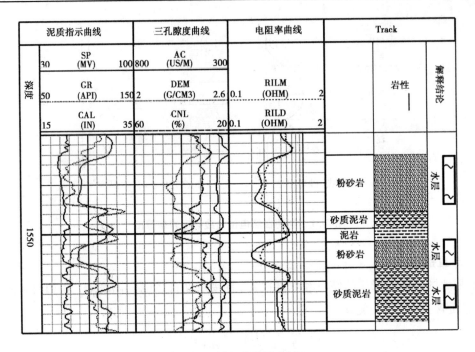

图4-32　判断渗透层实例一

模块三　技能训练

前文中已了解到通过曲线变化可以确定渗透层的位置及厚度。如图4-33所示,试利用自然电位测井曲线(SP)及电阻率测井曲线(R_{ILM}—浅侧向、R_{ILD}—深侧向)确定渗透层的位置,以及渗透层中流体的类型。

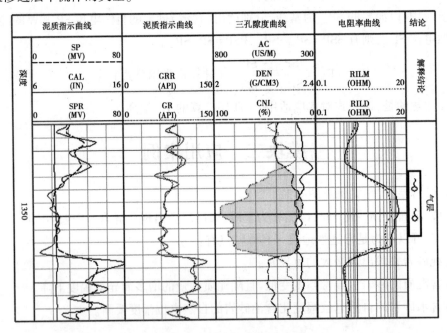

图4-33　判断渗透层厚度实例

从图 4-35 中的自然电位曲线(SP)可以看出,在 1 343~1 347 m 出现明显向左弯曲的"负异常",并且电阻率曲线在对应深度处也出现电阻率数值增大的现象,根据深侧向(R_{ILD})>浅侧向(R_{ILM})的特点,可以判断该渗透层为油(气)层。

模块四　任务小结

在进行测井数据分析处理时,通常先利用自然电位曲线的特点找出渗透层,继而进行对应层位的电阻率曲线及其他测井曲线的分析,才能对渗透层及其所含流体类型进行正确定位、定性和定量。若底层内含有金属矿物等固体矿体,不利用自然电位曲线先做出定位则容易出现分析误差。

由于自然电位测井在工作过程中无须供电,仅依靠井眼内泥浆(钻井液)与地层流体的浓度差进行电化学反应,因此对泥浆(钻井液)的要求较高:

(1)测井前,应充分循环钻井液并调整好性能,尽量保证测井全井段钻井液矿化度基本一致。

(2)钻井液黏度不宜过大,通常要求钻井液黏度小于 90 Pa·s。因为黏度太大,将使井壁黏附较多的钻屑,导致井壁过脏,造成仪器下放遇阻,上提时电缆、仪器粘卡。

(3)泥饼厚度一般应小于 1.4 mm。

(4)钻井液失水量一般应小于 4 mL。

(5)钻井液含砂量应小于 2%。

(6)钻井液电阻率 1~4 Ω·m 较为适宜。

■ 任务四　无线电波透视法

【相关知识】

无线电波透视法所使用的电磁波频率属于高频频段,一般为一百千赫至几十兆赫。无线电波透视法所利用的电磁波可以不依赖单一的地层及流体介质,由于它研究的是辐射场,因此可以在真空及各种介质中传播。

通常情况下,低电导率的岩石对电磁波能量吸收作用大,因而接收的信号(场强)较弱,而高阻煤层吸收作用小,接收的信号强。断层破碎带、陷落柱等则会使电磁波产生反射、折射和吸收,属低电阻体(高电导率)。因此,能够较成功地探测出断层、冲刷、陷落柱、"门帘石"、小褶皱等,还可以探测出小褶皱、瓦斯聚集带、煤层分叉合并区等地质条件较复杂的煤矿中的多种地质异常体。

无线电波透视因仪器轻便、资料采集方便迅速、所需人员较少、透视距离较大、探测效果较为显著,已成为综采工作面有效的物探方法之一,是目前国内外工作面内地质构造探查最普遍采用的物探手段。

模块一　知识入门

一、工作原理

无线电波透视法常用于坑道与钻孔,又称为坑透法。这种方法是使电磁波在地下岩层中进行传播,而由于各种岩、矿石电性(电阻率和介电常数)不同,对电磁波能量吸收不同,从而低阻岩层对电磁波具有较强的吸收作用,因此当电磁波前进方向遇到断裂构造所出现的界面时,波将在界面上发生反射和折射作用,也造成能量的损耗或完全被屏蔽,致使接收巷道中的电磁波信号十分微弱甚至接收不到透射信号,形成所谓的透射异常(又称阴影异常,见图 4-34),这也就是坑透法的基本原理。研究采区煤层、各种构造及地质体对电磁波的影响所造成的各种无线电波透视异常,从而进行地质推断和解释。

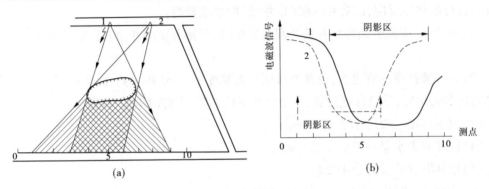

图 4-34　电磁波透视法工作原理图

无线电波透视所使用的坑透仪分发射机与接收机,接收机测得的是发射机所发射的电磁波在水平方向上电磁波的一个分量。当发射机发送的电磁波穿越电磁性质不同的介质时,就会造成电磁场强度的变化,因此分析电磁场强度的变化就可以预测工作面内介质的物性变化。

二、无线电波透视井下工作方法

井下坑透法一般在两巷道间进行,如在回风巷布置发射点,向煤层中发射某一频率的电磁波,在运输巷安置接收机观测电磁场场强 H 信号,电磁波在煤层传播中遇到介质电性变化时,电磁波被吸收或屏蔽,接收信号显著减弱或收不到有效信号,如沿巷道多点观测,则形成所谓的透视异常。发射点和接收点可布置在回风巷、运输巷等易于通行和干扰小的地段。

根据工作环境,无线电波透视法分为钻孔电磁波法和坑道电磁波法。前者按工作方式,又可分为单孔、双孔、三孔和地—井方式;后者又有同步法和定点法两种。在实际透视工作前,还要选择一种适合实际情况的观测方法,这一点很重要,关系到工作的成功与否。

井下观测方法有同步法和定点法两种方式。

同步法是发射天线和接收天线分别位于不同巷道中,同时等距离移动,逐点发射和接收,较少采用,如图 4-35 所示。

定点法有一发一收和一发双收两种方式。观测时,发射机的位置在一定的时间内相对

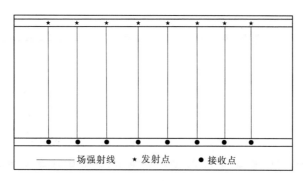

图 4-35　无线电波坑道透视同步法示意图

固定,接收机在一定的范围逐点观测其场强值,又称定点交会法。一般发射点距 40 m,接收点距 10 m。每一发射点,接收机可相应观测 14~20 个点。如图 4-36 所示。当工作面长度不大、形状不规则,人工干扰体又可排除的情况下,就可以选择用定点法进行观测。采用这种观测方法,可对工作面全面覆盖两次,不留盲区,并能运用两巷定点交汇法,根据坑透综合曲线图,具体确定地质异常体的性质和空间位置及大小,便于有目的地进行钻探验证,且投资少见效快。定点法是井下常用的观测方法(见图 4-37、图 4-38)。

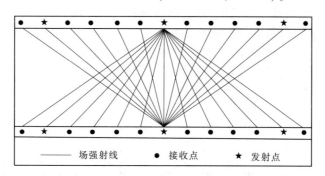

图 4-36　无线电波坑道透视定点法示意图

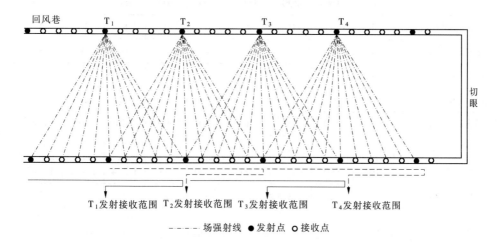

图 4-37　定点法一发一收方式示意图

观测基本步骤为:

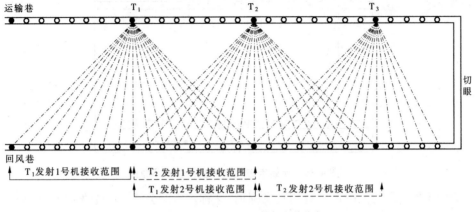

——— 场强射线　● 发射点　○ 接收点

图 4-38　定点法一发双收方式示意图

（1）在观测前,预先安排好观测约定时间顺序,列出时间表格,发射和接收各持一份。

（2）观测时,严格按时间表执行,发射机天线应平行巷道,悬持成多边形,应保持发射信号稳定。

（3）接收天线环面对准发射机的方向,即观测最大值方向。

定点法两种方式探测参数对比见表 4-2。

表 4-2　定点法两种方式探测参数对比

工作面长度/m	2 000					3 000				
收发方式	一发一收		一发双收			一发一收		一发双收		
发射点距/m	40	80	80	80	80	40	80	80	80	80
接收点距/m	10	10	10	10	10	10	10	10	10	10
发射站数/个	80	40	40	40	40	120	74	74	74	74
接收长度/m	100	160	200	160	200	100	160	200	160	200
每站时间/min	4	8	10	4	6	4	8	10	4	6
发射时间/min	4	6	8	3	4	4	6	8	3	4
发射员行程/km	4	4	4	4	4	6	6	6	6	6
接收员行程/km	12	12	16	4	4	18	18	22.4	6	7.4
探测时间/min	400	400	400	240	300	600	600	740	374	440
工作天数/d	2	2	2	1	1	2	2	3	2	2
数据量 n	880	840	1 040	900	1 100	1 320	1 274	1 474	1 340	1 640
操作员人数	2	2	2	3	3	2	2	2	3	3

地下电磁波衰减的透射异常区("阴影"区)并非单由一次场的吸收所形成的,还受很多其他因素的影响。如感应二次场引起的干涉、煤层(或岩层)的不均匀性和各向异性、直达波、巷道的反射及漫反射波,以及煤层顶底板的围岩波等。所以,观测场强值可能是几种波的综合值。结果使"阴影"变得模糊,以至于不能准确判定异常体位置,因此选择最佳工作

频率是很关键的。频率过高，即使是高阻的岩石也会产生明显的吸收作用，结果很可能不能突出要寻找的地质异常体的"阴影"区。而地质异常体的围岩却形成了"阴影"区；如果频率过低，则由于一次绕射作用，使得要寻找的地质异常体可能被掩盖。为了得到明显的"阴影"区，必须选择最佳的工作频率。

三、资料整理与解释

无线电波透视资料的解释方法有综合曲线法和 CT 成像法，在各矿区主要采用综合曲线和 CT 成像技术相结合的方法进行处理解释。

（一）综合曲线法

将各接收点实测场强 H 值与相应的理论计算场强 H_0 值（经条件试验取得计算场强值）进行对比，取得的数据称为衰减系数 η，即 $\eta = H/H_0$ 或 $\lg\eta = \lg H - \lg H_0$。取接收点点位为横坐标，取 H、H_0 和 η 的对数或算术值为纵坐标，将同一发射点对应接收点的实测场强 H 值、理论场强 H_0 值和衰减系数 η 值按比例绘制成图，就得到关于 H、H_0、η 值的 3 条曲线，称为综合曲线图（见图 4-39）。

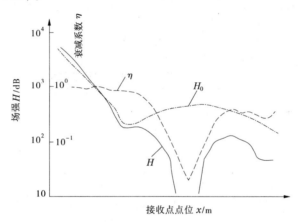

图 4-39　综合曲线图

在均匀各向同性介质中，实测场强等于理论场强，即 $H = H_0$，$\eta = 1$，$\lg\eta = 0$。但由于煤层的非均一性，一般 η 值接近 1（或 0）而不等于 1（或 0）。当遇到 η 值远离 1 或 0 时，即出现负分贝值，说明在透视距离内遇到了地质异常体，据 η 值的变化，并参考实测强场 H 和理论场强 H_0 曲线，分析异常体的性质并对其进行解释。

根据在 η 值曲线上显现的异常，可确定出异常体的边界点（或中心点），将边界点（或中心点）与对应的发射点相连，此线表示异常体的几何阴影范围（或中心点）。根据多条这样的连线交汇，就可圈定出异常体的大致轮廓。这种方法简便而直观，可以在现场快速做出初步推断。

（二）CT 成像法

工作面电磁波透视法采用偶极子天线发射，在介质中任意点的磁场表达式可表示为

$$H = H_0 \frac{e^{-\beta r}}{r} \sin\theta \tag{4-25}$$

式中　H_0——取决于发射功率和天线周围介质的初始场强；

β——介质对电磁波能量的吸收系数；

r——观测点到辐射源的直线距离；

$\sin\theta$——方向性因子，一般可认为等于1。

坑透 CT 成像单元离散示意图见图 4-40。

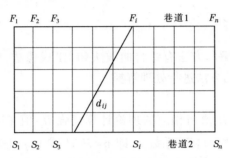

图 4-40　坑透 CT 成像单元离散示意图

把坑透工作面划分成有不同吸收系数的若干小单元（像元），每一小单元内可视为介质均匀的。假设电磁波的第 i 个传播路径为 r_i，则它可以表示为若干小单元的距离之和：

$$r_i = \sum_{j=1}^{m} d_{ij} \tag{4-26}$$

对没有射线穿过的小单元，可视 $d_{ij} = 0$，于是公式变成：

$$H_i = H_{0i} \frac{e^{-\sum_{j=1}^{m} \beta_i d_{ij}}}{r_i} \tag{4-27}$$

$$\sum_{j=1}^{m} \beta_i d_{ij} = \ln\left(\frac{H_{0i}}{H_i r_i}\right) \tag{4-28}$$

两段取对数有：

若在多个发射点上对场强分别进行多重观测，便可形成矩阵方程：

$$[X][D] = [Y] \tag{4-29}$$

式中　$[X]$——未知数矩阵；

$[D]$——系数矩阵，$r_i = \sum_{j=1}^{m} d_{ij}$；

$[Y]$——已知数矩阵，即实测值。

利用 SIRT（simultaneous iterative reconstruction techniques，同时迭代重构技术）算法、计算矩阵方程可以反演各像元吸收系数值，从而实现工作面成像区内吸收系统反演成像。利用反演计算结果可以绘制成像区吸收系数等值线图和色谱图。

模块二　应用案例

一、陷落柱探测

低阻陷落柱衰减系数与实测场强曲线呈漏斗形，或因透视距离关系呈半漏斗形或"V"字形（见图 4-41）。接近陷落柱时，η 值开始减小，进入陷落柱中，η 值降低至最小。实践中发现，进入陷落柱时，往往 $\eta < 0.1$，煤与陷落柱的交界面在 η 曲线上反映出一个明显的拐点（见图4-42）。

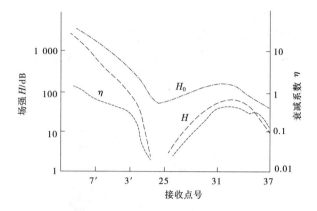

图 4-41　低阻陷落柱曲线示意图

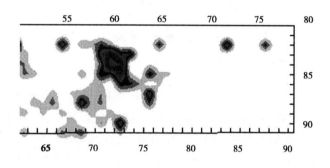

图 4-42　低阻陷落柱结果示意图

二、断层探测

断层在综合曲线上的反映一般 $\eta < 1$ 的低值异常（见图4-43），如果煤层在层理方向上电性变化不大，且正常场强确定比较准确，则 $\lg\eta < -4$，即可能进入异常区。但是由于断层产状复杂，大小长短悬殊，落差随走向变化，发射点与断层之间的相互位置多变，所以断层反映在综合曲线上，衰减不如陷落柱显著，但情况却比陷落柱复杂。

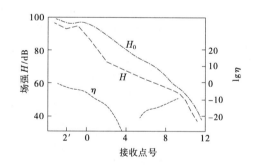

图 4-43　断层曲线示意图

（一）落差有变化的断层在综合曲线上的异常特征

当电磁波穿越这种断层时，衰减增大，曲线变陡，出现"拐点"或"突变点"。这个特点往往是反映进入断层的重要依据。当断层落差变化不大时，电磁波穿越断层，曲线变陡，穿越断层后，场强又基本按正常煤层吸收系数衰减，$\lg\eta$ 曲线在正常煤层中接近于0，过断层衰减一定数量后，又在某一值上下摆动。当接收距离增大方向与断层落差减小方向一致时，电磁波穿过断层，$\lg\eta$ 曲线突然下降，随着远离断层，$\lg\eta$ 曲线又慢慢回升，接收距离进一步加大,收、发间电磁波途径脱离断层尖灭后,lgη 曲线又近于 0。当接收距增大方向与断层落差增大方向一致时,lgη 曲线负值越来越大,甚至无信号。

（二）隐伏断层在综合曲线上的异常特征

发射点和接收点分别在断层的两盘时,实测场强 H 低于理论场强 H_0 值,lgη 出现低值反应,其大小与断距大小有关。对于走向不长、断距较大的隐伏断层,呈现明显的槽形曲线（见图 4-44）。

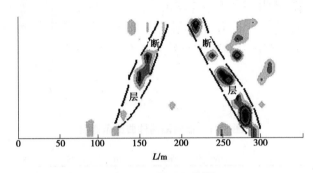

图 4-44　断层示意图

三、实例分析——溶洞圈定实例

图 4-45 为某电站双孔透视的实例。透视区内全为中厚灰岩,岩性均匀。图中给出了水平同步及接收 10 m、发射高 10 m 的斜同步曲线。射线交会结果,圈定了一个高程 14~22 m、洞高 7 m 的溶洞。验证钻孔结果表明,透视剖面上,在高程 16.24~23.18 m 处发现了溶洞。所见溶洞包括溶洞顶底板的网状溶蚀,洞高 7.0 m,高程与透视推断结果仅差 1 m。该工程的透视结果表明,30 MHz 的频率可以分辨洞径为 1 m 的溶洞。

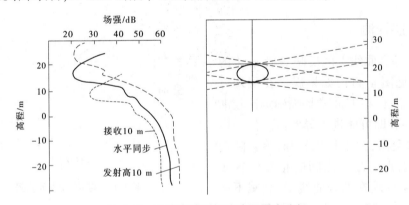

图 4-45　无线电波透视法溶洞圈定分析

无线电波透视法对于岩溶集中发育、洞径大、全充水或泥的溶蚀带,溶隙、溶沟密集带,全充水或泥的小的空洞集中带,均有不同程度的反映。

模块三　技能训练

在下井之前需要将全部坑透工作做好计划,预先安排好观测时间和顺序,并列成表格,一式两份,收、发各执一份。在井下进行实际工作时,要严格按表格安排的程序进行测量。一般情况下,井下施工时共需工作人员 4~6 人,每台仪器需操作员 1 人、记录员 1 人。

模块四 任务小结

无线电波透视解释主要依据电磁波在煤层中传播的吸收衰减系数成像结果来进行解释。厚煤层条件下,电磁波在煤层槽中传播衰减较小,相应的电磁波遇到小构造时衰减也小,因而异常幅度很小,常规方法如定点交汇法以及精度不高的成像方法难以识别。因此,进行地质解释时可以结合场强衰减及吸收系数特征进行综合判断。

【思政课堂】

勇于创新,寻求突破——电法测井

享誉国内外的著名电法测井专家、中国石油大学(华东)教授张庚骥先生的信条始终是:凡做必有新意,在学术上决不重复别人。因为他知道科学的王国是毫不温情脉脉的,它接纳俊才,排斥庸碌,唯有勤奋创新才能取得入门证。

不盲目相信权威,善于创新,同样体现在张庚骥教书育人的过程中。

在教学中,他善于创新,不喜欢吃"剩饭",他说,别人没做的事情才有必要去做,做起来才有意思。

习题演练

单选题

项目五 其他物探技术

知识目标

1. 掌握各物探技术的基本知识、方法原理和技术要求。
2. 掌握各物探技术的仪器特点及原理。
3. 掌握各物探技术的图件类型。

能力目标

1. 能够看懂各物探技术的图件,并能够进行初步分析。
2. 能够根据具体问题合理选用该类物探技术。

素质目标

1. 培养学生对地球物理测井工作的认知度。
2. 树立学生正确的世界观、人生观和价值观。
3. 构建地质人"三光荣、四特别"的精神品质。

思政目标

通过物探技术发展历史和个人专业成长经历等培养学生正确的职业观。

任务一 磁法勘探技术

模块一 磁法勘探的基本理论

磁法勘探是研究地表磁异常的一种勘探方法。它以地壳中岩、矿石之间的磁性差异为基础,通过观测和分析由于岩矿石间的磁性差异引起正常地磁场的变化(磁异常),研究磁异常的空间分布规律,进而查明区域地下地质构造、寻找有用矿产资源或其他勘探对象的分布规律的一种地球物理方法。近年来,随着勘探技术、仪器设备精度以及地理信息技术水平的提高,高精度磁测得到实现,解决弱磁问题的能力得到凸显,如环境调查、城市工程、灾害预报等工作。

在环境与工程地球物理中要求磁法勘探的精度较高,是因为其探测的目标更复杂,更倾

向于地壳的表层,甚至地表 10 m 之内,如地下管道、电缆埋深、固体垃圾污染物等问题,铁路、公路的走线和敷设,水电站、水库的选址等。

一、地磁场及地磁要素

在地球上任何一处,悬挂的磁针都会停止在一定的方位上,这说明地球表面各处都有磁场存在,这个"自然状态下"的地球磁场称为地磁场,地磁场在地球表面的分布是有规律的,它相当于一个位于地心的磁偶极子的磁场。S 极位于地理北极附近,N 极位于地理南极附近,地磁轴和地理轴有一偏角。

地磁要素是表示地磁场方向和大小的物理量,地面上任意点地磁场总强度的矢量值用 T 来表示。设以观测点为坐标原点,X、Y、Z 三个轴的正向分别指向地理北、地理东和垂直于水平面向下的方向。在此坐标系中,矢量 T 在水平面的投影与 X 轴的夹角即 T 的方位角,称为磁偏角 D。矢量 T 在空间的倾斜角度即倾角,称为磁倾角 I。矢量 T 在坐标系的 XOY 水平面上及沿各坐标轴的投影 H、X、Y 和 Z 分别称为水平分量、北分量(X 分量)、东分量(Y 分量)和垂直分量(Z 分量)。磁偏角(D)、磁倾角(I)、总磁场强度(T)及其各个分量,统称为地磁要素。地磁要素随时间的变化而不断发生变化。确定某一点的磁场情况,需要三个要素,最常用的是磁倾角(I)、磁偏角(D)和水平分量(H)。

二、岩石的磁性

地壳中的岩石和矿体由于矿物成分、结构特点、生成环境各不相同,它们处在地球总磁场中,受地磁场的影响,自它们形成时起,就受其磁化影响而具有不同程度的磁性,展现出磁性差异,磁性差异在地表引起磁异常。如基性岩、磁性矿体与周围介质存在磁性差异,这是物探磁法勘探的理论前提,也是对磁异常进行解释的基本依据。所以需要研究和测定岩、矿石的磁性。

地壳岩石可分为沉积岩、岩浆岩及变质岩三大类。利用磁法测量仪器测定岩石标本所产生的磁场,经计算可求出岩石的磁化率和剩余磁化强度。岩石的磁性就由磁化率 k 和磁化强度 M 表示。磁化率 k 是用来表示磁性体属性的一个物理量,数值为磁化强度 M 与磁场强度 H 的比值。磁化强度 M 是衡量物体磁性的一个物理量,用来表示单位体积所具有的磁矩。其中,岩石的磁化强度分为两部分,即磁化率和磁化强度。

$$M = M_i + M_r \tag{5-1}$$

式中　M_i——感应磁化强度,表示各种岩石在现代地磁场的磁化下所具有的磁性;

M_r——剩余磁化强度,主要取决于岩石的磁化率 k 和地磁场强度 T,$M_i = kT$。

M_r 表示各种岩石在古地磁磁场中(地质历史条件下)受到磁化所保留下来的磁性,它基本上不受现代地磁场的影响而保持着其固有的方向和数值。根据古地磁学的研究表明,大部分的陆屑沉积岩和几乎所有的岩浆岩都具有剩余磁化强度。

由上述可知,表示岩、矿石磁性的参数主要有磁化率 k 和剩余磁化强度 M_r。

三、正常场和异常场及改正

在磁法勘探中,实测磁场总是由正常磁场和磁异常两部分组成的。其中,正常磁场又由地磁场的偶极子场和非偶极子场(大陆磁场)组成。通常情况下,正常场和异常场是相对的概念。正常场可以被认为是磁异常的背景场或基准场。在消除了各种短期磁场变化后,实测地磁场与区域磁场之间仍然存在差异,就称为磁异常。如果以 T_a 表示异常场,T 表示总磁场,T_0 为正常场,则应有 $T_a = T - T_0$。

磁异常又可以根据规模的大小及引起异常的地质体的不同分为区域异常和局部异常。区域异常一般是由分布范围较大、埋藏比较深的地质因素引起的;局部异常是由分布范围较小的局部构造或者是由埋藏较浅的磁性体引起的。本项目中物探磁法的使用,研究的是局部地区和异常地段的局部磁异常。

在航空磁测中,大多测量地磁场总强度 T 和正常场强度 T_0 的模数差 ΔT,即

$$\Delta T = |T| - |T_0| \tag{5-2}$$

在地面磁测中,主要测量磁场的垂直分量变化值 Z_a,称为垂直磁异常,即

$$Z_a = Z - Z_0 \tag{5-3}$$

式中　Z——实测垂直磁场强度;

　　　Z_0——正常垂直磁场强度。

在进行地面磁测工作时,测量的结果一般都是相对测量的结果,即各测点的读数相对于基点的读数差。这个数据是包括地磁场受各种因素影响后的数值,所以需要对观测结果进行干扰因素的改正。

(一)正常梯度改正(正常场纬度校正)

正常地磁场在空间上是有变化的,表现在随纬度呈现水平梯度变化。在实际工作中,进行大面积高精度磁测工作时,需要使用国际地磁参考场提供的系数,计算测区内 1 km×1 km 节点地磁场 T_0 值。然后用 1 nT 的间距绘制出等值线图做正常梯度改正。在北半球工作的具体方法是通过总基点的等值线为零线,向北每过一条等值线,数值减少 1 nT;向南每过一条等值线,数值增加 1 nT,以此类推。

在精度要求不高时,可以利用全国地磁图,查询工作区的磁场水平梯度,具体方法是用相邻两等值线的磁场差除以两等值线的南北向距离得到正常梯度值。

还应要注意的是,工作区在北半球,测点在基点以北时正常地磁场的影响值是正的,所以校正值应该为负。测点如果在基点以南,校正值则为正。

(二)日变校正

地磁场不仅随空间变化存在变化,它随时间也在发生变化,太阳日变是以太阳日即一天 24 h 为一个周期,称为地磁日变。它的特征是地磁场的地磁要素的周期变化是逐日不停进行的,其中振幅易变、相位几乎不变。在同一个磁纬度上,地磁日变的变化几乎从形态到幅值都很相似。但是在同一经度的不同纬度上其变化差异很大。因此,在高精度磁测时还需要设立日变观测站,用于消除地磁场周日变化和短周期扰动等影响。日变站观测可以获取工作区大地磁场的日变化资料,用于对工作区野外磁测数据进行日变改正,提高磁测工作的精度。

在地面磁测工作开始之前,在固定点选定日变观测站,在每天开展工作前和结束工作后连续测得地磁场 T_0 的变化曲线即为日变曲线,然后将测区内各测点上磁场测定时刻所对应的日变影响值加以消除。在实际工作中还应注意,要将参与工作的全部仪器(包括基点、日变站时间采集数据的仪器)逐一校正,以免出现人为误差。校正时,严格对应野外观测点的时间,在日变曲线上读取该时间的日变值,方法是:在日变曲线上量得某时刻相对早基时间的日变值并取反号,即为日变改正值,当读数为正,校正值为负,反之校正值为正。其公式为

$\Delta T = |T| - |T_0|$。

(三)温度校正

温度校正的目的在于消除因温度变化而引起的磁力仪性能改变而使读数受到的影响。磁性体对温度特别敏感,磁力仪由于内部装置中有磁性部件,同样对温度的反应比较敏感。当环境温度发生变化时,会使磁秤的读数有明显的变化,因此有必要对它进行校正。

在实际工作中,有些磁力仪配有温度补偿装置,但温度系数并不为零。测点观测时仪器的温度与基点观测时温度不同,需要对观测数据进行温度改正,一般是按事先求出的仪器温度系数进行校正,温度系数一般呈线性变化。设仪器的温度系数为 a,早基点温度为 t_0,观测点在进行数据观测时温度为 t,则改正值为 $-a(t-t_0)$。

(四)零点位移校正

零点位移校正的目的是消除因仪器性能不稳定而产生的零点漂移。仪器的零点漂移一般呈线性变化。在实际工作中一般是间隔一定时间在基点进行重复观测,根据数据计算基点磁场的变化值,用此数据进行日变改正和温度改正后,即得重复观测时的零点漂移值。数值的相反值就为零点改正值。

利用零点改正值可以作出零点改正曲线,在后期工作中可利用该曲线查询在重复观测时段内某时刻的零点改正值。

四、磁法勘探基本原理

磁法勘探是利用地壳内各种岩、矿石间的磁性差异所引起的磁场变化(磁异常)来寻找矿产资源和查明地下地质构造的一种物探方法。过去磁法勘探多用来研究大地构造和寻找磁性矿体,近年来磁法勘探在水利、土木、环境方面的应用越来越广泛。例如,在探测地下热源、含水破碎带、地下管道、地下电缆等方面均取得了良好的效果,现就基本原理进行简单阐述。

磁法勘探一般都是相对测量,地面磁测主要测 Z 的变化,有时也测 H 和 T。

假设在 A 点附近的地下存在一个近似为球形的未知地质体,该点的实际地磁场强度矢量 T 应该是正常地磁场值 T_0 与总磁场异常值 T_a 的矢量之和。已知本地的正常地磁场值为 T_0,则该点的总磁场异常值 $\Delta T = |T| - |T_0| = T - T_0$。

五、磁法测量的仪器设备

为量取地面磁场,进而准确计算磁异常数值的仪器称为磁力仪。它可以进行磁场、磁异常及岩石磁参数的数据采集。磁力仪根据工作原理、发展历程及内部结构的不同可以有不同的分类。

根据磁力仪的内部结构及工作原理划分为机械式磁力仪,如刃口式磁秤和悬丝式磁秤等;电子式磁力仪,如质子磁力仪、光泵磁力仪和磁通门磁力仪等。

根据磁力仪的工作原理及发展历程,磁力仪可分为第一代磁力仪、第二代磁力仪、第三代磁力仪,如图 5-1 所示。

按照测量的地磁场的参数和量值,磁力仪可以分为相对磁力仪和绝对磁力仪。相对磁力仪是测量地磁场垂直分量相对于参考数值的差值,如悬丝式磁力仪;绝对磁力仪是测量地磁场总强度的绝对值,如质子磁力仪。

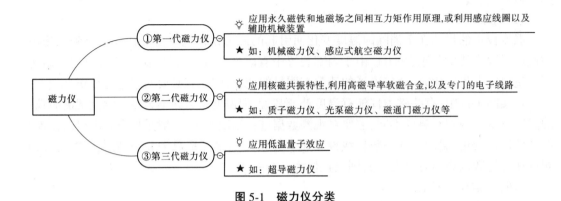

图 5-1　磁力仪分类

在我国,继质子旋进式磁力仪问世以来,又相继出现了光泵式、感应式、低温超导式和高温超导式磁力仪,随着电子技术和计算机技术的飞速发展,促进了地球物理仪器的更新换代,弱磁测量仪器的灵敏度不断提高($n×10$ nT,1 nT,0.1 nT,0.001 nT,10^{-6} nT)。高精度的弱磁测量可以带来新的地质信息,取得新的地质效果,促进磁法研究向深层次发展。

电磁式(高灵敏度)磁力仪主要包括磁通门磁力仪、质子旋进磁力仪、光泵磁力仪、感应类磁力仪和超导类磁力仪等。这些高灵敏度磁测量仪器由于其工作范围较宽(动态范围大),除可用于微弱磁信号的检测,如航空磁测、海洋磁测和井中磁测外,还可用于对磁测精度要求不高的地面磁法勘探。下面介绍几种常用的电磁式高精度磁力仪。

(一)质子磁力仪

质子磁力仪是从发明以来使用最普遍的磁力仪,它的优点是适用广泛、使用简单、数据可靠、价格实用。其在实践中的用途包括矿产资源勘探、工程勘探、环境检测以及监测磁场变化等。

质子磁力仪中含有液体,这种液体可以提供非常高的氢密度。它的工作原理是在工作中利用富含质子氢的液体产生旋进信号,富含质子氢液体探头上缠绕一定数量的线圈,通电后让极化直流电流通过线圈,便会产生 100 高斯(Gauss)的辅助磁通密度。仪器中的质子被极化至较强的净磁化强度,并与较强的磁通密度达到热平衡。

当直流电流切断时,辅助磁通状态终止,在工作中被"极化"的质子随即发生旋进从而恢复正常的磁通密度状态。质子的旋进频率和地磁场下的关系为

$$T = 23.487\,2\,f \quad (\text{nT}) \tag{5-4}$$

式中　f——质子的旋进频率;

　　　T——地磁场强度。

目前,质子磁力仪的灵敏度约为 0.1 nT。

(二)光泵磁力仪

光泵磁力仪是一种高灵敏度和高精度的磁测设备,它是以元素的原子能级在磁场中产生蔡曼分裂为基础,再加上光泵技术和磁共振技术制成的。

最典型的是氦(He4)光泵磁力仪。它的工作原理即所谓的光泵作用,是用氦灯照射气压较低的氦(He4)吸收室,产生亚稳态正氦的原子,这里原子都存在磁矩,光泵作用的结果是使原子的磁矩达到定向排列。

对于氦光泵磁力仪而言,磁矩和外磁场 F 的磁共振频率有如下关系:$F = 0.035\ 684\ 26 \times f_0$ (nT),显然 f_0 的频率比核旋的频率高得多。

光泵磁力仪的灵敏度可达 0.01 nT。

(三)磁通门磁力仪

早期最原始的磁通门磁力仪是激励线围绕在最里面,外面绕讯号线圈,反馈线圈为单片坡莫合金。这种探头的缺点是基波分量大,所以后来变成双片的。这种探头激励线圈顺接,讯号线围绕在外面,所以没有外磁场存在时,两边的基波分量是抵消的,这就突出了二次谐波分量。必须记住,磁通门只有激励到饱和才有讯号,讯号和磁场成比例。这种双片的典型探头现在还在使用。

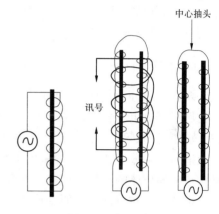

图 5-2　磁通门探头

探头后来发展成闭合磁路,就是现在磁通门探头用的。最新研制的磁通门探头如图 5-2 所示。探头只有一组线圈,激励从两端加入,中心抽头既是讯号,又是反馈。所以,这一组线圈起到激励、讯号、反馈三种作用。如果两边的圈数相等,电感相等,分布电容相等,干扰(包括基波分量)可以抵消。所以,这种探头的灵敏度虽低(2~4 μV/nT),但非常稳定,1.8 cm 的探头,当激励频率为 0.1~10 Hz 时,噪声水平为 1 nT。若用方波或正弦波激励,噪声水平还可以降低一些。用这种探头做成的磁力梯度仪已经成功。

磁通门磁力仪的灵敏率为 0.2 nT。

(四)超导量子磁力仪

超导磁力仪是现代磁力仪中灵敏度最高的仪器。它是以磁通量子为基准的磁力仪,Φ_0 称为磁通量量子。有:

$$\Phi_0 = h/2e = 2.07 \times 10^{-15}\ (\text{Wb}) = 2.07 \times 10^{-2}\ (\text{nT} \cdot \text{cm}^2) \tag{5-5}$$

式中　e——电子电荷量;

　　　h——普朗克常数。

Φ_0 只能取整数。磁通的分辨率高达 $10^{-4}\Phi_0$。

利用超导电性技术、超导量子干涉器件 SQUID 制成的磁力仪,灵敏度可高达 10^{-6} nT,是对零磁测量的最好手段。在岩石磁学和古地磁学中,可以测定磁性十分微弱的岩石标本,分辨率为 5×10^{-8} 电磁单位。这种仪器的探头需要液氦的低温条件,因此费用昂贵。

模块二　磁法勘探的工作方法和相应的技术要求

一、磁法勘探的工作方法

首先根据航磁异常特征,结合工作区范围、自然地理及交通状况,以往地质工作的程度,区域地质背景、构造情况和区域物化探特征,区域矿产状况、地质状况,确定项目施工方案,选用能满足设计要求的施工仪器设备,明确工作流程,包括测地工作中的测网敷设、磁法测量工作中的仪器一致性校验、基点选择、数据采集、物性工作、质量检查及原始数据记录等施工工艺。

依据设计和施工方案开展项目工作实践,布置测网,进行野外观测,采集数据,并通过对观测数据的汇总整理和分析得出结论,使用 ΔT 原始数据或经过化极、延拓后的数据绘制平面图和剖面图。在推断解释中,充分利用前人成果、地质矿产资料、实测物性参数和多方法测量结果,分析异常产因、成矿条件,并给出下一步工作的建议,重点异常给出钻探验证意见,最终撰写成果报告。

二、测网的布置及野外观测方法

磁法勘探一般分为普查、详查和精测三种。野外测网密度主要取决于所探测的目标,根据工作比例尺来决定。普查是用于了解区域构造地质特征,划分大的岩体或了解局部构造的位置、范围及产状等,一般采用1:20万或1:10万的比例尺布置测网。详查是用来了解构造形态及地质体的分布状况,一般采用1:5万或1:1万的比例尺进行工作。精测是为了具体查清某构造或地质体的产状及赋存情况等,一般采用1:500或1:5 000的比例尺,测点距可加密到 2 m×5 m。布置测网的原则是测线必须大致垂直构造走向和探测体长轴方向,对于近似等轴状探测体的勘探可采用方格网。密度要求一般要有 2~3 条测线,每条测线要有 3~5 个点通过异常。

磁测精度一般用均方误差来衡量,我国磁测工作采取三级精度标准:高精度,均方误差小于 5 nT;中精度,均方误差为 6~15 nT;低精度,均方误差可大于 15 nT。一个工区的磁测精度,通常都是通过系统重复观测确定的,在非异常区计算均方误差,异常区和磁场梯度大的地区采用平均相对误差。在水文、工程地质工作中,磁测精度要求一般应在中等精度以上。

磁测野外工作,由于磁力仪比较轻便,一般采用两人一个台组,在布置好的测网上逐站进行观测。在测区附近必须设立基点观测站,每天在出工和收工时要进行基点测量,其作用是将测区内的观测结果换算到统一的水平(校正)。另外,还应设立日变观测站,以便消除地磁场短周期扰动的影响。基点和日变观测站应选择在干扰噪声小的地方。

三、观测结果的整理

磁测取得的数据必须进行整理,以求出磁性体在各测点产生的磁异常值。在强磁区工作时,只要算出测点相对于基点的磁场增量,就可以认为是测点的异常值。在弱磁区工作或精密磁测时,还要对计算的结果进行各种改正。一般改正的项目有:

(1)日变改正,目的是消除地磁场日变对观测的影响。

(2)温度改正,目的是消除因温度变化引起磁力仪性能改变而使读数受到的影响。

(3)零点改正,目的是消除因仪器性能不稳定所产生的零点漂移。

在磁测精度要求较低时,上述三项改正可一并考虑,采用"混合改正",测区较大时,还要进行纬度改正。

由于高精度磁测仪器无零点漂移和温度的影响,故无须做温度改正和零点改正。考虑到环境及工程测量中所调查的范围不是太大,一般也不进行纬度改正。

最后将改正后的数据绘制成各种图件,如剖面图、剖面平面图、等值线平面图等,以供定性、定量解释时使用。

四、磁测数据的处理与解释

(一)磁测数据的处理

在环境与工程测量中获得的磁测数据的处理及解释方法与矿产勘察中数据处理及解释方法基本相同。数据处理大体上可分为滤除干扰的一般处理和提取信息的专项处理两类。一般处理的目的在于滤除干扰,得到能客观反映磁场面貌特征的基础图件。专项处理的目的在于尽可能多地提取有效信息,或改变异常形式,以便于解释及与地质等综合信息的对比分析。

专项处理方法大致分成三类:

(1)位场转换处理方法,如化极处理、磁重转换等。

(2)突出"平缓场"弱变化的处理方法,如自适应滤波、互相关滤波等。

(3)划分区域场与突出局部异常的方法,如上、下延拓,求导与积分,匹配滤波等。

需要指出的是,上述处理方法的应用应根据实际情况进行取舍。

另外,针对某些特殊情况,常用以下与高精度磁测相匹配的数据处理技术,避免处理精度不够对有用信息的损失。

(1)磁异常弱信号提取技术,增强异常分辨能力。在利用磁异常进行地质问题调查中经常会遇到有用异常被干扰所淹没而难以分辨,所以弱异常的提取在磁异常解释中具有十分重要的意义。

(2)航磁低纬度化极与变磁倾角化极的目的是解决航磁低纬度化极的不稳定性问题。

(3)磁异常曲面延拓。位场曲面延拓,对中高山区磁场的解释特别重要。

(4)不同深度磁场的划分。是为了提高磁场的垂向分辨率。

(二)磁异常的推断解释

磁异常的解释比较复杂,因为磁异常形态取决于诸多因素,如物体的几何形态、物体所处位置上的地磁场方向、组成物体岩土的磁化方向、相对于物体轴向的测线方位等。因此,在解释磁异常时,要特别注意分析磁异常的平面特征和剖面特征。磁异常反演可以采用比较成熟的一些反演方法,如特征点法、切线法、梯度积分法、矢量解释法、线性反演法等。

1.几种简单形体的磁异常特征

1)柱状体的 Z_a 曲线特征

在自然界中的火山颈、筒状体等均可看作柱状体。在北半球向北倾斜的柱状体基本上都是顺轴磁化,磁化方向由柱顶指向柱底,即柱顶为负磁极,柱底为正磁极,其他地方无磁极分布。当柱体截面面积很小并向地下延伸深度较深时,柱底正磁极在地表产生的磁场可以忽略,这时就相当于一个负点磁极(单极)产生的磁场。在通过正上方的剖面上,Z_a 曲线的特征如图 5-3(a)所示。由图可见,在柱顶上方出现 Z_a 极大值,曲线两侧对称,且向两侧逐渐减小,远处趋于零,但不出现负值。柱顶上方的 Z_a 平面等值线特征是以柱顶在地面投影为圆心的一系列同心圆,如图 5-3(b)所示。若柱体延伸深度有限(双极)或斜磁化,Z_a 曲线呈不对称状,且在倾斜一侧,或在产生正磁荷的一侧出现负值。

2)球体的 Z_a 曲线特征

自然界中的囊状体、透镜体、充有磁性矿物的溶洞都可以近似看作球体。一个均匀磁化球体的磁场等效于一个磁偶极子的磁场。图 5-4 和图 5-5 分别为垂直磁化和倾斜磁化 Z_a 异

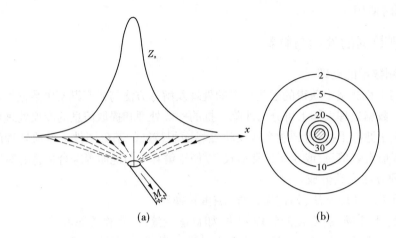

图 5-3　柱状体的 Z_a 曲线异常

常曲线图及断面上磁力线的示意图。垂直磁化的 Z_a 异常曲线呈对称状,极大值在球心正上方,两侧逐渐减小,且出现负值,远处趋于零。球顶上的平面 Z_a 等值线形状是以球心在地面投影为圆心的一系列同心圆,中间部分为正值,外围等值线为负值。斜磁化的 Z_a 异常曲线呈不对称状,两侧负值不相等,当磁化强度向右下倾斜时,Z_a 极大值向左移,右侧负值幅度较大。其等值线形状倾斜侧变密,另一侧变疏。

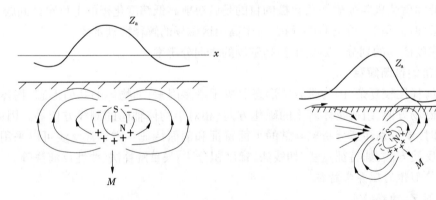

图 5-4　垂直磁化球体 Z_a 曲线　　　　**图 5-5　倾斜磁化球体 Z_a 曲线**

3) 板状(脉状)体的 Z_a 曲线特征

自然界中的层状体、脉状体都可近似地看作板状体。当板状体的顶面埋深小于上顶面宽度时,为厚板,反之为薄板,薄板和厚板的磁场特征基本类似。当 M 的方向与层面平行时,称为顺层磁化,斜交时称为斜磁化。

当板状体无限延伸且顺层磁化时(单极线),主剖面上 Z_a 曲线特征同单极的异常形态类似(见图 5-6),只是异常梯度变缓,宽度增大。在平面上,Z_a 等值线的形状呈条带状。在斜磁化时,Z_a 异常曲线呈不对称状,当板状体倾角小于地磁场倾角时(见图 5-7),Z_a 曲线极大值向右偏移,左侧出现负值。其他情况可自行分析。在等值线平面图上,Z_a 等值线呈具有一定走向的条带状,一侧为正值,另一侧为负值。

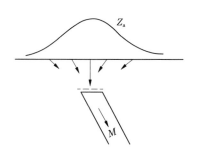

图 5-6　顺层磁化板状体 Z_a 曲线

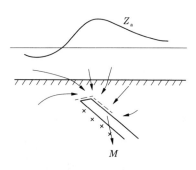

图 5-7　斜磁化板状体 Z_a 曲线

4) 接触带的 Z_a 曲线特征

垂直接触带走向的测线上, Z_a 异常曲线的特征, 在磁性岩层一侧出现正值, 且延续较长范围, 非磁性岩层一侧出现负值。

2. 磁异常的定性解释

1) 磁异常解释的步骤

在磁异常图上, 首先是根据勘探任务, 从异常的规模、形态、梯度、峰值高低等异常特征入手, 确定哪些是与勘探任务有关的有用异常, 哪些是与勘探任务无关的干扰异常; 然后用区域校正的方法消除干扰, 突出并绘制出有用异常。在解释过程中还应密切结合工区的地质和其他物探资料, 综合对比分析, 从中找出引起磁异常的地质因素, 最后对有意义的异常, 可做定量或半定量计算。

2) 磁异常特征与地质体之间的关系

磁异常的形态与地质体的形状、磁性强弱、产状等的关系, 可综合如下:

(1) 如果在等值线平面图上磁异常沿某一方向延伸较远, 说明该磁性体为二度体, 长轴方向即为磁性地质体的走向。当磁异常无明显走向时, 说明磁性体可能为球、柱等二度体。磁性地质体的规模可根据异常范围大致确定。

(2) 在 Z_a 等值线平面图上, 如果发现在正异常周围有负异常, 一般由有限延伸的磁性地质体引起; 如果只在一侧出现负值, 则由无限延伸斜磁化地质体引起; 如果在正异常周围不出现负异常, 则为顺层(轴)磁化无限延深的地质体。

(3) 磁异常幅值的大小与地质体的磁化强度成正比, 且随地质体的体积增大而增加。当 M 和体积一定时, 磁异常随地质体的埋深加大而减小, 且曲线梯度小, 异常范围加宽。

(4) 另外, 根据磁异常等值线平面图还可以圈定地质体在地面的投影位置。当 Z_a 曲线呈对称状时, 高值带一般出现在磁性地质体正上方; 当异常曲线不对称时, 极大值相对于地质体中心有偏移, 这时地质体中心在地面的投影位于极大值和极小值之间。

3. 磁异常的定量解释

1) 特征点法

特征点法主要用于简单形体求解。对于无限延深顺辅磁化的柱体(单极), 可用式(5-6)来求顶面埋深 h:

$$X_1/2 = 0.766h \tag{5-6}$$

式中　$X_1/2$——原点(极大值点)到半极值点的距离。

无限延伸顺层磁化的板状体顶板埋深 h 为

$$h = X_1/2$$

水平圆柱(偶极线)中心埋深 h 为

$$h = X_0$$

2)切线法

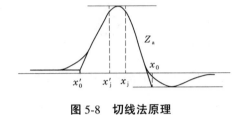

切线法是一种近似的经验方法。其特点是方法精度不高但速度较快。具体做法是分别通过曲线极大值、极小值及曲线两翼拐点作五条切线,如图 5-8 所示。利用拐点切线与极值点切线交点的横坐标来求磁性体埋深 h。

图 5-8　切线法原理

3)选择法

选择法也称为理论曲线与实测曲线对比法。它是根据实测曲线和地质资料分析,初步确定地下磁性体的产状、体积及埋深,然后利用理论公式计算出其异常曲线,并用此理论曲线与实测曲线进行对比,如果两条曲线基本特征一致,说明原确定的磁性体参数符合实际情况;若差别较大,需要进一步修改有关参数再计算理论曲线,再对比,以逐步逼近实测曲线,直至两条曲线吻合。此时假定的各参数即为实测磁性体参数。具体计算方法多采用量板法或计算机处理。

模块三　磁法勘探实践案例

磁法勘探案例为"河北省山区 1:25 000 高精度航空磁测勘察石保测区、张家口东测区航磁异常查证(续作)"。

本次磁法勘探工作比例尺为 1:10 000,网度为 100 m×20 m。依据地质体的展布方向及航磁异常形态,测线方向为 337°。点、线号编排原则是南小北大,西小东大。测线方向和测点方向均采用 1 m 一个号。在面积工作的基础上,又进行了剖面性工作,剖面方向为垂直异常走向,剖面点距定为 20 m。工作方法是高精度磁测,共布置剖面 3 条。

一、收集资料

充分收集测区内的地质、地形和地理资料,特别是工作区范围内以往的地质工作成果资料。将区域地质背景、区域构造、区域矿产情况等详细资料系统总结。

二、现场踏勘

进行现场踏勘,现场查看测区地形地势,验证地理交通情况,了解测区分布的村庄情况、植被状况、经济状况,与附近村委会村民做初步的沟通交流,为工作组的住宿安排,基准站、日变站的选取做准备。

三、确定施工方案

以标准、规范为依据,结合现场踏勘实际情况确定项目施工方案。确定异常查证的技术方法,选择合适的仪器设备,明确野外施工工作流程。

异常查证分两部分同时进行:测地工作和磁法工作。

(一)测地工作

1. 选择仪器及参数

其中控制点、精测剖面测量采用的是中海达的 RTK,确定点位采用的是佳明 GPS-MAP62S。

2. 野外工作

野外定点采用航线导航。将测线以 1 km/点输入 GPS 自带软件中制成航线,再导入手持 GPS;定点用坐标纸找点。每天野外工作结束后,将 GPS 存储点保存。

3. 质量检查

面积测量质检率不少于 3%,精测剖面测量质检率不少于 10%,质检点在时间上和空间上力求均匀分布。

所定点位的最大平面误差值,在按工作比例尺所作的图上需不大于 1 mm。

4. 原始资料的记录

实测点位由 GPS 传输至计算机存储为电子文档,按日期、GPS 仪器号区分文件名称。

野外工作完成后,提交测量点位质量检查表,内容为每个质检点的检查日期、剖面号、点号、理论横坐标、纵坐标和实测横坐标、纵坐标,计算单点测量误差,最后统计全区的点位中误差,公式为

$$M_{点位} = \pm \sqrt{\frac{1}{2n}\sum_{i=1}^{n}(X_i - X_{i0})^2 + (Y_i - Y_{i0})^2} \tag{5-7}$$

(二)磁法工作

1. 工作方法(高精度磁测)

通过高精度磁力仪采集每个物理点的磁场总场强度值(T),对野外采集数据进行各项改正后得到 T 值并做化极、延拓等处理,绘制成果图件,研究磁异常特征,推断解释引起异常的原因,达到找矿和解决其他地质问题的目的。

2. 注意事项

(1)位于正常场内。

(2)磁场的水平梯度和垂直梯度变化较小,在半径 2 m、高差 0.5 m 的范围内,磁场变化不超过设计均方误差的 1/2。

(3)附近没有磁性干扰物(特别是可移动的干扰物)并远离建筑物和工业设施(如铁路、厂房、高压线等)。

(4)能长期不被占用,有利于标志的长期保存。

标本的采集及注意事项:物性标本与异常源有关的应大于 30 块,围岩应大于 10 块。物性标本的规格为 8 cm×8 cm×8 cm,物性标本测定采用高斯第二位置,测定参数为磁化率 κ 值($10^{-6}4\pi SI$)和剩磁强度 J_r($10^{-3}A/m$)。

3. 质量检查及原则

原则:"一同三不同"。质检率:面积测量>3%,精测剖面测量>10%,标本测量>10%;磁测精度:磁场平稳地区均方误差不超过 ±5 nT,强磁异常区平均相对误差不超过 5%。

4. 原始资料整理

及时记录资料,如磁法测量野外记录本、标本磁性测量野外记录本、磁法测量日验收表、

磁法测量质量检查表(磁力仪一致性校验误差统计表、野外磁法测量误差统计表)。

5.成果解释及注意事项

成果解释主要是使用 ΔT 原始数据经过化极、延拓后的数据绘制解释图件。在推断解释中,充分利用前人成果、地质矿产资料、实测物性参数和多方法测量结果,分析异常产因、成矿条件,并给出下一步工作的建议。

1)地面磁法剖面图

精测剖面都应绘制地面磁法 ΔT 剖面图,主要内容为单剖面的点号和对应的 ΔT 值(成图数据应剔除受干扰的物理点)。

ΔT 剖面图使用 Grapher 绘制,剖面反演使用中国地质调查局发展研究中心研发的 RGIS 软件。

2)平面图件

野外工作结束后,应绘制实际材料图(包括地理底图、控制点、测网、质检点位置、标本采集点等内容,不同工作方法以不同图标表示)、ΔT 剖面平面图、ΔT 等值线平面图(网格间距一般为 50 m×50 m,按成图效果可适当调整),另按需要还应绘制化极、延拓等数据处理后的图件和构造、矿体推断解释图件。

平面图绘制主要使用软件为 MapGIS,数据处理使用中国地质调查局发展研究中心研发的 RGIS 软件。

四、野外工作部署及施工

比例尺为 1:10 000,网度为 100 m×20 m,测线方位角 130°。

在野外工作部署中,选择合理的测网密度、工作精度,是保证任务又好又快地完成的关键。测网是由相互平行的等间距的测线和测线上等间距的测点组成的。普查时,测网选择的原则是保证线距能有 1~2 条测线通过有工业意义的最小矿体异常,在通过异常的测线上能有 2~3 个测点,目的是保证不漏掉最小的有工业价值的矿体。

五、资料处理

(一)磁法测量野外记录本

野外测量结束后,将仪器存储数据输出至计算机中。按日期和仪器号制作表格形式的电子文档,内容有日期、仪器号、操作人员、回放号、剖面号、点号、早晚基点和数据存储时间、原始值、经过处理后的日改、梯改值、最终计算值。遇到干扰状况时在备注注明干扰源。

(二)标本磁性测量记录本

记录本内容包括标本编号、岩性、距离 r、标本体积、数据采集时间、磁化率 κ 值(10^{-5} SI)和剩磁强度 J_r(10^{-3} A/m),并按照标本的岩性统计磁化率和剩磁强度的平均值。

(三)磁法测量日验收表

每天填写当日完成的工作情况统计表。记录当日完成的测量剖面、起止点号、早晚基之差、仪器的操作者、校对者和检查者及仪器使用情况。

(四)磁法测量质量检查表

内容包括磁力仪一致性校验误差统计表和野外磁法测量误差统计表。

磁力仪一致性校验误差统计表内容为每个一致性测量点所使用的仪器号、经日变改正后第 1 次和第 2 次测量的 ΔT 值,并计算单点全部仪器测量值的平均值和误差平方和,最后统计所有使用仪器的一致性均方误差,结果为±1.38 nT,符合规范要求。

磁法测量误差统计表内容包括每个质检点的剖面号、点号,原始和质检测量的日期、仪器号、操作人员、ΔT 值,并计算单点的误差或相对误差值,最后按平稳磁场区和强磁异常区分别统计全区的均方误差和平均相对误差,结果符合设计要求。

六、成果解释

成果解释主要是使用 ΔT 原始数据或经过化极、延拓后的数据绘制平面图和剖面图。在推断解释中,充分利用前人成果、地质矿产资料、实测物性参数和切线法、反演法等多种方法测量结果,分析异常产因、成矿条件,并给出下一步工作的建议。本项目综合使用了 Sufer、MapGIS、Geosoft 等专业程序软件,项目的数据处理和成果解释中充分利用各软件对数据处理算法的优势和对图形处理的优势,相互补充,相互验证,令最终的成果元素更丰富、更准确、更能说明问题。

(一)地面磁法剖面图

精测剖面都绘制了地面磁法 ΔT 剖面图,主要内容为单剖面的点号和对应的 ΔT 值(成图数据剔除了受干扰的物理点)。

选取异常形态较好、推断成矿较有利的 01、03 剖面绘制了综合剖面图,内容包括实测、化极、延拓和实测地形、地质剖面以及推断的磁性地质体和矿(化)体大致位置(结合野外磁化率仪和标本测定的磁性参数确定),并标出了建议钻孔的位置及孔深。

ΔT 剖面图使用 Grapher 绘制,剖面反演使用中国地质调查局发展研究中心研发的 RGIS 软件。

(二)平面图件

野外工作结束后,绘制了实际材料图(包括地理底图、控制点、测网、质检点位置、标本采集点等内容)、ΔT 剖面平面图、ΔT 等值线平面图,还绘制出了化极、延拓等数据处理后的图件和推断解释图件。平面图绘制主要使用软件为 MapGIS,数据处理使用中国地质调查局发展研究中心研发的 RGIS 软件。

七、总结和提交成果

野外施工完成后,应着手进行系统总结,并及时整理项目成果,上报成果材料,进行报告审查和完善。

最后提交河北张家口—承德地区 1:25 000 航磁调查张北县双爱堂测区面积性查证工作报告、原始资料和成果图件。

八、质量保证及安全技术措施

实行项目负责人制度,项目负责人对项目负全面责任。按质量体系要求,从野外到室内控制各个质量环节,每一过程都要详细记录,从控制过程入手,达到控制质量的目的。工作标准执行部颁各项技术管理规范。

模块四　成果报告编写

一、磁法勘探成果报告的编写

磁法勘探成果报告和磁法勘探工作成果质量的最终体现。在撰写过程中必须紧密联系实践,认真分析研究,提出能反映客观实际、效果良好的成果报告。

磁法勘探成果报告要求内容全面、实事求是、重点突出、文字简洁、论据充分、结论明确,还要求附图、表齐全。

磁法勘探成果报告应由项目组组长或由组长指定专人撰写,需要组织项目内成员进行修改讨论后交由单位总工办,总工办组织专家审核批准后,再进行提交。

二、磁法勘探成果报告的内容

磁法勘探成果报告的撰写可以参考下列内容要求:

(1)绪言。说明本次工作的工作任务(包括工作目的、要求、工区范围以及工作的比例尺),明确要完成的任务量和主要的工作成果,工作区概况以及以往地质工作的程度和范围。

(2)区域地质及地球物理特征。简述与本次工作有关的物性特征(区域地质背景、磁法勘探工作区的地质情况分析、工作区的航磁异常特征以及其他勘探方法的成果)。

(3)工作方法与技术。详细叙述野外施工工作布置、工作方法的选择和依据,仪器的选择和性能;将野外施工的测地工作、磁法工作以及野外观测质量的检查和评价分别论述。

(4)磁法勘探异常的解释推断。简述采用的解释方法和选择的依据,叙述对数据的整理和分析过程。

(5)结论建议。阐明任务的解决程度,提出本次工作的成果及地质结论,提出下一步工作的建议。

(6)附图。附图尽可能全面,一般包括磁法勘探工作布置图、磁法测量实际材料图、地质磁法综合平面图、点位数据图、磁法测量平面等值线图、平面剖面图、化磁极平面等值线图、剖面综合图、异常解释推断图,有必要时还需要附向上延拓图。

三、成果报告的审查与提交

在工作结束后,项目组可以向有关单位提交资料和初步成果。

(一)野外施工工作任务完成后,应送审和提交的资料

(1)磁法勘探成果报告及附图、附表。

(2)磁法测量的原始记录(如仪器校验记录、野外观测记录本、日变观测数据和日变曲线图等)。

(3)中间资料(如整理数据资料、磁法参数、各种解释资料等)。

(4)有关地质资料(如地质图、地质剖面图、地质素描图、钻孔柱状图等)。

(5)提交审查的成果报告,严格按照规范要求,内容完整、字迹清楚、图件齐全。

(二)磁法勘探的成果报告审查与通过批准

(1)成果报告及附图、表,需项目组长及总工办有关人员校核后交本单位,由队长或技术负责人审查并提出修改意见。修改无误后由审查人签字。

(2)审查后的成果如需报送上级核定批准,只有核定批准后方可复制,并送交有关单位使用与归档。

(三)磁法勘探成果资料不予验收和审查的情况

如有下列情况之一,成果资料不予以验收和审查:

(1)未按规定绘制的图件。

(2)未经有关人员审核签字的图件、图表。

(3)资料、图表混乱,未经认真整理装订。

(四)磁法勘探成果报告不予核定、批准的情况

如有下列情况之一,磁法勘探成果资料不予以核定、批准:

(1)综合分析研究过程不充分,对主要问题没有提出明确的结论和建议,或者结论牵强者。

(2)概念不清,前后矛盾,图件中有重要错误者。

遇到上述情况,应退回报告与成果资料,进行修改,再次审查后,报送核定批准。

模块五 任务小结

(1)通过学习磁法勘探的基本理论,了解磁法勘探的工作原理。

(2)认识磁法勘探的工作方法,明确相应的技术规范要求。

(3)最终掌握磁法勘探工作并能成功进行成果报告的撰写及提交。

任务二 重力勘探技术

模块一 知识(技术)入门

重力勘探是常用的物探方法之一。重力勘探是通过野外对工区各点重力大小的观测,获取该区有关地质体或地质构造产生的重力异常,然后通过分析研究这些重力异常的变化规律,来解决有关地质、找矿、工程等问题的地球物理勘探方法。在实际应用中常用来配合其他物探方法查明地壳深部构造、大地构造分区、断层、基岩起伏、隐伏岩体、含水溶洞、空洞、储热层、地面塌陷等。

一、重力勘探相关理论知识

(一)地球的形状

地球表面的形状凹凸不平,形态复杂,大约70%的表面皆被海水覆盖,其他被陆地覆盖,无论是海底地形,还是陆地地形,都高低起伏,甚至高达数万米,但整体上说与地球的大小相比变化微小。因此,为了研究方便,经常把地球当成表面光滑的球体来看待。理想状态下,以平静海平面延伸到各个大陆之下所形成的封闭面,即大地水准面的形状作为地球的基本形状,如图 5-9 所示。

地球质量约为 $5.976×10^{27}$ g。它是一个旋转椭球体,其基本形态参数如下:

赤道半径　　　　　　　　　　　$C = 6\ 378.16$ km

极半径　　　　　　　　　　　　$b = 6\ 356.76$ km

椭球体扁率　　　　　　　　　　$e = (a-b)/a = 1/298.05$

(二)地壳的结构及其密度界面

按照组成地球的物质成分,其主要构造可分为三层:最外层称为地壳,中间的称为地幔,内部称为地核,见图 5-10。

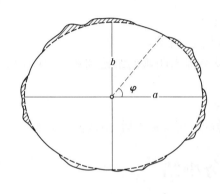

图 5-9　地球的形态

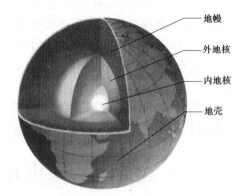

图 5-10　地球的内部构造

地壳的厚度各地不一,大陆上的平原区一般为 30~40 km,山地与高原区增厚,如青藏高原地壳厚达 60 km 以上,天山可达 80~90 km。大洋之下较薄,如大西洋、印度洋只有 10~15 km;太平洋底更薄,只有 5 km 左右。

组成地壳的物质成分主要是硅、铝、镁等。根据硅、铝、镁含量的多少,又可分为两层:上层主要由密度较小的富含硅、铝的花岗岩组成,称为花岗岩层,平均密度为 2.7 g/cm³;下层由富含硅、镁的玄武岩组成,称为玄武岩层,平均密度约为 3.1 g/cm³。花岗岩层与玄武岩层的分界面称为康拉德界面,此面上、下岩层之间的密度差为 0.4 g/cm³ 左右,是地壳中主要密度分界面之一。

从地壳底部向下一直到 2 900 km 左右深的部分称为地幔,根据组成地幔的物质成分的差别,又可分为上地幔和下地幔。上地幔深度大致为 33~900 km,主要为基性、超基性岩,物质密度为 3.32~4.49 g/cm³;下地幔物质则主要为铁镍等金属氧化物,深度为 900~2 900 km,密度为 4.60~5.68 g/cm³。地幔与地壳的分界面称为莫霍维奇面,简称莫霍面。它的上、下层间的密度差平均为 0.3 g/cm³,因此莫霍面是地壳深部一个主要过渡带的密度界面,重力勘探方法可以通过测知它引起的区域布格重力异常和均衡重力异常而推断地壳深部的构造起伏情况。

从 2 900 km 以下一直到地心称为地核,又可分为外核、过渡带和内核三部分。组成地核的物质成分目前还不甚清楚,推测主要为铁镍物质,故称为铁镍核,密度约从 9.69 g/cm³ 增至 12.17 g/cm³。地球平均密度为 5.53 g/cm³。

二、重力场和重力异常

在宇宙中,具有地球重力作用的空间称为重力场。在重力场中,单位质量的质点所受重力的大小,称为该点的重力场强度。在地壳内,各种不同的岩石和矿石与围岩存在密度的差异,引起了重力场强度的微小变化,这种变化称为重力异常。

地壳最上部有一层厚度不大、密度极不均匀的沉积岩和风化土形成的地壳表层。在这一层中,由于地球内部和外部各种因素的相互影响,在长期发展过程中,形成了各种各样的地质构造,富集了多种有用矿产。目前,各种地质勘探方法所能直接探查和研究的范围也就限于这一地壳表层。当表层地质构造或矿产的密度与围岩有着明显差异时,在它们的上方及其周围地表就会产生局部重力场的变化,因此将野外实测得到的重力值与同点正常场重力值相比会有一定差异。

因此,野外观测的重力值既包含了自然地形变化、高度变化等因素的影响,又有地下密度不均匀体造成的重力变化,而后者正是重力勘探所要研究的问题。为此,就必须把前者消除。

在重力勘探中,我们把从实测重力值中减去正常重力值以及消除地形等因素影响后的相对剩余重力值称为重力异常,用 $\Delta g_{异}$ 表示,即

$$\Delta g_{异} = (g_{观} - g_0) - (\Delta g_{地} + \Delta g_{h} + \cdots)\tag{5-8}$$

式中　$g_{观}、g_0$——野外重力实测值和正常场理论重力值;

$\Delta g_{地} + \Delta g_{h} + \cdots$——地形、高程等因素对重力场的影响值之和。

三、岩石密度及其测定

一个地区的地层、岩石密度资料,不仅是开展重力勘探的重要地球物理依据,而且是计算重力异常,进行外部校正和异常解释中不可缺少的物性参数。在开展重力勘探时同时收集或测定岩石密度资料是十分重要的,能否做好这项工作,将直接影响重力勘探各主要环节的质量,最后影响重力勘探的地质效果。所以,重力勘探队必须安排专人从事这项工作。

(一)在采集标本时应注意的问题

(1)标本不能在风化露头上采集。

(2)在浮土较厚、相对高差较大的地区,浮土的密度也应予以仔细测定。

(3)取样时应及时编号、登记,注明岩石的名称、采集地点及地层年代等。

(4)若在同一工区同时开展其他物探方法,在采集物性标本时应考虑其他方法的特点和对标本的要求,使大多数标本能同时测定其他物性参数。

(二)对岩石采集及测定的要求

(1)要求系统地采集地层中不同岩性岩石标本,进行密度测定并进行密度资料的整理。

(2)要注意岩石标本的代表性,对于岩层比较厚、分布范围广、在测区内占主要部分的岩石、勘探对象及其围岩,应采集较多的标本,进行大量的测定;对于一些薄层或与勘探目的关系不大的岩石,可以少采样、少测量;对异常区和岩性变化较大地段,应多采样、多测量;对正常区和岩性比较稳定的地段,可以少测或不测。

(3)既要注意深部,也要注意浅部标本的收集和测定。表层岩石密度的变化资料对中

间层校正和地形校正都是不可缺少的。深部岩石标本不易采集,应充分利用已有的岩芯和测井资料,特别是测井资料。

(4)对于孔隙度比较大的岩石或矿石,测定时应尽量保持原始状态的湿度。如不能及时测定密度,应用蜡封存。

(5)每种岩石的标本通常至少要采集 50~100 块,每块标本的质量以 50~100 g 为宜。

(6)密度测定的精度至 0.01 g/cm³。

(三)岩石密度测定方法

1. 天平法

根据阿基米德原理,物体在水中减轻的质量等于它排开同体积水的质量。对于 4 ℃ 的水,1 cm³ 的体积质量为 1 g。因此,用天平在空气中称得标本的质量为 P_1,在水中称得标本的质量为 P_2 时,它的密度为

$$\rho = P_1/V = P_1/(P_1 - P_2) \cdot \rho_0 \tag{5-9}$$

式中　V——岩石标本的体积;

　　ρ_0——4 ℃时水的密度,等于 1 g/cm³。

2. 密度仪法

天平法测定岩石标本的密度比较麻烦,只适合于少量标本的测定。大量标本的密度测定可用密度仪,操作简单,效率高。

(四)常见岩、矿石密度

常见岩、矿石密度值见表 5-1。

表 5-1　常见岩、矿石密度值　　　　　　　　　　单位:g/cm³

名称	密度范围	名称	密度范围
纯橄榄岩	2.5~3.3	锰矿	3.4~6.0
橄榄岩	2.6~3.6	钨酸钙矿	5.9~6.2
玄武岩	2.6~3.3	铬铁矿	3.2~4.4
辉长岩	2.7~3.4	赤铁矿	5.1~5.2
安山岩	2.5~3.8	磁铁矿	4.8~5.2
辉绿岩	2.9~3.3	黄铁矿	4.9~5.2
玢岩	2.6~3.9	黄铜矿	4.1~4.3
花岗岩	2.4~3.1	钛铁矿	4.5~5.0
石英岩	2.6~2.9	磁黄铁矿	4.3~4.8
流纹岩	2.3~2.9	表土	1.1~2.0
片麻岩	2.4~2.9	黏土	1.5~2.2
云母岩	2.5~3.0	铝矾土	2.4~2.5
千枚岩	2.7~2.8	干砂	1.4~1.7
蛇纹岩	2.6~3.2	白垩	1.8~2.6
大理岩	2.6~2.9	硬石膏	2.7~3.0

续表 5-1

名称	密度范围	名称	密度范围
白云岩	2.4~2.9	石膏	2.2~2.4
页岩	2.1~2.8	煤	1.2~1.7
石灰岩	2.3~3.0	褐煤	1.1~1.3
砂岩	1.8~2.8	钾盐	1.9~2.0
闪长岩	2.7~3.0	岩盐	2.1~2.2
重晶石	4.4~4.7	刚玉	3.9~4.0
氟石	3.1~3.2		

模块二　重力勘探技术应用及案例

　　本案例依托于中国地质调查局地质调查任务,广泛收集研究区域地物资料和矿产资料,对比区域上超基性岩成矿的特征,在西藏某地选择了成矿好的超基性岩体,采用大比例尺的物探测量工作圈定异常,查明铬铁矿与超基性岩体的对应关系。

　　对查证的地面重磁测资料进行了各种相关处理,包括异常的圆滑滤波、化极、提取局部场、正反演解释等,最终得出了供推断解释使用的重磁异常图件。通过重磁异常特征分布的分析并与地质资料对比,探讨并研究了该区铬铁矿异常与其围岩的地球物理特征,初步圈定了引起重磁异常的铬铁矿异常。

一、工作的技术路线

　　重力勘探工作的技术路线可以归纳为:首先要进行工作区的相关资料收集(包括地质资料、物探化探资料等),将收集到的资料进行整理,挑选出与工作内容关系较大的进行系统数字化;其次开始重力原始数据的采集工作;然后对数据进行处理并解释;最后对工作成果进行总结,撰写成果报告,见图 5-11。

```
┌──────────────┐
│   重力勘探    │
└──────────────┘
    │ ┌──────────────┐
    ├─│  前期资料收集  │
    │ └──────────────┘
    │ ┌──────────────┐
    ├─│  原始数据采集  │
    │ └──────────────┘
    │ ┌──────────────┐
    ├─│  数据预处理    │
    │ └──────────────┘
    │ ┌──────────────┐
    ├─│  数据常规处理  │
    │ └──────────────┘
    │ ┌──────────────┐
    ├─│ 异常分区、解释 │
    │ └──────────────┘
    │ ┌──────────────┐
    ├─│ 模型正、反演验证│
    │ └──────────────┘
    │ ┌──────────────┐
    └─│   撰写报告    │
      └──────────────┘
```

图 5-11　重力勘探技术路线

二、选择仪器

(一)重力仪的分类

　　重力仪是进行重力测量的仪器,种类很多。从构造上,重力仪可以分为平移式和旋转式两大类型;从制作材料上及工作原理上又可分为石英弹簧重力仪、金属弹簧重力仪、振弦重力仪及超导重力仪;根据应用领域可以分为地面重力仪、海洋重力仪、航空重力仪以及井中重力仪等。在这里我们主要介绍地面重力仪。地面重力仪根据用途可分为两类:一类是用于野外流动观测以获取测区内重力分布的资料的重力仪;另一类是用于固定台站观测重力随时间的变化情况,用于天然地震预报研究、地下水位监测或做重力固体潮测量等的重力仪。

（二）石英弹簧重力仪

石英弹簧重力仪的品种虽多，但工作原理相同。下面介绍本次工作选用的 ZSM-V 型仪器。

1. 仪器性能指标

仪器性能指标略。

2. 仪器构造

该仪器的主体结构分为三部分，分别是弹性系统、光学系统和测量系统。

1）弹性系统

弹性系统位于仪器主体的底部，由重荷、摆杆、水平摆钮丝、主弹簧及温度补偿装置、读数弹簧、测程弹簧等组成。除重荷及温度补偿装置为金属外，其他均用熔融石英制成，被一个石英矩形框架支撑并固定在密封容器的顶盖下。

2）光学系统

光学系统是一个放大倍数约为 200 的长焦距显微镜，由指示丝形成的亮线影像指示平衡体的位置。当亮线与刻度片中的零线重合时，表示平衡体已处在零线位置。

3）测量系统

测量系统由读数装置，测程调节装置及纵、横水准器等组成。读数装置见图 5-12。

三、原始数据采集

重力勘探是通过测量地下地质体引起的重力异常来确定这些地质体的埋深、大小和形状等其他特征，进而推断测区的矿产分布情况和地质构造的一种地球物理勘探方法。所以，测量数据的采集是整个项目最关键的环节。

（一）区域重力场

1:100 万重力资料显示，以雅鲁藏布江为界，地壳结构显示南北差异较大。从青藏高原布格重力异常图中清楚地反映在高原腹部的羌塘地块，存在一个巨大的、宽缓的负异常区，说明这里有大量的地壳低密度硅铝层物质存在，且分布均匀。异常中心负值高达$-500 \sim -550 \times 10^{-5}$ m/s² ，反映了地壳厚度巨大的特征。重力梯度带则位于盆地边缘与高山带的结合部位。

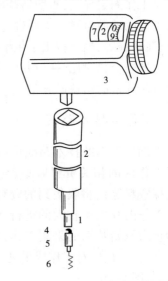

1—测微螺丝；2—连杆；3—测微读数器；
4—钢球；5—导向装置；6—读数弹簧。

图 5-12　读数装置

（二）异常场

调查区所处的羌塘盆地中心地带，异常值变化很小。从布格重力异常图显示出南疏北密的特点，可能反映莫霍面具南深北浅或边界断裂（对应班公错—怒江结合带）的产状为向南陡倾。与布格异常相比，地磁资料则明显为正异常，向四周逐渐减弱。反映出藏北的超镁铁岩带（蛇绿岩带）纵向延伸小，多属表层之岩片，班公错—怒江结合带在东巧地区形成的蛇绿岩具有相同特征，埋深较浅，构成浅表岩块。而地壳中多数物质属于硅铝质。

（三）标本采集

工作区共采集物性标本 542 块,密度测定标本 542 块,磁参数测定标本 542 块。检查测量标本 32 块,占采集标本数的 5.82%。

测定结果显示,本地区岩性较为多样。在密度方面,铬铁矿密度最大,与主要超基性岩存在 1.26 g/cm³ 以上的密度差,超基性岩体与辉长岩、板岩、灰岩密度相似,与其他岩性有 0.2 g/cm³ 以上的差距,磁性上斜辉辉橄岩磁性最强,斜辉橄榄岩、纯橄榄岩磁性次之,安山岩磁化强度中等,其余岩性磁性较低,铬铁矿也表现为弱磁性。

本区重磁勘探主要是利用地球物理性质差异,圈定超基性岩体位置,同时达到寻找铬铁矿的赋存空间的目的。根据物性资料看到:该地区基性、超基性岩体存在比较强的磁性,而铬铁矿仅具有弱磁性,磁性上存在比较明显的差异;基性、超基性岩体密度比较稳定,同时与铬铁矿之间存在 1.07 g/cm³ 以上的差异。

四、数据预处理与解释

（一）数据预处理

对重力观测数据进行固体潮改正、零漂改正、地形改正、正常场改正、布格改正,得到布格重力异常平面等值线。

（二）提取局部重力异常

根据本次物探工作的目的——确定基性岩体的位置,寻找赋存在基性岩体附近的铬铁矿,进行了区域与局部场的划分,目的是获得超基性岩体和铬铁矿引起的局部异常。在局部异常的提取中,运用了多种区域场与局部场的提取技术,其中包括趋势面法、切割法。

（三）重力勘探资料解释与推断

根据数据资料进行综合的解释与推断,并在工作中采用正、反演对推测结果进行验证。

五、重力勘探总结

（1）本次重力野外观测数据各项精度满足设计要求,观测数据准确可靠,处理方法合理有效。

（2）对预处理后的重磁数据进行了提取局部异常处理,达到了预期效果。磁异常是测区超基性岩的反映,重力异常反映的是高密度岩体。

（3）研究区域激烈的地壳运动,复杂的地质构造和隐伏岩矿体的存在均可导致重力异常和磁异常在形态和位置上有一定的差异。

模块三　技能训练

一、重力勘探野外工作技能训练

（一）测网的布置

重力面积测量的野外工作,首先要布置测网。布置的原则是:测线大致垂直构造走向或地质体长轴走向;对于近似等轴状地质体的勘探,可以采用方格网。

测点的密度一般要求:有 2~3 条测线,每条线(或中心线)有 3~5 个点通过异常区。

(二)测网的敷设

中小比例尺的重力测量的测网,可用 1:5 万地形图或相应比例尺航片定点,用气压测高程或图上估算高程,取得测点的坐标数据;在大比例尺重力测量时,必须用经纬仪测出测点的坐标、高程。

(三)重力仪的野外观测方法

1. 基点网

重力仪测量是测量相对重力值,因此必须在工区外围非异常区先设好总基点。如果是大范围、大面积的重力测量,就要建立基点网。总基点或基点网基点都必须与上一级的全省或国家基点网联测。

2. 测点观测

每天进行测点观测前需先对基点进行观测,基点观测合格后方可进入测线进行测点观测。由于重力仪本身弹性系统的弹性疲劳、温度补偿不完全以及日变等因素的影响,会使重力仪的读数零点随时间发生变化。故在野外观测除对早基外,必须每间隔一定的时间对基点观测一次,以便进行零点校正。间隔时间的长短视仪器的性能和施工设计精度的大小而定,少则半天(对午基),多则一天(对早晚基点)。晚上收工前要对晚基。

3. 注意事项

重力仪是一种高精度的仪器,因此在野外观测中要严格遵守操作规程,严禁仪器受到剧烈震动、撞击、大角度倾斜等情况发生。

二、观测结果的整理

实测重力值除与某些地质因素变化有关外,还与观测点的空间位置(高度及地理坐标)和地形起伏有关。对重力勘探而言,前者正是我们需要研究的对象,而后者却是一些多余的干扰。为了从实测重力值中得到其由某些地质因素变化引起的重力异常,就必须设法消除与之无关的各种干扰,此项工作称为各种校正。

重力观测值的校正,分为内部校正和外部校正两个方面。其中,根据对基点后进行的零点校正以及高精度重力测量中要进行的固体潮校正,均属内部校正;外部校正则有纬度校正(正常场校正)、地形校正、中间层校正和高度校正诸项。所谓中间层,就是过 A 点和 G 点的两个平面,即 SA 和 SG 之间的地层。

三、重力异常误差控制

由于重力仪测量本身存在误差,数据处理时经过各项校正又使得误差传递积累,最终使得重力异常的误差较大。测量结果的质量控制显得尤为重要,因此在进行数据采集和处理时,严格按照规范进行,严禁出现人为误差。

四、重力勘探中需要制作的图件

重力勘探的目的是得到可靠的重力异常,为了使异常的分布和变化规律一目了然,便于推断解释,通常都将测定结果用各种图的形式表示出来,这种图称为重力异常图。异常图一般分为剖面图和平面图两类。

(一)重力异常平面图

异常平面图是重力勘探的基本图件。它的做法是按一定比例尺把测点画在图上,在点旁注上重力异常值。然后按照线性内插的方法,用光滑曲线把异常值相同的点连接起来,即为异常等值线(见图5-13)。

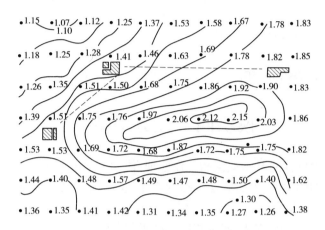

图5-13　重力异常等值线数据平面图

等值线间距一般是异常均方误差的2.5倍左右,并取整数;当异常的梯度较大时,可适当放宽等值线的间距。测点的分布密度原则上1 cm² 应有一个测点,正式编印的重力异常平面图上还应画上主要地物、坐标线、交通干线和地质现象等内容。

重力异常平面图可分为布格重力异常平面图、自由空间重力异常平面图、剩余重力异常平面图、均衡重力异常平面图等。

区域重力影响值也可以制成平面等值线图,即称为区域重力异常平面图。

(二)重力异常剖面图

重力异常剖面图是重力异常定性解释和定量解释的重要图件。其做法是:按一定比例尺把测点点在横坐标线上,以重力异常值为纵坐标,然后用折线把各点连接起来(见图5-14)。

剖面图上常把地形、地质及其他物探化探资料综合在一起,称为地质重力综合剖面图。剖面图上横坐标1 cm 有一个点,纵坐标1 cm 一般为异常均方误差的2.5倍左右。

(三)重力异常平面剖面图

平面剖面图与剖面图的作法相同,只是把各个剖面按照平面的实际位置展在平面图上后分别绘出每条线的剖面图,组成一组剖面图,故称为平面剖面图,如图5-15所示。

将上述三种图件做系统分析,重力异常平面图可以全面地反映测区重力异常的分布和变化规律,对异常的位置、中心和范围一目了然。而重力异常剖面图则可以清楚地表示出各剖面上重力异常的变化规律,明显地反映出异常的幅度。重力异常平面剖面图集中了上述两种图件的主要特点,既能反映各剖面上重力异常的变化幅度,又可以表示平面上的变化规律。

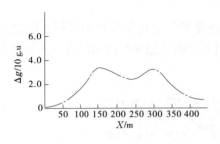

图 5-14　重力异常剖面图

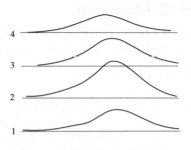

图 5-15　重力异常平面剖面图

模块四　任务小结

(1)通过学习重力勘探的基本理论和工作原理,使学生了解基本的工作思路。

(2)通过实践案例的学习,熟悉磁法勘探的工作流程,为解决其他重力勘探问题提供了工作思路、基础技术方法指导。

(3)认识重力勘探的工作方法,明确相应的技术规范要求。

(4)掌握重力勘探中的技能操作要点。

任务三　放射性探测

【导入】

地质运动不仅可能造成岩石结构和构造的变化,而且往往导致活动带、岩石、土壤中放射性核素铀-238(^{238} U)、钍-232(^{232} Th)、钾-40(^{40} K)的空间分布变化,或者造成活动带表土氡(^{222} Rn)浓度的变化。由此可见,放射性核素(含氡)成为地质运动的示踪核素。因此,探测铀、钍、钾含量的分布规律,或测量氡浓度的空间分布,可以为判断地质构造存在与否提供重要信息。尤其是在覆盖层广泛发育地区,采用氡气测量勘察构造更有效。

岩石、土壤中铀、钍、钾含量及氡浓度的确定借助于核辐射测量。核辐射测量的对象是原子核的衰变产物γ射线或α射线。每1 mol物质中的原子核数目高达$6.02×10^{23}$,所以核辐射测量的灵敏度和精确度在当今仍然居一切物理测量之冠。核辐射测量的另一个优势是不受环境电磁场的干扰。另外,核辐射测量仪器设备价格低廉,轻便灵活,携带方便,适宜野外现场操作。

模块一　知识入门

根据岩石中天然放射性元素含量及种类的差异,以及在人工放射源激发下岩石核辐射特征的不同,用以寻找矿产资源及解决包括水文、工程环境地质在内的某些地质问题的地球物理方法,称为核地球物理勘探,简称核物探。放射性探测是核物探中利用岩石天然放射性的一类分支方法。

放射性元素的衰变不受其自身化学状态、温度、压力和电磁场等的影响。因此,放射性探测的成果比较直观,容易解释。与其他物探方法相比,放射性探测还有成本低、效率高、方

法简便、不受环境干扰等突出的特点,因此在地质工作中已得到广泛的应用。

放射性探测可分为两大类:一类是天然放射性方法,主要有 γ 测量法、α 测量法等;另一类是人工放射性方法,主要有 X 射线荧光法、中子法、光核反应法等。在水文、工程及环境物探中,目前使用的主要是天然放射性方法。

一、介质的放射性

自然界中的岩、矿石均不同程度地具有一定的放射性,它们几乎全部是存在放射性核素铀、钍、镭以及钾的同位素 ^{40}K 及其衰变产物引起的。

表 5-2 所示为岩石中各类放射性核素的平均含量及钍铀比。钍铀(含量)比是一个重要参数,研究其分布有助于解决诸如划分岩体、指示找矿方向等问题。从表中可以看出,对岩浆岩而言,放射性核素的含量以酸性岩最高,并随岩石酸性的减弱而逐渐降低。对同一类型的岩浆岩而言,年代愈新,放射性核素含量愈高。在花岗岩侵入体内部,不同期次、不同相以及不同岩脉中放射性核素含量都有差异。

沉积岩中放射性核素的含量取决于岩石中的泥质含量。这是因为泥质颗粒吸附放射性核素的能力很强,而且泥质颗粒细,沉积时间长,有充分的时间让铀从溶液中析出。此外,泥质沉积物中较多的钾矿物也导致放射性核素含量的增高。所以,尽管总的来说沉积岩比岩浆岩的放射性核素含量低,但在页岩、泥质砂岩和黏土中放射性核素含量还是很高的。一般情况下,黏土、淤泥、泥质页岩、泥质板岩、泥质砂岩、火山岩、海绿石砂和钾盐等的放射性核素含量高;砂、砂岩和带有泥质颗粒的碳酸盐类岩石次之;白云岩、石灰岩、某些砂和砂岩再次之;石膏、硬石膏和岩盐最低。

变质岩中放射性核素的含量与它们在原岩中的含量及变质过程有关。由于铀、钍等核素在变质过程中容易分散,故变质岩一般比原岩的放射性核素含量低。

天然水中放射性核素含量很少,通常只含铀、镭和氡,很少含钍和钾(见表 5-3)。岩石中的氡易溶于水,流经岩石破碎带的水可以溶解大量氡气,造成水中镭含量正常而氡浓度增大的状况,这将有助于圈定岩石破碎带。

表 5-2　岩石中各类放射性核素的平均质量分数及钍铀比　　　　　　　　　　　　%

岩石种类	放射性核素						
	^{238}U(铀)	^{232}Th(钍)	^{226}Ra(镭)	^{222}Rn(氡)	^{210}Po(钋)	^{40}K(钾)	Th/U
酸性岩 (花岗岩、流纹岩)	$3.5×10^{-4}$	$1.8×10^{-3}$	$1.2×10^{-10}$	$7.6×10^{-16}$	$2.6×10^{-14}$	3.34	5.15
中性岩 (闪长岩、安山岩)	$1.8×10^{-4}$	$7.0×10^{-4}$	$6.0×10^{-11}$	$3.9×10^{-16}$	$1.3×10^{-14}$	2.31	3.9
基性岩 (玄武岩、辉绿岩)	$5.0×10^{-5}$	$3.0×10^{-4}$	$2.7×10^{-11}$	$1.7×10^{-16}$	$5.9×10^{-15}$	$8.3×10^{-1}$	3.75
超基性岩 (纯橄榄岩、辉石岩)	$3.0×10^{-7}$	$5.0×10^{-7}$	$1.0×10^{-11}$	$6.5×10^{-18}$	$2.2×10^{-15}$	$3.0×10^{-2}$	1.67
沉积岩 (页岩、片岩)	$3.2×10^{-4}$	$1.1×10^{-3}$	$1.0×10^{-10}$	$6.5×10^{-16}$	$2.4×10^{-14}$	2.28	3.4

表 5-3　各种水中氡、镭和铀的含量

放射性核素		Rn(氡)/(Bq/L)	Ra(镭)/(g/L)	U(铀)/(g/L)
地表水	海洋	0	$(1\sim2)\times10^{-13}$	$(6\sim20)\times10^{-7}$
	河湖	0	10^{-12}	8×10^{-6}
地下水	沉积岩	22.2~55.5	$(2\sim300)\times10^{-12}$	$(2\sim50)\times10^{-7}$
	酸性岩浆岩	370	$(2\sim4)\times10^{-12}$	$(4\sim7)\times10^{-6}$
	铀矿床	370~1 850	$(6\sim8)\times10^{-12}$	$(8\sim600)\times10^{-6}$

注:1. 水中放射性元素含量远低于岩石中的含量。

2. 不同种类的水中,地下水放射性元素含量最高。

二、方法及仪器介绍

(一)γ 测量法

1. 方法原理

γ 测量法是利用仪器测量地表岩石或覆盖层中放射性核素发出的 γ 射线,根据射线强度(或能量)的变化,发现 γ 异常或 γ 射线强度(或能量)的增高地段,借以寻找矿产资源,查明地质构造或解决水文、工程及环境地质问题等。

γ 测量法分为 γ 总量测量和 γ 能谱测量。γ 总量测量简称 γ 测量,它探测的是地表 γ 射线的总强度,其中包括铀、钍、钾的 γ 辐射,但无法区分它们。γ 能谱测量记录的是特征谱段的 γ 射线,可区分出铀、钍、钾的 γ 辐射,故能解决较多的地质问题。

2. 方法及仪器介绍

γ 测量使用的仪器是闪烁辐射仪,它的主要部分是闪烁计数器。如图 5-16 所示,工作时,γ 射线进入闪烁体,使它的原子受到激发,被激发的原子恢复到正常能态时,就会放出光子,出现闪烁现象。光子通过光导体到达光电倍增管的光阴极,由于光电效应而使光阴极发出光电子,经各联极的作用,光电子成倍增长,最后形成电子束。在阳极上输出一个负电压脉冲。入射的 γ 射线愈强,闪烁体的闪光次数就愈频繁,单位时间内输出的脉冲数就愈多;入射 γ 射线能量愈高,闪光的亮度就愈大,脉冲幅度也愈大。因此,仪器既可以探测 γ 射线的强度,又可以探测 γ 射线的能量。

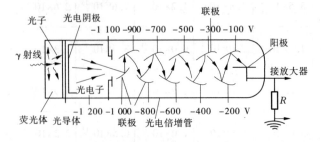

图 5-16　闪烁计数器工作原理

地面 γ 测量是利用记录 γ 射线强度的辐射仪,对近地表岩石或土壤的 γ 射线强度进行测量的一类野外工作方法。

表 5-4 给出了地面 γ 测量常用的比例尺及点距、线距,可供水文、工程及环境物探工作时参考。

表 5-4　不同比例尺的地面 γ 测量的点距、线距

工作任务	比例尺	线距/m	标图点距/m	记录点距/m
概查	1:5万	500	250	100~200
普查	1:2.5万	250	150	20~50
	1:1万	100	50	10~20
详查	1:5 000	50	25~50	5~10
	1:2 000	20	10~20	2~5
	1:1 000	10	5	1~2

野外工作之初应对测区进行踏勘,主要是测定各种岩石露头的 γ 射线强度、了解大范围内放射性强度特征,为确定有利地质条件提供依据。γ 测量的路线应穿过地层及主要构造的走向,在发现有利地层和构造,以及某些异常时,可沿走向或其他方向追索。

在取得踏勘 γ 测量资料的基础上,可结合水文地质、构造地质等资料,布置大比例尺 γ 详查工作。测线的布置应垂直或大致垂直于岩层或构造的走向。有条件时应辅以孔中 γ 测量、β+γ 测量等。

应当指出,找寻蓄水构造时,由于岩石破碎带、断层破碎带、裂隙密集带及不同岩性接触带的范围可能较小,异常呈窄条带状分布,常需加密测点。遇见岩性或计数率变化时,也要适当加密测点,并予追索。

每天工作前后,都要检查仪器的灵敏度、稳定性是否符合要求。还要定期测定 γ 射线的本底强度(即宇宙射线和仪器探测器中微量放射性物质引起的 γ 射线强度的总和)。

岩石中正常含量的放射性核素所产生的 γ 射线强度称为正常底数。各种岩石有不同的正常底数,可以按统计方法求取,作为正常场值。

通常将高于围岩正常底数 2~3 倍的 γ 强度值定为异常。但在蓄水构造附近,一般地面 γ 测量值只比底数高 10%~80%,因此 γ 测量用于找水的最低异常值应是正常底数的 1.1 倍。

实际工作中,考虑一个异常不仅要有一定的数值,还要有一定的规模。对寻找基岩地下水而言,受一定构造或岩性控制的异常带更有实际意义。

地面 γ 能谱测量利用分别记录几种不同能量段内射线强度的能谱仪,测定岩石、土壤中的铀、钍、钾含量的一类野外方法。每一种 γ 辐射体都要放出各自特有的、能量确定的 γ 射线,将测得的 γ 强度与标准样品的 γ 强度进行对比和计算,可以确定该元素在土壤以及岩、矿石中的含量。铀系和钍系 γ 射线的原始能谱都是线谱,但这两个系的能谱有明显的差别。铀系的主要特征谱线有 0.352 MeV、0.609 MeV、1.12 MeV、1.764 MeV 等;钍系的特征谱线有 0.239 MeV、0.583 MeV、0.908 MeV、0.960 MeV、2.62 MeV 等。钾的放射性核素

只有一条能量为 1.46 MeV 的特征谱线。

(二)α 测量法

α 测量法是指通过测量氡及其衰变子体产生的 α 粒子的数量来寻找铀矿、地下水及解决工程地质及其他地质问题的一类放射性方法。这类方法的种类很多,我们只对水文、工程及环境地质工作中用得较多的 α 径迹测量和 α 卡法做一个概略的介绍。

1. α 径迹测量

具有一定动能的质子、α 粒子、重离子、宇宙射线等重带电粒子以及裂变碎片射入绝缘固体物质中时,在它们经过的路径上会造成物质的辐射损伤,留下微弱的痕迹(仅数纳米),称为潜迹。潜迹只有在电子显微镜下才能察觉。如果把这种受到辐射损伤的材料浸泡到强酸或强碱溶液中,则受伤的部分能较快地发生化学反应而溶解到溶液中去,使潜迹扩大成一个小坑,称为蚀坑。这种化学处理过程称为蚀刻。随着蚀刻时间的增长,蚀坑不断扩大。当其直径达到 μm 量级时,便可在光学显微镜下观察到这些经过化学腐蚀的潜迹,它们就是粒子射入物质中形成的径迹。能产生径迹的绝缘固体材料称为固体径迹探测器。α 径迹测量就是利用固体径迹探测器探测 α 粒子径迹的核物探方法。

α 径迹测量时,要将探测器置于探杯内,杯底朝天埋在小坑中,岩石中的放射性核素氡通过扩散、对流、抽吸,以及地下水渗滤等复杂作用,沿裂隙、破碎带逸出地表,并进入探杯,就在探测器(常用醋酸纤维和硝酸纤维薄膜)上留下氡及其各代衰变子体发射的 α 粒子所形成的潜迹。经 20 天后取出杯中的探测器,用 NaOH 或 KOH 溶液进行蚀刻,再用光学显微镜观察、辨认和计算蚀刻后显现的径迹的密度,即 1 mm² 的径迹数目(用符号 j 表示,单位为 mm²)。

在工作地区取得大量 α 径迹数据后,可利用统计方法确定该地区的径迹底数,并据此划分出正常场、偏高场、高场和异常场。径迹密度大于底数加一倍均方差者为偏高场,加二倍均方差者为高场,加三倍均方差者为异常场。

2. α 卡法

α 卡法是一种短期积累测氡方法。α 卡是用对氡的衰变子体($^{218}_{84}Po$ 和 $^{214}_{84}Po$ 等)具有强吸附力的材料(聚酯镀铝薄膜或自身带静电的过氯乙烯细纤维)制成的卡片,将其放在倒置的杯子里,埋在地下聚集土壤中氡子体的沉淀物,数小时后取出卡片,在现场用 α 辐射仪测量卡片上沉淀物放出的 α 射线的强度,便能发现微弱的放射性异常。

模块二　应用及案例

(1)云南某变电所新建工程选址工作中,为查明地质情况,采用了电测深及 γ 测量。图 5-17 是其中一条剖面上的 γ 强度曲线和电测深断面图。由图可见,低阻带正好与低值 γ 异常位置对应,结合本区地质情况,推断有一条北东向断裂从该处通过。

(2)岩层的断裂带、构造带中,裂隙众多、岩石破碎、通道发育,是地下水赋存成迁移的场所。地下水将岩石中的铀、镭、氡等元素溶解,使之迁移和析出,在地面上可形成放射性元素富集的异常;在不同岩性的接触带中,由于不同岩性放射性元素含量的差异,也会引起 γ

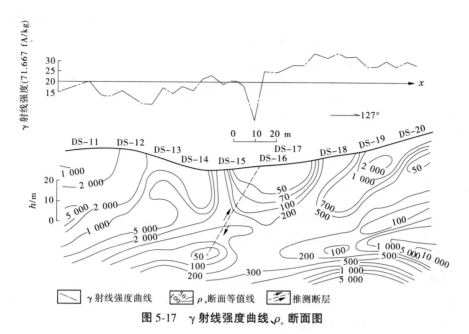

$$\boxed{\diagup}\ \gamma\ 射线强度曲线\quad \boxed{100^{30}}\ \rho_s\ 断面等值线\quad \boxed{\diagup}\ 推测断层$$

图 5-17 γ 射线强度曲线、ρ_s 断面图

强度的变化。因此,通过地面 γ 测量可以发现与地下水有关的蓄水构造,从而间接地找到地下水。

四川某地位于背斜北端的山前盆地中,分布着白垩系砂岩和页岩,其中发育有含水层。为了寻找裂隙水,沿近南北方向布置了三个剖面,结果均有 γ 异常显示,由此推断出裂隙带的位置和范围(见图 5-18)。抽水试验表明,裂隙带中的 ZKI 孔涌水量达 1 000 t/d。

在某些情况下,例如浮土表层的放射性元素受雨水冲刷、淋滤而沿着断裂径流被运走,地面 γ 测量可出现负异常。图 5-19 为广西都安清水地区 γ 测量结果,该区地层为茅口灰岩、栖霞灰岩,岩溶、漏斗发育,在漏斗暗河上出现 γ 强度低于背景值的负异常。

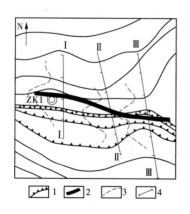

1—陡坎;2—推断裂隙;3—γ 异常曲线 4—测量剖面线。

图 5-18 四川某地裂隙含水带 γ 强度剖面平面图

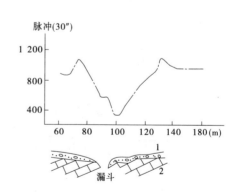

1—第四系;2—栖霞灰岩。

图 5-19 广西都安清水地区 γ 测量的一条剖面

(3)在四川锦屏水电勘探基地,对施工设计有至关重要影响的 F8 断层是否存在, 地质人员众说不一。F8 推测断层产于中上三叠纪大理岩与砂板岩的交叉部位,大致呈 NW-SE

走向。该地段山高坡陡,最高处在海拔 4 km 以上,先后开展过甚低频电法勘探、磁法勘探、地震勘探,均未奏效。之后在 F8 地段布置了六个剖面,开展 α 杯测量及 γ 能谱测量,剖面线方向为 NE26°,测量点距 25 m。测量数据整理结果见表 5-5。

表 5-5　锦屏 F8 地段核辐射测量数据(平均值)整理结果

观测项目	T_2b 大理岩	T_3 砂板岩	F8 推测断层
α 杯测量/cpm	10.31	9.55	11.63
铀含量/$(\times 10^{-6})$	4.23	2.21	5.11

由表 5-5 可以看出,沿 F8 推测断层内的平均铀含量比大理岩、砂板岩中的铀含量偏高。通过 γ 能谱测量及 α 杯测量剖面的组合分析,认为在 F8 推测断层位置上有明显的异常带反映。

6 条测线上,除与 F8 断层交叉点上出现异常外,F8 断层以北还有两个异常峰值出现,表明 F8 断层北面可能还有一条断层存在。锦屏 F8 地段核辐射测量成果的分析结论已被华东勘测设计研究院的钻探工程所证实。

(4)无锡某地区出露的地层为上志留统砂岩和石英砂岩,岩层走向 NW290°,倾向北,倾角 50°。区内裂隙发育,有两组密集带,以 NW290°一组方向明显。为寻找地下水。布置了南北向的 α 径迹测量剖面。如图 5-20 所示,α 径迹曲线上出现双峰异常。推测主峰位于断层上盘,是含水裂隙密集带的反映,次峰主要是构造裂隙的反映,因此将井位定于 α 径迹的主峰位置。井深打到 130.3 m,涌水量为 30.71 t/h,抽水降深 50.8 m,静止水位 5.9 m。

图 5-21 是××岗Ⅱ号断层的 α 径迹测量剖面。断层两侧分别为前震旦系(AnZ)的片麻岩、片岩、混合岩以及古近—新近系的砾岩、砂砾岩、砂质泥岩。Ⅱ号断层为古近系以后的晚期构造。从图中可以看出,α 径迹异常在新构造上是十分明显的。

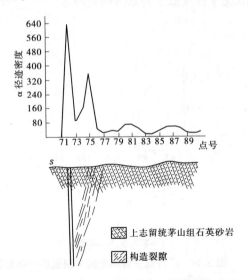

图 5-20　××2 号井地质剖面与 α 径迹测量剖面

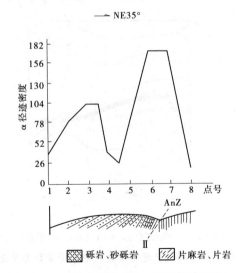

图 5-21　××岗Ⅱ号断层的 α 径迹测量剖面

模块三　技能训练

　　根据安徽半汤温泉物探综合剖面图(见图 5-22),分析放射性测量方法对地热构造的指示作用。

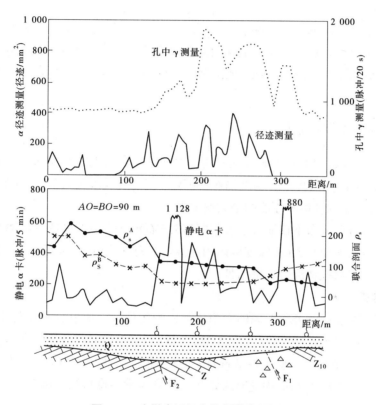

图 5-22　安徽半汤温泉物探综合剖面

模块四　任务小结

　　放射性测量广泛地应用于矿产勘探、油气资源勘察及水文工程地质测量等方面,工程勘察中有时会遇到地形条件十分复杂的情况或有强大人工电磁场干扰的环境,采用电法勘探、磁法勘探、地震勘探往往不能奏效,有时甚至连完整的原始测量资料都难以收集齐全。放射性测量的方法则在这种情况下可用来勘察隐伏构造、寻找地下水,还可以与通信技术组合成为对滑坡、泥石流等地质灾害进行动态观测、报警的装置,以及可用于大坝、铁路、公路隧道等重要建筑的安全监测方面。

任务四　地热勘探技术

模块一　知识(技术)入门

地热勘探是在一定的技术条件下,从地壳表面下一定深度开发利用地下岩石或水中的热能及其有用组分的过程。它是以地球内部介质的热物理性质为基础,观测和研究地球内部各种热源形成的地热场随时间和空间的分布规律,从而解决有关地质问题的一种地球物理方法。

一、地球内部的热状态

地球由地壳、地幔和地核组成,是一个巨大的热库。从地球表面至地下正常增温梯度是每 100 m 增加 2~3 ℃,地球中心温度约 6 000 ℃。观测资料研究表明,愈向地壳深处,地温愈高,且地温按一定的规律随深度的增大而递增。

地壳上部的温度分布不仅取决于太阳的辐射热,而且取决于地球内部的热源。根据地壳表层 7 km 以内,主要是 3 km 深度以内的地温观测资料,地壳中地温分布的状态大致可以分布为三个带:变温带、常温带和增温带。

(一)变温带

变温带主要是受地球外部热源即太阳辐射影响的地带。地温分布具有明显的日变化、年变化、多年变化,甚至世纪变化(见图 5-23)。据此,变温带又可分为日变温带、年变温带、多年变温带等。日变温带一般为 1~2 m 深,年变温带深度达 15~20 m。在多年冻土分布地区,冻土厚度可达 700~800 m,因此有人认为多年变温带厚度可达 1 000 m。变温带温度的变化幅度按一定规律随深度增大而递减。

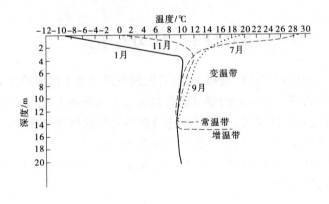

图 5-23　某地地壳表层的热状态

(二)常温带

常温带是地壳某一深度内,地球内部的热能与上层变温带的影响达到相对平衡,地温不

再发生变化的地带。这一带的厚度很小,其埋藏深度就是年变温带的影响深度。常温带的温度各地不一,主要与地区纬度、地理位置、气候条件以及岩性、植被等因素有关,一般略高于当地年平均气温 1~2 ℃。

(三)增温带

增温带主要是受地球内部热能所控制的地带。随深度的增加,温度增高,但达到一定的深度后,温度增加,速度减慢。

二、自然界的热交换方式

自然界中的热交换是以热传导、热对流和热辐射三种方式实现的。

(一)热传导

地球上层的岩石在常温下是一种电介质或半导体,它们的传热主要是由晶格原子的热振动引起的。内地核可能由高温下熔化的铁组成,其传热是通过自由电子的热运动进行的。

经常用大地热流密度(简称大地热流或热流)来反映地球内部热能经热传导方式传输至地表散失的情况。

(二)热对流

依靠流体的运动,将热量从一处传递到另一处,称为热对流。热对流是固体表面与其紧邻的流体间的换热方式,可将它分为两类:一类是受迫对流,其流体运动是由外力产生的压力差引起的;另一类是自然对流,其流体运动是由流体自身温度不均造成的密度差引起的。

热对流在局部地区,如现代火山区及年轻造山带内的高温地热区起着很大作用。

(三)热辐射

一切物体,只要其温度高于绝对零度,就会从表面经常地向外界发出电磁辐射。物体温度愈高,放出的辐射能就愈多。可以被物体吸收,并在吸收后又重新变为热能的射线,其辐射热的光谱大部分位于红外波段,小部分位于可见光波段的范围内,这些射线称为热射线,其传播过程称为热辐射。

热辐射不同于热传导和热对流,它是一种不接触的传热方式。在密实固体内和液体中不会有热辐射的传播,因此地球内部一般不产生热辐射。

三、地壳岩石的热物理性质

为了研究地球的热状态,了解地球内部的热能在深部岩石中的传递规律,以及地球上部或地壳个别地段的温度分布特征,测定和研究岩石的热物理性质是十分必要的。描述岩石热物理性质的参数主要有热导率、比热容和热扩散率等。

(一)热导率 κ

热导率是表示岩石导热能力的物理量,即沿热传导方向,单位长度上温度降低 1 K 时通过的热流密度。

由表 5-6 可见,各种矿物的热导率都有一个确定的值,但由造岩矿物组成的岩石的热导率却无定值,而有一个较大的变化范围(见图 5-24)。

表 5-6　空气和水及常见造岩矿物的热导率

物质及矿物名称	热导率/[W/(m·K)]
空气	0.024 3(0 ℃),0.025 7(20 ℃),压力为 1.013×10⁵ Pa
水	0.599(20 ℃),0.634(40 ℃),0.683(100 ℃)
长石、白云母、绢云母、沸石类	2.30
黑云母、绿泥石、绿帘石	2.51
磁铁矿、方解石、黄玉	3.56
角闪石、辉石、橄榄石	4.91
白云石、菱镁矿	5.44
石英	7.12

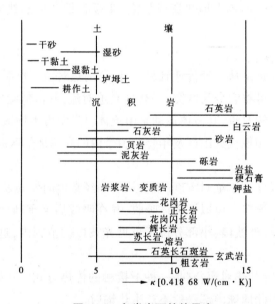

图 5-24　各类岩石的热导率

　　松散的物质如干砂、干黏土和土壤的热导率最低;湿砂、湿黏土、垆垆土及某些热导率低的岩石具有相近的热导率;沉积岩中,页岩、泥岩的热导率最低,砂岩、砾岩的热导率变化范围大,石英岩、岩盐和石膏的热导率最大;岩浆岩、变质岩及火山岩的热导率介于 2.1~4.2 W/(m·K)。

　　影响岩石热导率的因素包括岩石的成分、结构、温度、湿度及压力等,在致密的岩石中,造岩矿物的性质对岩石的热导率起主要控制作用,热导率高的矿物含量越高,岩石的热导率也越高;岩石的热导率一般随孔隙度的增加而降低,随湿度的增加而增加。此外,岩石的热导率还具有各向异性的特点,热流方向平行于层理、片理等结构面时,热导率较高,垂直于这些结构面时,热导率较低;温度和压力对地壳上部岩石的热导率影响极小,一般可忽略不计,但在研究地壳深部热状态时,却很重要。

(二) 比热容 c

比热容是表征岩石储热能力的物理量。即加热单位质量的物质,使其温度上升 1 K 时所需的热量。

大部分岩石和矿物的比热容变化范围都不大,介于 586~2 093 J/(kg·K),由于水的比热容较大[15 ℃时为 4 186.8 J/(kg·K)],因此随着岩石湿度的增加,其比热容也有所增大。沉积岩如黏土、页岩、灰岩等,在自然条件下都含有一定的水分,其比热容稍大于结晶岩。前者为 786~1 005 J/(kg·K),后者为 628~837 J/(kg·K)。

(三) 热扩散率 a

热扩散率是表征岩石在加热或冷却时,各部分温度趋于一致的能力。

岩石的热扩散率主要与其热导率和密度有关,比热容因数值变化不大,对热扩散率的影响较小。

岩石的热扩散率随其湿度的增高而增大,随温度的增高略有减小。对层状岩石来说,热扩散率还具有各向异性的特点,即顺着岩石层理方向比垂直层理方向热扩散率要高。表 5-7 为几种主要岩石和物质的热扩散率值。

表 5-7　几种主要岩石和物质的热扩散率值

名称	热扩散率/($\times 10^{-7}$ m²/s)	名称	热扩散率/($\times 10^{-7}$ m²/s)
干砂	11~13	沼泽土	1~2
湿砂	9	页岩、板岩	8~16
垆坶土	8	雪	5
砂岩	11~13	水	1.4
花岗岩	14~21	岩盐	11~34

四、地热场与地热异常

(一) 地球的热场

地球的热场(也称地热场、地温场)表示地球内部各层中温度的分布状况,是地球内部空间各点在某一瞬间温度值的总和。图 5-25 为地热场示意图。地热场 T 可表示为

$$T = f(x, y, z, t) \tag{5-10}$$

式中　x, y, z——空间坐标;

　　　t——时间。

式(5-10)反映的是非稳定热场。

若在稳定热场中,则式(5-10)变为

$$T = f(x, y, z)$$

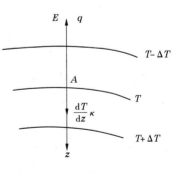

图 5-25　地热场示意图

连接地热场中温度相同的各点,可组成许多等温面,等温面的总体反映着某一时刻地球热场的分布特征。

大地热流密度是表征地球热场的一个重要物理量。当岩石热导率恒定时,大地热流与地温梯度 dT/dz 成正比,因此地温梯度对于研究地球内部的温度分布及圈定地热异常都具有重要意义。

事实上,地热场强度 E 是按下式定义的:

$$E = - dT/dz \tag{5-11}$$

由式(5-11)可见,研究地温梯度就是研究地热场强度。

(二)地热异常

在地温测量中,以地壳热流或地温梯度的平均值作为正常场值。目前一般认为,大地热流平均值为 62.8×10^{-3} W/m^2,平均地温梯度为 0.02 K/m。所谓地热异常,就是实测热流值或实测地温梯度值高于它们的正常值的部分。

已有的热流数据和大量测温资料表明,从全球来看,区域地热异常分布面积相对较小,主要分布在大洋中脊、大陆裂谷、岛弧及年轻造山带即现代岩石圈板块边界,而板块内部热流及地温梯度值接近于正常值,且呈大面积分布。然而,在区域地热正常区内,由于地壳表层的地质构造、岩性、地下水运动及古气候条件等的影响,或局部热源的存在,可使地壳表层的正常温度分布遭到破坏,常常形成局部地热异常区。

地下热水(汽)是强大的载热流体,它是将地下热能从深部传递到地表的重要媒介。大气降水渗入地壳内部经深循环加热后,在有利的地质构造条件下,由于静水压力作用而沿一定通道上涌至地表,可携带出巨大的热量。如果地下水沿缓倾斜或近水平产状的地层或构造通道运动,一般都能与围岩达到温度平衡,而不能形成地热异常或仅有微弱地热异常显示;如果是地下水沿产状较陡的地层或近于直立的断裂带上涌,在多数情况下,因其具有很高的速度且来不及与围岩达到完全的热平衡,因此在热水上涌的主要通道附近,常常形成局部的地热异常区。从图 5-26 所示的近代火山地热区的等温剖面图可见,所有等温线在地下热水排泄区都向上突起,伸向地表,显示明显的地热异常。

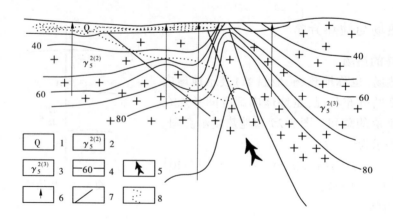

1—第四系砂、黏土互层;2—细粒黑云母花岗岩;3—中、粗粒黑云母花岗岩;
4—等温线(℃);5—地下热水流向;6—钻孔;7—断层;8—地层界线。

图 5-26　地热异常示意图

五、地热资源

由于构造原因,地球表层的热流量分布不均就有可能形成地热异常。如果具备覆盖层、储层、导热、导水等地质条件,就可以形成地热。地球内部蕴藏着这种巨大的热能,它通过火山爆发、间歇喷泉、温泉等途径源源不断地向地表散发。地热资源有两种:一种是来自近代火山作用及岩浆活动,另一种是地下水在地球内部温度情况下所获得的热量。地热资源按温度分为高温、中温、低温三类。表5-8为地热资源温度分级。

表5-8 地热资源温度分级

温度分级		温度 t/℃	主要用途
高温		$t \geq 150$	发电
中温		$90 \leq t < 150$	工业利用、发电
低温地热资源	热水	$60 \leq t < 90$	供暖、工业利用
	温热水	$40 \leq t < 60$	医疗、洗浴
	温水	$25 \leq t < 40$	农业、养殖业

我国地域辽阔,全球性地热带环太平洋地热带和地中海喜马拉雅地热带均通过我国。在我国的河北、北京、天津、河南、安徽、山东、辽宁、湖北、湖南、江西、广东、福建、云南、西藏、新疆等地区均发现丰富的地热资源,截至2015年,我国已有地热井上万余眼,地热直接利用超过5万GW·h,居世界首位。在西藏拉萨附近的羊八井还发现了我国大陆上第一个湿蒸汽地热田。

模块二 地热勘探应用及案例

本模块工作研究区位于昆明盆地内,见图5-27,根据项目任务要求,结合工作区的特征,确定地质先行、地温测量为主的工作方法。

一、前期准备工作

(一)资料收集

野外施工前尽可能收集该地区的地质、水文、物探化探等资料,并进行归类,从中选择有用的信息加以整理。在进行资料收集时要注意:收集的资料范围要尽量大于工作区范围,最好包括一个完整的地质构造单元或更多;要重视温度资料的收集,将本区范围内的温泉位置、温度、水量等情况分析透彻,在覆盖地区还要找到钻孔抽水时的实测温度资料。

(二)进行地质调查

为了详细了解地热地质背景,应查明地下热水热液的地层时代、岩性特征、岩浆岩时代、分布范围、地质构造特征、地下热水热液的补给和排泄条件等。

二、地温测量为主,辅以其他勘探方法

首先根据施工方案确定一定间隔的点、线组成测网。进行测量时严格按照规范要求采

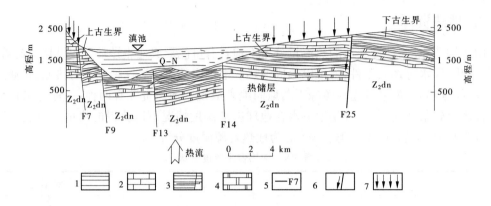

1—Q—N 新生界松散堆积层;2—上古生界碳酸盐冷水含水层;3—下古生界砂页岩相对隔水层;
4—Z₂dn 热储层;5—断层及编号;6—地下水径流方向;7—大气降水。

图 5-27　昆明地热田

集数据,注意所采集的样品的品位。如果碰到控制地下热水的构造不清、热异常形态复杂的情况,需要加大测网密度;若遇到覆盖层较厚、地热异常不明显的情况,则测网密度可适当放稀,扩大测量面积。采集的数据及时整理,以等水温线来圈定异常,依此推断地热条件。

(一)地温场

在昆明盆地南部断层交汇处有一显著高温异常区,中心温度高达 70 ℃,在断裂 V 块段也存在一个温度异常区,最高温度 53 ℃,地温从这两个中心边界方向逐渐降低,但是在盆地南部断层段下降幅度极小。这一地温分布特征揭示了地热田获得深部热源的主要断裂通道。

另根据多年水温资料显示,地热田水温 20 多年来一直很稳定,表明热储层封闭条件较好。

(二)热储流场

昆明枯季观测资料显示,在 1989 年地热水流场具有从盆地边缘向昆明南部、盆地中心流动的趋势。调查发现是昆明南部开采孔抽取地下热水导致的。其他地方无明显的压力突降点,也无明显通过断层向浅部岩溶含水层排泄的去路。推断天然状态下热储层流场极平缓,热储封闭条件极好。

(三)化学场

从热田边缘向中心,随着热储温度的增加,热水的化学成分由简单变得复杂,热水的矿化度、二氧化硅、氯离子、钾离子、钠离子等化学组分的含量也呈现递增趋势。

而盆地边缘几个块段水化学特征不稳定,缺失松散盖层地段尤为明显,反映出靠近热田边界有岩溶冷水补入热储层的特点。

三、建立模型

结合本地区地质特征,分析地温参数,建立压力场、地温场模型,从而定量解释地热田的形成机制、分布范围,以及热水储量,得到地热勘探成果(见图 5-28)。

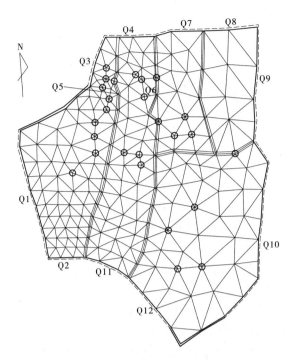

图 5-28　昆明地热田数值模拟剖分图

模块三　技能训练

一、地温测量的仪器及使用

地热异常区的热量可以通过热的传导作用不断地向地表扩散。通过在地表以下一定深度的温度测量和天然热流量测定,便可圈出地热异常区,并根据区域地质大致推断出地下水的分布范围和高温地下热水的分布地段。低温勘探不仅可以圈出浅部的地热异常,还可以把隐伏的地下热水圈定出来。

在大面积地热调查中,可以用红外扫描方法来圈定地热异常的范围,但区域或局部地热调查通常都要在钻孔或浅孔中进行。地温测量的深度应根据储热构造的埋深、温度及当地的水文地质、气候条件而定。在埋深较小的高温地热区,由于地表地热异常明显,可采用浅部测温。浅部测温包括地表温度调查和浅孔地温调查两类。对于埋深较大的地热区,地表没有地热异常显示或显示微弱的情况下多采用深孔测温法。

钻孔测温使用的仪器有最高水银温度计、电阻温度计和半导体热敏电阻温度计等。

电阻温度计的原理和外貌如图 5-29 所示。它是一个直流平衡电桥,电阻 R_1 和 R_3 用温度系数较大的材料(如铜丝)制成,称灵敏臂;R_2 和 R_4 用温度系数很小的合金(如康铜)制成,它们的电阻值可看成常数,称固定臂。灵敏臂装在紫铜管内,紫铜管开有缺口,以保证紫铜管与泥浆接触良好。固定臂绕在密封的胶木架上。若灵敏臂使用热敏电阻,则成为半导体灵敏电阻温度计。

当在某一温度 T_0(18~20 ℃)时,使仪器满足:

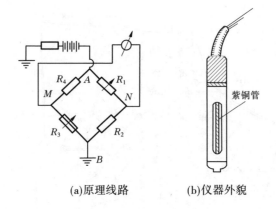

(a)原理线路　　　　(b)仪器外貌

图 5-29　电阻温度计的原理和外貌

$$R_1 = R_2 = R_3 = R_4 = R_0$$

则电桥处于平衡状态。这时向 A、B 通电,则 M、N 间的输出电位差为零。当温度由 T_0 变为 T 时,固定臂因其电阻温度系数很小,可以认为仍满足 $R_2 = R_4 = R_0$,但灵敏臂的电阻则变为

$$R_1 = R_3 = R_0[l + a(T - T_0)] \tag{5-12}$$

式中　a——灵敏臂的电阻温度系散,表示温度升高 1 ℃时电阻的相对增量。

此时,电桥平衡被破坏,在 M、N 间产生了电位差 ΔU_{MN},它是温度的函数。若事先用校验方法求出仪器的 T_0 和 K 值,并在测量中保证供电电流不变,则 M、N 间的电位差就反映了温度的变化。根据不同深度两点间的温度差值,即可求得地温梯度。

岩石的热导率值大多是用仪器对岩芯标本测量后取得的。常用的仪器是稳定平板热导仪,也可以在现场用导热探棒直接测量热导率值,还可以采用一种两用探头在钻孔内同时测量地温梯度和热导率值。

二、地热勘探的操作方法和相应的技术要求

地热勘探就是要查明地下水的分布、热储的岩性、空间分布等,查明地热流的温度状态和流动状态。其中,最主要的环节就是要对地温进行测量。

地热勘探在一定间隔的点、线组成的测网上进行。测线方向一般应垂直于地热异常的长轴或储热、导热构造的走向。测网密度应根据地热异常形态、规模等确定。如控制地下热水的构造不清,热异常形态复杂,则测网密度应加大;若覆盖层较厚,地热异常不明显,则测网密度可适当放稀,而扩大测量面积。

进行地温测量的深度应根据储热构造的埋深、温度及当地的水文地质、气候条件而定。在埋深较小的高温地热区,由于地表地热异常明显,可采用浅部测温。浅部测温包括地表温度调查和浅孔地温调查两类。

此外,还要测量土壤的温度和温度梯度,为减少气温变化的影响,一般在深 2～30 m 的浅孔中用温度计进行测量。由于近地表热异常的延伸范围一般较小,故点距应小于 50 m,大多为 10～30 m。

进行测量的孔深一般为 50～200 m,钻孔间距取决于地热异常的范围。其优点在于不受气候变化的影响,但钻进费用较土壤温度测量高。

在覆盖层较厚的地热区,地表没有地热异常显示或显示微弱的情况下,多采用钻孔测温

方法。由于钻孔中的原始岩体温度已受到钻探、井液或空气循环等技术活动的破坏，因此为使测得的地温梯度尽量接近于原始地温梯度，一般要求在终孔后相当一段时间（一般为数天至半月），待孔中气温和井壁岩层温度达到稳定平衡以后，再进行地温梯度测量。测量时，将半导体热敏电阻温度计通过电缆放入钻孔中，逐点测量地温的垂向变化。

测温孔应尽可能避开喷气孔、冒汽地面和热泉等，以便能测取真正的地下热状态。测温勘探过程中，应尽量避免自然因素和人为因素，对有关的原始资料和原始测温数据进行全面分析，分类评价。

三、地热勘探的资料整理

地热勘探取得的数据是极其重要的第一手资料。为了获得有关地热异常空间分布及其规模的正确结论，必须对所收集的与地热场有关的原始资料和原始测温数据进行全面分析，分类评价。

在综合资料之前，需要了解钻孔温度是否已经恢复平衡。长期静止的废井、基井、生产井、水位变化不大的水文观测孔，以及终孔后稳定 3~5 d 以上的钻孔测温数据可作为基础数据，钻进过程中的井底温度、关井测静压时的井温，以及矿井平巷浅孔（通常要超过 5 m）的温度可作为同类数据的对比和参考数据。径流影响强烈的自流井和干井内的温度曲线不能作为地温资料处理。如果目的在于确定热流密度，则应选择当地最深且无地下水运动影响的钻孔温度资料。

根据全区内各钻孔的温度曲线，可以分别求得钻孔内各岩层的地温梯度及全区各岩层的平均地温梯度，利用岩芯标本测得的岩石热导率 κ 求得钻孔各岩层的热流密度，进而求得全区各岩层的平均热流密度值。

地热勘探中的成果图件主要有以下几种。

（一）钻孔地温剖面图

图 5-30 是根据钻孔内不同深度的温度值绘制而成的。通常将此曲线附在钻孔水文地质柱状图上，以便与钻孔的水位、流量及地层结构等进行对比分析。

（二）等温线断面图

等温线断面图是研究地热变化的重要图件，图中除了应将各钻孔的地温数据标在图上，并勾绘等温线，还应将地层岩性、断裂、裂隙、热岩溶蚀以及钻孔的涌水、漏水、水位等资料表示在图上，以便进行分析对比。

（三）等温线平面图

等温线平面图以地形地质图为底图，根据各测点同一深度的地温数据绘制而成。它对于了解地热异常区的平面形态，寻找和圈定高温中心具有重要意义。

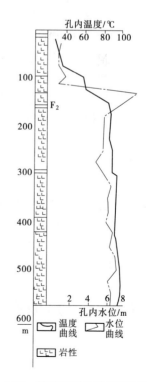

图 5-30　某地热田钻孔地温剖面图

四、地热勘探中进行温度测量的注意事项

在地热勘探中进行温度测量是重要的数据依据，是项目成果的必要数据支撑。所以，要

求必须获得能真实反映实际地下温度资料。这就要求在测量时一定注意时间的把控,减少测量等待时间,严格按照规程操作,注意周围气温、其他设备等干扰因素,确保得到正确的测温资料,对地温场进行准确评价。

五、地热勘探报告编写

(一)编写要求

地热勘探成果报告和其他的物探报告一样,是工作质量的重要表现形式,也是对系统工作的总结提炼,同样要求内容全面、实事求是、重点突出、文字简洁、论据充分、结论明确,还要求附图表齐全。

提交前结合要求,反复修改完善后,按照规定依次提交评审,评审通过方可完成此项工作。

(二)地热勘探成果报告的内容

地热勘探成果报告的撰写可以参考下列内容要求:

(1)首先应说明工作内容,详细阐述工作区自然地理及地质环境,主要说明工作区的地层和构造情况,为系统分析地热资料、建立模型做准备。

(2)区域水文条件。根据地下水含水介质及空隙类型,将工区浅层地下水做简要分类。

(3)工作方法与技术。叙述野外施工工作布置、工作方法的选择和依据,仪器的选择和性能;详细说明资料的系统性。

(4)数据分析研究、建立数据模型。分析工作区的数据,结合工作区构造对区域热储层做出解释,说明地热水的补给条件、排泄条件及水位动态特征。

(5)结论建议。阐明任务完成量,提炼工作成果并给出下一步工作的建议。

(三)地热勘探成果的提交

在工作结束后,撰写的成果报告反复修改完善,然后依次由相关人员签字,审核无误后将成果报告、附图表、原始数据记录等一并提交。

模块四　任务小结

(1)通过学习地热勘探的基本理论,了解地热勘探工作的原理。

(2)认识地热勘探的工作方法。

(3)通过实践案例的学习熟悉地热勘探的工作过程及工作要点。

(4)掌握地热勘探成果报告中应包含的内容。

任务五　声波探测技术

模块一　知识入门

声波是在介质中传播的机械波,依据波动频率的不同,声波可分为次声波、可闻声波、超声波、特超声波。次声波的频率范围为 $0 \sim 2 \times 10^1$ Hz,可闻声波的频率范围为 $2 \times 10^1 \sim 2 \times 10^4$

Hz,超声波的频率范围为 $2 \times 10^4 \sim 2 \times 10^{10}$ Hz,特超声波的频率范围大于 10^{10} Hz。

在岩体中传播的声波是机械波,也称为弹性波。岩体声波探测所使用的波动频率从几百赫兹到 50 kHz(现场岩体原位测试)及 100~1 000 kHz(岩石样品测试),包括了声频到超声频频段,但在检测声学领域简称其为"声波检测"。

一、声波探测原理

声波探测原理与地震勘探类似,也是以研究弹性波在不同岩土介质中的传播特征为基础。当岩土介质的成分、结构、密度等因素发生变化时,声波的传播速度、能量衰减及频谱成分等发生相应的变化,在不同的弹性介质分界面上也会产生波的反射和折射。因此,用专门的仪器探测声波在岩土介质中的传播速度、振幅及频率特征等,便可对被测岩体的结构和致密完整程度等特性进行评价。

固体介质受到动荷载的瞬间冲击或反复振动作用时引起动态应变,以波动的形式自震源向外传播,由于地基中的岩土特性不同,各个结构面的性质不同,对声波的传播和吸收就不同。声波检测技术利用这一原理,可以识别地基的物理状态,判断地基的各种状态和参数,同时可以通过一定的技术分析手段推断地层结构情况,确定施工质量。

在对某岩体(或洞室)进行声波探测时,只要将发射点和接收点分别安置在该岩体的不同地段,已知发射点到接收点的距离 l 及声波在岩体中的传播时间 t,即可由公式 $v = l/t$ 算出被测岩体的波速 v。此外,根据声波振幅在岩体中传播的衰减特征和对被接收的信号做频谱分析,还可了解岩体对声波能量的吸收特性,从而对岩体做出工程地质评价。

二、声波探测的工作方法

岩体声波探测的现场工作,应该根据测试的目的和要求,合理布置测网,确定装置距离,选择测试的参数和工作方法等。

测网的布置一般应选择有代表性的地段,以用最少的工作量解决较多的地质问题。测点或观测孔的布置一般应选择在岩性均匀完整、表面平整光滑、无局部节理裂隙的地方,以避免介质不均匀对声波的干扰。如果为了探测某一地质异常,测量地段应选在其他地质因素基本均匀的位置,以减少多种因素变化引起的综合异常给资料解释带来困难。发射、接收装置的距离要依据介质的情况、仪器的性能以及接收的波型特点等条件而定。

由于纵波初至较易识读,所以当前主要是利用纵波进行波速测定。横波的应用往往因识读困难而受到一定的限制。在纵波测试中,最常用的是直达波法和单孔初至折射波法。反射波法目前仅用于井中的超声成像测井和水上的水声勘探。

三、波的分类

波动类型分为纵波、横波、表面波。纵波常称为初至波(Primary)或 P 波,横波称为续至波(Secondary)、次波或 S 波。

(一)纵波

质点振动方向与波的传播方向一致时称为纵波(见图 5-31)。是同一介质中传播速度最快的波。

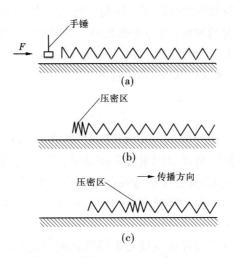

图 5-31　机械波在弹簧中的传播

(二)横波

横波简称 S 波,简称 T 波,也称为切变波或剪切波:质点振动方向与波的传播方向垂直时称为横波(见图 5-32)。横波速度慢,能量低,所以来自同一界面的横波总是比纵波到达得晚,但其分辨率较高。

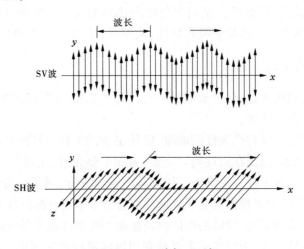

图 5-32　SV 波与 SH 波

(三)表面波

沿介质表面传播,波动振幅随深度增加而迅速衰减的波称为表面波(R 波,瑞利波,见图 5-33)。表面波质点振动的轨迹是椭圆形,长轴垂直于传播方向,短轴平行于传播方向。面波有两种类型,即瑞利波和勒夫波。瑞利波是沿介质与大气层接触的自由表面传播的面波;勒夫波是在横波速度较高的半无限弹性空间之上覆盖低速层的情况下产生并传播的。

声波的传播规律:声波发射系统向被测介质发射声波;声波在介质(被测对象)中传播,介质的几何特征、内部结构、力学性能对声波进行调制;声波接收系统接收经介质传播的声波;声波记录和分析系统;依据声学参数和波形的变化,对介质特性进行工程解释。

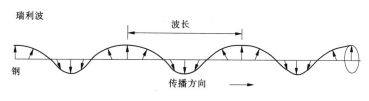

图 5-33　瑞利波

四、岩体声波探测相关数据

(一)岩体声波探测使用的频率

岩体声波探测随探测目的、探测距离的不同,应用不同频率的震源,可用表 5-9 加以概括。

表 5-9　不同频率震源的检测目的、检测距离

检测目的	所用震源	震源频率/kHz	检测距离/m	说明
大距离检测岩体完整性	锤击震源	0.5~5.0	1~50	
跨孔检测岩体溶洞、软弱结构面	电火花震源	0.5~8.0	1~50	
岩体松动范围、风化壳划分评价	超声换能器	20~50	0.5~10	
岩体灌浆补强效果检测	超声换能器	20~50	1~10	
岩体动弹性力学参数、横波测试	换能器/锤击	20~50/ 0.5~5	0.5~10/ 1~50	
岩石试件纵波与横波声速测试,矿物岩石物性测试研究	超声换能器	100~1 000	0.01~0.15	取决于岩石试件尺寸
地质工程施工质量检测	换能器/锤击	20~50/ 0.5~5	0.5~10/ 1~50	

(二)声速与岩性

不同岩体由于其结构、矿物组合、成因、地质年代等因素的不同,声速是不同的。又由于节理、裂隙等结构因素,它们的声速并不固定,而是分布在一定范围。表 5-10 是常见的几种有代表性岩体的纵波声速统计值。

(三)声波的接收

传统的声波仪多使用压电型接收换能器,利用压电效应将经岩体传播后的声波信号转换成电信号,这些信号携带了岩体的物理力学及地质信息。好的声波检测仪在将波形显示在屏幕上的同时,可将接收信号的首波波幅及首波的到达时间(即声时)自动加以判读,同时显示其数值。对接收到的波形、波幅、声时等可随时存入电脑硬盘,作为下一步分析处理的基础。上述声波信息可在专用的数据与信息处理软件的支持下,对被测介质做出评价。

表 5-10　常见岩体的纵波声速统计值

岩体	纵波波速/(km/s)	岩体		纵波声速/(km/s)
花岗岩	4.5~6.5	第三纪	凝灰岩	1.3~3.3
花岗斑岩	3.8~5.2		石灰岩	1.8~2.9
安山岩	2.5~5.0		砂岩	1.8~4.0
玄武岩	3.5~5.5		黏土质页岩	1.9~4.2
片麻岩	5.0~6.0		泥岩	1.83~3.96
古生代 凝灰岩	4.5~6.0		砂	0.3~1.3
石灰岩	4.8~6.0		黏土	1.8~2.4
砂岩	3.0~5.0		表土	0.2~0.8

　　岩体中的声发射信号、滑坡体蠕动产生的摩擦声信号统称为"地声信号"。只不过它没有声波发射系统，但接收是多通道的(3个以上)，故称为被动式声波检测。另一个重要的不同点是：它需要计时系统，记录出现地声的时刻，同时需对地声脉冲信号的主频、波幅量化处理后存储记录，统计出地声事件出现的频度。它必须长时间连续工作，提供不间断的观测记录。地声监测是地质灾害的勘察手段之一，是研究地质灾害发展规律的重要手段。

五、声波测试

　　声波测试分为主动测试和被动测试两种工作方法。主动式包括波速测定、振幅测定、频率测定等，主要用波速测定。被动式依靠人工发射波来进行探测。

　　主动测试所利用的声波由声波仪的发射系统或锤击、爆炸等方式产生；被动测试的声波是岩体遭受自然界或其他作用力时，在变形或破坏过程中由它本身发出的。主动测试包括波速测定、振幅衰减测定和频率测定。最常用的是波速测定。

　　目前，声波探测主要解决下列工程地质及水文地质勘探问题：测定波速等声学参数，对工程岩体进行地质分类；测定地下洞室的波速随岩体裂隙发育而降低以及随应力变化而改变的规律；圈定开挖造成的围岩松弛带，为确定合理的锚喷厚度、锚杆长度或选择合理的支护方式提供依据；测定岩体或岩石试件的力学参数，如杨氏模量、剪切模量和泊松比等；利用声波的波速及振幅在岩体内的变化规律，研究地下应力分布状态，进行工程岩体边坡或地下洞室稳定性的评价；定量研究岩体风化壳的分布；探测断层、溶洞的位置及规模，探测张开裂隙的延伸方向及长度等；加固工程注浆后的质量检查，划分钻井岩性剖面，查明裂隙、溶洞及套管破裂部位等；可进行天然地震及地压灾害预报。研究和解决上述问题，为工程项目及时准确地提供设计和施工所需要的资料，对于缩短工期、降低造价、保证安全等都具有重要的意义。

模块二　应用及案例

一、声波探测在工程地质勘察中的应用

(一)岩体的工程地质分类

在矿山、隧道等地下工程中,为了评价岩体质量,了解巷道及洞室围岩的稳定性,以合理选择地下巷道或洞室的开挖方案、支护方式等,都必须对岩体进行工程地质分类。

大量试验表明,岩体的纵波速度与其抗压强度成近似正比关系。因此,强度高(或者弹性模量大)的岩体具有较高的声速。此外,岩体的成因、类型、结构面特征、风化程度等地质因素,直接影响岩体的力学性质,而岩体的力学性质与声波在岩体中的传播规律又有密切关系,这就是岩体声波探测所能作为岩体分类的物理前提。

目前,对岩体进行工程地质分类的声学参数主要有纵波速度、杨氏模量、裂隙系数、完整性系数、风化系数及衰减系数等。

1. 纵波速度

由于纵波是反映岩体强度的各种地质因素综合影响的参数,因此它是进行岩体工程地质声学分类时最基本的必要参数。一般来说,岩体新鲜、完整、坚硬、致密,波速就高;反之,岩体破碎、结构面多、风化严重,波速就低。

2. 完整性系数和裂隙系数

完整性系数是描述岩体完整情况的系数。裂隙系数是表征岩体裂隙发育程度的系数。根据完整性系数和裂隙系数可将岩体分为五个等级(见表 5-11)。风化系数是一个表示岩体风化程度的系数。风化系数越大,风化程度越深;反之,风化程度越小。岩体按风化程度,可分为四级,如表 5-12 所示。

表 5-11　岩体状态分级

符号	岩质	岩体状态	完整性系数 K_a	裂隙系数 L_s
A	极好	岩体新鲜,节理少,无风化变质	>0.75	<0.25
B	良好	节理稍发育,极少张开,沿节理稍有风化,岩块内部新鲜坚硬	0.5~0.75	0.25~0.50
C	一般	岩块较新鲜,表面稍风化,一部分张开,含有黏土	0.35~0.50	0.50~0.65
D	差	岩块坚硬,节理发育,表面风化,含有泥及黏土	0.20~0.35	0.65~0.80
E	很差	风化变质,岩体显著弱化	<0.20	>0.80

3. 衰减系数

声波在岩体中传播时,除了波速的变化与岩体的性质有关,其振幅也会根据岩体性质发生变化。试验表明,声波在岩体的不连续面上能量衰减比较明显,因此可以用衰减系数来反映岩体节理裂隙的发育程度,公式如下:

表 5-12　岩体风化程度分级

风化等级	风化程度	岩体状态描述	风化系数 β
0	未风化 （新鲜）	保持原有组织结构,除原生裂隙外见不到其他裂隙	<0.1
I	微风化	组织结构未变化,沿节理面稍有风化现象,在邻近部分的矿物变色,有水锈	0.1~0.25
II	弱风化	岩体结构部分被破坏,节理面风化,夹层呈块状、球状结构	0.25~0.50
III	强风化	岩体组织结构大部分或全部被破坏,矿物变质、松散、完整性差,用手可压碎	>0.50

$$\alpha = \frac{1}{\Delta x} \ln \frac{A_m}{A_i} \tag{5-13}$$

式中　A_i——仪器固定某增益时参与比较的各测试段的振幅实测值,mm;

　　　A_m——参与比较的各测试段中振幅的最大值,mm;

　　　Δx——发射换能器到接收换能器的距离,即测试段的长度,cm;

　　　α——参与比较的各测试段介质的振幅相对衰减系数,cm^{-1}。

由式(5-13)可知,当 A_i 与 A_m 相等时,相对衰减系数为零,表明该段岩体在参与比较的各测试段介质的质量最好;A_i 越小,相对衰减系数越大,说明该段岩体质量越差。因此,衰减系数不仅可以作为岩体分类的指标,还可以用来圈定工程爆破而引起的围岩破裂影响范围等方面。

(二)矿柱塌陷等地质灾害及滑坡的监测

在声波探测技术中除利用声波仪发射系统向岩体辐射声波的主动工作方式外,有时还使用另一种被动工作方式。即利用岩体受力变形断裂时,以弹性波形式释放应变能的声发射现象,来监测地压、滑坡引起的地质灾害。

利用声发射技术监测矿井地压灾害的现场工作,一般是利用地音仪记录声发射的频度等参数作为岩体失稳的判断指标。所谓频度,是表示单位时间内所记录的能量超过一定阈值的声发射次数,以 N 表示。

岩体声波探测技术在工程地质中的应用,除上述已经介绍的外,还可应用于检测施工爆破对基岩范围测定混凝土强度及内部缺陷,以及灌浆效果的检查等方面。

二、应用实例

以长江三峡水利枢纽,三斗坪坝线对花岗岩风化壳进行单孔一发双收声波测井检测的实例加以说明,见图5-34。从中可以看到:

(1)剧强风化层声速波动激烈,平均声速为 3 000 m/s,反映了岩体由于裂隙极其发育,风化严重,造成声速波动,且声速较低。

(2)弱风化层的声速波动,但不太激烈,平均声速为 4 500 m/s,反映了风化不太严重。

(3)微风化层声速略有波动,平均声速为 5 800 m/s。

由此可见,单孔一发双收声波测井划分岩体风化层是有效的。

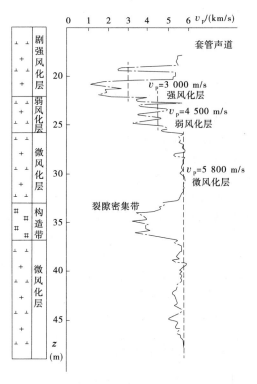

图 5-34　单孔一发双收测井划分岩体风化层

模块三　任务小结

　　声波探测是使用专门的声波探测仪器,激发和观测弹性波在岩体(岩石)内的传播特征(波速、频谱及振幅衰减等),用来研究岩体力学性质及完整性的一种探测方法。它与地震勘探类似,也是以弹性波理论为基础。二者的主要区别在于:声波探测所利用的是频率大大高于地震波的声波或超声波,其频率一般为 1 000 Hz 至几兆赫兹。与地震勘探相比,声波探测频率高、波长短、能量小,因此声波探测一般只适用在小范围内,对岩体等地质对象进行较详细的研究。由于该方法具有简便、快速并对岩石无破坏作用等优点,所以岩体声波探测已经作为一整套不可缺少的综合测试手段,应用于各阶段工程地质及水文地质勘探工作中。

■ 习题演练

单选题

参 考 文 献

[1] 钱桂兰,张保康,屈建余. 普通物探[M]. 北京:地质出版社,2007.

[2] 雷宛. 工程与环境物探教程[M]. 北京:地质出版社,2006.

[3] 甘宏礼. 环境与工程地球物理勘探[M]. 北京:地质出版社,2014.

[4] 管志宁. 地磁场与磁力勘探[M]. 北京:地质出版社,2005.

[5] 徐世光,郭远生. 地热学基础[M]. 北京:科学出版社,2005.

[6] 史謌. 地球物理学基础[M]. 北京:北京大学出版社,2002.

[7] 曾华霖. 重力场与重力勘探[M]. 北京:地质出版社,2005.

[8] 中华人民共和国自然资源部. 地质勘查充电法技术规程:DZ/T 0186—2020[S].

[9] 中华人民共和国国土资源部. 电阻率剖面法技术规程:DZ/T 0073—2016[S]. 北京:中国标准出版社,2016.

[10] 中华人民共和国国土资源部. 地面磁性源瞬变电磁法技术规程:DZ/T 0187—2016[S]. 北京:中国标准出版社,2016.

[11] 全国国土资源标准化技术委员会. 时间域激发极化法技术规程:DZ/T 0070—2016[S]. 北京:中国标准出版社,2016.

[12] 中华人民共和国水利部. 水利水电工程勘探规程 第1部分:物探:SL/T 291.1—2021[S]. 北京:中国水利水电出版社,2021.

[13] 中国建筑科学研究院. 建筑抗震设计规范:GB 50011—2010[S]. 北京:中国建筑工业出版社,2016.

[14] 中华人民共和国建设部. 岩土工程勘察规范[2019 年版]:GB 50021—2001[S]. 北京:中国建筑工业出版社,2004.

[15] 中国机械工业联合会. 地基动力特性测试规范:GB/T 50269—2015[S]. 北京:中国计划出版社,2016.

[16] 中国建筑科学研究院. 建筑基桩检测技术规范:JGJ 106—2014[S]. 北京:中国建筑工业出版社,2014.

[17] 北京市水电物探研究所. 多道瞬态面波勘察技术规程:JGJ/T 143—2017[S]. 北京:中国建筑工业出版社,2017.

[18] 王利明. 河北省山区 1:25 000 高精度航空磁测勘查航磁异常查证:以双爱堂测区为例[D]. 河北工程大学,2018.

[19] 徐振霖. 高密度电法探测技术及其工程应用研究[D]. 合肥:安徽建筑大学,2017.

[20] 杨艳萍. 激发极化法在海南省上安乡热矿水勘查中的应用研究[D]. 北京:中国地质大学,2014.

[21] 陈聪. 激发极化法找水研究与应用[J]. 黑龙江科技信息,2016(12):50.

[22] 朱亚军,王艳新. 高密度电法与瞬变电磁法在地下岩溶探测中的综合应用[J]. 工程地球物理学报,2012,9(6):38-42.

[23] 罗延钟,王传雷,董浩斌. 高密度电法的电极装置选择[J]. 地质与勘查,2005,41(6):174-178.

[24] 王红兵. 高密度电法在岩溶勘察中的应用和研究[J]. 工程地球物理学报,2012,9(5):551-554.

[25] 郑冰,李柳德. 高密度电法不同装置的探测效果对比[J]. 工程地球物理学报,2015,12(1):33-39.

[26] 何进亚,谢良鲜. 综合物探方法在多金属矿产勘查中的应用[J]. 内蒙古煤炭经济,2017(2):25.

[27] 王志斌. 高精度磁测在综合信息成矿远景预测中的应用[D]. 长沙:中南大学,2007.

[28] 任丽,孟小红,刘国峰. 重力勘探及其应用[J]. 科技创新导报,2013(8):240-243.

[29] 楼国长,楼陈朔,孙红心,等. 综合方法在原位土跨孔波速测试中的应用效果[J]. 地质装备,2007,8(2):25-28.

[30] 袁飞,魏志宏.单孔检层法波速测试在工程勘察中的应用[J].黑龙江交通科技,2009(10):34-34,36.

[31] 蔡力挺,韩玉庆.波速测试在工程勘察中的应用效果[J].山东国土资源,2008(8):81-84.

[32] 熊治江.跨孔法波速测试在建筑工程中的应用[J].山西建筑,2009,35(24):132-133.

[33] 陈哲,章中良,吴魁彬.单孔与跨孔波速测试在工程中的应用[J].地质学刊,2010,34(2):192-195.

[34] 翟向阳,高红娟.低应变反射波法在桩身质量判断中遇到的几个问题[J].华北地震科学,2004,22(4):53-55.

[35] 徐攸在.桩的动测新技术[M].2版.北京:中国建筑工业出版社,2002.

[36] 刘屠梅,赵竹占,吴慧明.基桩检测技术与实践[M].北京:中国建筑工业出版社,2006.

[37] 董承全,邵丕彦,谷牧.低应变反射波法在青藏铁路基桩质量检测中的应用及分析[J].中国铁道科学,2003,24(5),40-43.

[38] 张卫华.常时微动测试在抗震设计上的应用[J].华南地震,2007,27(3):96-99.

[39] 黄蕾,方云.地脉动测试测定场地的卓越周期[J].水利与建筑工程学报,2009,7(1):122-125.

[40] 刘宏岳,梁奎生,段建庄.地震反射波CDP叠加技术在台山核电海域花岗岩孤石探测中的应用[J].隧道建设,2011,31(6):657-663.

[41] 李耀华,郭秀娟.地震反射波法探查煤矿采空塌陷区的应用[J].采矿技术,2014,14(3):96-99.

[42] 王朝令,雷宛.地震反射波法在国家某重点项目前期勘探中的应用[J].勘察科学技术,2007(3):62-65.

[43] 蒋维平,孟宪民.地震反射波法在浅层勘探中的应用[J].中国煤炭地质,2008,20(9):59-61.

[44] 何沛田,肖本职.地震勘探在渝黔高速公路中的应用[J].地下空间与工程学报,2008,4(6):1011-1017.

[45] 裴少英,蔡志东.地震折射波法在隧道围岩划分中的应用[J].勘察科学技术,2012(6):54-57.

[46] 丁浩.对岩土工程中地震反射波的应用探讨[J].房地产导刊,2013(6):289-290.

[47] 布仁,那仁满都拉.基于常时微动观测的呼和浩特市区地基土振动特性及分类研究[J].内蒙古师范大学学报,2014,43(1):86-91.

[48] 段天柱,赵洪月,胡运兵,等.煤矿掘进巷道地震反射波超前探测技术及应用[J].2013,40(2):80-82.

[49] 王志勇.浅层地震反射波在工程勘察中的识别与应用[J].勘察科学技术,2013(1):58-60.

[50] 安岩.浅层折射波在覆盖层厚度探测中的研究及应用[J].勘察科学技术,2011(5):51-54.

[51] 熊章强,方根显.浅层折射波法在隧道工程地质调查中的应用[J].水文地质工程地质,2011(1):61-66.

[52] 李金铭.地电场与电法勘探[M].北京:地质出版社,2007.

[53] 林君,嵇艳鞠,等.瞬变电磁原理、仪器及应用[D].吉林:吉林大学,2007.

[54] 刘国栋.可控源大地电磁法[C]//刘国栋文集.北京:地震出版社,2014.